国防科技图书出版基金

共形阵列参数估计关键技术

Key Techniques for Parameter Estimation Based on Conformal Array

万良田　孙　璐　林晴晴　著

国防工业出版社

·北京·

图书在版编目（CIP）数据

共形阵列参数估计关键技术 / 万良田等著. —北京：国防工业出版社，2023.1

ISBN 978-7-118-12791-1

Ⅰ. ①共… Ⅱ. ①万… Ⅲ. ①共形天线－阵列天线－参数估计 Ⅳ. ①TN82

中国国家版本馆 CIP 数据核字（2023）第 020569 号

※

国防工业出版社出版发行

（北京市海淀区紫竹院南路 23 号 邮政编码 100048）

三河市腾飞印务有限公司印刷

新华书店经售

*

开本 710×1000 1/16 **印张** 13½ **字数** 254 千字

2023 年 1 月第 1 版第 1 次印刷 **印数** 1—1500 册 **定价** 98.00 元

国防书店：（010）88540777 书店传真：（010）88540776

发行业务：（010）88540717 发行传真：（010）88540762

致 读 者

本书由中央军委装备发展部**国防科技图书出版基金**资助出版。

为了促进国防科技和武器装备发展，加强社会主义物质文明和精神文明建设，培养优秀科技人才，确保国防科技优秀图书的出版，原国防科工委于1988年初决定每年拨出专款，设立国防科技图书出版基金，成立评审委员会，扶持、审定出版国防科技优秀图书。这是一项具有深远意义的创举。

国防科技图书出版基金资助的对象是：

1. 在国防科学技术领域中，学术水平高，内容有创见，在学科上居领先地位的基础科学理论图书；在工程技术理论方面有突破的应用科学专著。

2. 学术思想新颖，内容具体、实用，对国防科技和武器装备发展具有较大推动作用的专著；密切结合国防现代化和武器装备现代化需要的高新技术内容的专著。

3. 有重要发展前景和有重大开拓使用价值，密切结合国防现代化和武器装备现代化需要的新工艺、新材料内容的专著。

4. 填补目前我国科技领域空白并具有军事应用前景的薄弱学科和边缘学科的科技图书。

国防科技图书出版基金评审委员会在中央军委装备发展部的领导下开展工作，负责掌握出版基金的使用方向，评审受理的图书选题，决定资助的图书选题和资助金额，以及决定中断或取消资助等。经评审给予资助的图书，由国防工业出版社出版发行。

国防科技和武器装备发展已经取得了举世瞩目的成就，国防科技图书承担着记载和弘扬这些成就，积累和传播科技知识的使命。开展好评审工作，使有限的基金发挥出巨大的效能，需要不断摸索、认真总结和及时改进，更需要国防科技和武器装备建设战线广大科技工作者、专家、教授，以及社会各界朋友的热情支持。

让我们携起手来，为祖国昌盛、科技腾飞、出版繁荣而共同奋斗！

国防科技图书出版基金

评审委员会

国防科技图书出版基金
2019 年度评审委员会组成人员

主任委员 吴有生

副主任委员 郝 刚

秘 书 长 郝 刚

副秘书长 刘 华 袁荣亮

委 员 （按姓氏笔画排序）

于登云 王清贤 王群书 甘晓华 邢海鹰

刘 宏 孙秀冬 芮筱亭 杨 伟 杨德森

肖志力 何 友 初军田 张良培 陆 军

陈小前 房建成 赵万生 赵凤起 郭志强

唐志共 梅文华 康 锐 韩祖南 魏炳波

前　　言

被动雷达的波达方向（Direction of Arrival，DOA）估计和多参数联合估计是无源探测系统的关键环节，直接影响着无源探测系统的性能发挥并关系着电子战后续作战决策，由天线、探测器及各种传感器构成的阵列已经成为这些系统的重要组成部分。到目前为止，现存研究主要集中在均匀线阵且其对应的算法已经十分成熟，然而对于平面阵列及几何结构较为复杂的共形阵列的研究却处于起步阶段且需求迫切。

DOA 估计是阵列信号处理中的一个重要分支，其广泛应用于雷达、声纳、无线通信等领域，其主要研究内容包括信源数估计、波达方向估计、阵列误差校正、非理想环境下的参数估计等。通过对辐射源波达方向的精确估计可以实现被动雷达导引头对导弹的精确制导。然而，在实际环境下，辐射源的入射频率通常是未知的，要求被动雷达测向系统对辐射源的波达方向进行估计，还要对辐射源的入射频率进行估计，因此实现辐射源的多参数联合估计是一个亟待解决的问题。本书针对基于共形阵列的多参数估计算法以及被动雷达测向系统中遇到的实际问题进行深入研究，提出适用于被动雷达测向系统以及适用于机载和弹载共形阵列的多参数联合估计算法。

全书共分为 7 章。

第 1 章为绪论，论述了干涉仪测向方法、信源数估计方法、空间谱估计技术、色噪声背景下 DOA 估计方法、非圆信号 DOA 估计算法的国内外研究现状，阐述了存在互耦时的 DOA 估计方法、共形阵列的 DOA 估计方法、共形阵列的多参数联合估计的关键技术。

第 2 章为共形阵列参数估计基础，概述了与本书相关的信号 DOA 估计及多参数联合估计基础理论，包括信号 DOA 估计的理想情况数学模型、非圆信号数学模型、共形阵列数学模型，重点论述了典型的子空间类算法，包括 MUSIC 算法、ESPRIT 算法及 PM 算法，同时介绍了平行因子理论中 PARAFAC 模型、可辨识性及 PARAFAC 模型的拟合。

第 3 章为任意阵列宽频带单目标参数估计，首先提出了基于立体阵列的立体基线测向方法，然后对基于平面阵列的立体基线测向方法的测向误差进行定量分析，为实际的工程应用中天线阵元及基线的选择提供理论基础，最后基于共形天线的使用，结合虚拟基线方法，提出一种低复杂度的适用于共形天线的立体基线测向方法。

第4章为基于任意阵列多目标波达方向估计，在任意阵列形式下，提出了基于延时相关处理的MUSIC方法，并且将变尺度混沌优化算法引入空间谱的计算和谱峰搜索的过程中，减小了计算量，算法的分辨力和测角精度得到了提高且不损失阵列孔径；提出了一种非均匀噪声背景下的DOA估计方法，利用3个变换矩阵对数据协方差矩阵进行处理，获得非均匀噪声数据；然后通过对接收数据进行标准化处理，将接收数据包含的非均匀噪声变成了零均值并且各阵元之间功率相等的白噪声，克服了非均匀噪声对算法性能的影响。

第5章为非圆信号波达方向估计，提出了基于四阶累积量的非圆信号DOA估计方法，通过构造包含了信号的非圆信息且具有旋转不变性的两个四阶累积量矩阵进行DOA估计，该算法在接收通道中任意两个通道保持一致的情况下，对通道幅相误差具有稳健性。

第6章为共形阵列波达方向估计，提出一种基于柱面共形阵列的快速DOA估计方法，通过合理的阵元摆放实现未知参数中的DOA和极化状态信息的解耦合，提出了一种基于共形阵列的高精度DOA估计方法，该方法利用PARAFAC理论实现共形阵列的高精度DOA估计，不需要谱峰搜索和参数配对，在低信噪比或者需要较高估计精度的情况下表现出优异的测向性能。

第7章为共形阵列多参数联合估计，提出两种对共形阵列的频率和DOA联合估计的方法。首先针对入射信号的频率不同的情况下，提出一种基于状态空间矩阵和PM方法的频率和DOA联合估计方法；然后利用延时相关函数结合PARAFAC理论，提出了一种频率和DOA联合估计方法。延时相关函数可以用来压制噪声的影响。

本书主要为被动雷达波达方向估计、多参数联合估计，以及相近专业的科研工作者、工程实践者撰写，同时也适用于从事军事领域研究，以及关心被动雷达测向技术的广大读者，也可用作信号处理专业的教师和研究生的参考书。

本书内容依托于国家自然科学金“基于MWC压缩采样原理的被动雷达宽带数字接收机研究”“Bootstrap方法在阵列信号处理方面的应用”中的被动雷达测向部分，在撰写过程中得到了该项目科研团队的大力支持，特别感谢哈尔滨工程大学司伟建教授、陈涛教授、刘鲁涛副教授的悉心指导，同时还要特别感谢国防工业出版社冯晨编辑给予了很多支持与帮助。

由于作者水平有限，书中难免存在疏漏及错误，恳请各位读者批评指正。

作　者

2023年1月

目　　录

Contents

第1章　绪论

1.1　引言

现代战争中各种高新技术不断涌现，在高技术战场上比较敌我双方火力强弱的一个重要指标就是能否对目标进行精确打击。精确打击已经成为高技术战争中火力打击的主要方式，它使在远程、超视距、非接触性的精确打击成为现实战场中压制敌方火力的重要手段[1]，而各种机载和舰载的空对地导弹，以及各种巡航导弹，已经成为现代战场中进行远程精确打击的主要方式。由于被动测向系统靠截获敌方的辐射源发射的电磁信号对敌方进行探测侦察，因此隐蔽性好、作用距离远是其主要优点。而作为进行精确打击的各种载体，如各种飞行器（包括预警机、战斗机等）、各种导弹（包括空对地导弹、地对地导弹等），其上面天线的摆放安装就显得尤为重要。为了实现对敌方进行隐蔽的侦察与精确的打击，势必要最大程度地躲避敌方雷达的探测，即减小载体本身的雷达反射截面积（Radar Cross Section，RCS）。

共形天线能够与特定的载体表面共形，最初设计它的初衷就是把它集成在载体的表面，不会成为载体的拖累。美国电气和电子工程师学会定义共形天线（共形阵列）为：和物体外形保持一致的天线或天线阵，这里的外形由非电气因素决定，如空气动力学因素或者流体力学因素[2]。其与传统天线比较具有以下特点[3]：①与载体共形，具有良好的空气动力学性能；②在载体表面为不规则曲面等复杂表面时，普通天线难以安装，共形天线可以很好地满足要求；③由于只是安装在载体表面，结构紧凑，可以为其他设备提供更多的可利用空间；④其具有很小的 RCS，可以更好地保护己方不被敌方雷达发现。美国在 20 世纪 90 年代就已经把共形相控阵天线安装在飞行器上，现在已经在最先进的中距空空导弹和 F22、F35 联合攻击战斗机上得到应用，F35 上面有 17 部共形通信雷达。同时，美国空军实验室已经批准将共形相控阵雷达安装于无人机中，美国海军也在为下一代隐身驱逐舰研制共形天线。

由于战场条件不断恶化，作为精确制导武器核心器件的导引头技术的发展引起了研究人员越来越多的关注，现有的脉冲多普勒体制的导引头已经不能在未来战场中发挥其应有的作用。在现代战场中，对辐射源的波达方向估计（Direction of Arrival，DOA）是现代战场中对敌方目标实现精确打击的一个重要措施，在对敌方辐射源（雷达、电台等）进行识别、测向定位和全面的战场侦察中具有重要的作用[4]。经过国内外专家学者的多年研究，空间谱估计算法在理论上已经日臻完善，但在工程应用中，因受限于测向系统噪声、接收数据长度、天线阵元幅相不一致性等条件，信号波达方向估计的精度和角度分辨力不能达到测向系统的需求，因此，需要寻求新的技术和方法来提高实际测向系统中空间谱估计技术的性能。而共形天线与载体共形，机动性强、隐身效果好，可以实现武器系统的多模复合制导。因此，寻求基于共形天线（共形阵列天线）的新的参数估计方法就显得尤为重要。

目前人们对共形阵列天线的已有研究主要集中在天线单元设计[5-7]和共形天线方向图综合[8-11]方面。信号的波达方向估计以及多参数联合估计是信号处理领域的重要研究内容，在过去的几十年里，这一技术得到了迅速发展，其应用涉及通信、雷达、声纳、侦察、探测和定位等许多领域。基于被动雷达的测向系统是通过对目标辐射源的接收信号进行处理以获得其来波方向的，它本身不发射电磁波，与主动雷达相比，它具有隐蔽性好、抗电子干扰能力强和作用距离远等特点，在电子侦察、电子对抗等领域有着广泛的应用，而对共形阵列天线高分辨估计方法的研究报道并不多。已有的圆阵 DOA 估计方法[12]不能直接应用于共形阵列天线的 DOA 估计。由于共形载体曲率的影响，共形阵列天线中各阵元具有独立的局部坐标系，使得共形阵列天线具有了多极化特性（Polarization Diversity，PD），为了描述共形阵列天线的多极化特性，通常在共形阵列天线的快拍数据模型中引入入射信号的极化参数，要实现共形阵列天线对入射信号的角度估计就必须考虑信号极化参数的影响，因此基于共形阵列的波达方向估计以及多参数联合估计是在共形阵列天线应用中一个亟待解决的问题。

1.2 国内外研究现状

1.2.1 干涉仪测向方法

传统的测向方法主要有两大类：空间谱估计[13-14]和干涉仪测向[15-16]。虽然空间谱估计算法具有很高的估计精度和角度分辨力，但是需要对接收数据进行建模，在非理想信号模型的条件下，测向性能下降明显，计算复杂度相比于干涉仪测向要大很多[17]。而干涉仪测向方法由于实现方法较为简单，具有较好的实时性，而且一般作用距离也非常远，所以在现代电子战中应用得非常广泛[18-26]。

干涉仪测向方法中的测向精度和相位模糊问题是干涉仪测向中需要着重解决的关键问题，为了解决这个难题，通常采用基于长短基线的测向方法。借助提取相位差序列的初相和幅度信息，通过机械的旋转消除相位模糊，文献［16］实现了对来波信号方向的估计，但是当转速随时间发生变化或者信噪比较低的时候，相位差序列的变化规律也随之变得不规则，该方法无法使用。文献［18］通过电子开关切换不同的接收通道，在每一时刻保证有两个通道接通，在不同的时刻就会形成多个不同的基线，这些基线会形成虚拟的二维基线组合，能大幅度降低系统的复杂度和对通道不一致的要求。文献［19］利用多普勒原理进行测向，通过电子开关接通圆阵上不同的阵元，从而模拟不同基线，但是文献中只考虑了一维的情况。文献［20］中的相关干涉仪测向方法和文献［21］中的立体基线测向方法都适用于任意阵元摆放，但是前者在测向过程中使用了所有基线，还需要用粒子群算法进行网格搜索，计算量较大。文献［22］同样适用于天线阵元的任意摆放，但是需要入射信号的先验信息。文献［23］的解模糊方法需要在相位差之间进行多次加减运算，引入了较大的误差，同时需要天线摆放形式固定。文献［24］的虚拟基线方法和文献［25］中的基于剩余定理的方法对天线摆放也有特殊要求，只适用于一般的线阵。文献［27- 28］利用基线的旋转得到众多长度不同的基线，如果连续对旋转干涉仪的相位差进行测量，就可以在众多不同的基线下测量目标的方向，即可计算出无模糊目标方向，但是该算法同样对弹体旋转速率十分敏感[17]。

综上所述，传统的干涉仪测向方法在实际应用中存在一些限制，如天线摆放形式单一、只能摆放在平面内，不能拓展到空间任意位置、相关干涉仪运算量太大等，因此，研究天线摆放形式灵活、运算量小的干涉仪测向方法，并将其应用到实际测向系统中具有重要的理论意义和工程价值。

1.2.2 信源数估计方法

在通信和雷达领域，信源数估计是一个重要任务，这是因为诸多空间谱估计算法发挥其超分辨、高精度性能都是以准确估计信源数为前提的，如果估计信源数与实际信源数不符，将导致空间谱估计算法性能急剧下降，甚至完全失效，因此研究信源数估计方法具有重要意义。

对信源数估计方法的研究可追溯到 20 世纪 50、60 年代[29]，最早是在平稳白噪声背景的假设下，根据假设检验完成信源数估计。由于假设检验方法需要设置门限，主观因素对方法性能影响较大。Wax M 等[30,31]针对此问题提出了基于信息论准则的信源数估计方法，典型方法为 Akaike 信息论（Akaike Information Criterion，AIC）准则和最小描述长度（Minimum Description Length，MDL）准则[31]。这类方法避免了假设检验方法的不足并且计算简单。MDL 准则在高信噪比时具有一致性，但在低信噪比、小快拍数下会出现欠估计；而 AIC 准则在快拍数较大和信噪比较高时依旧可能出现错误的估计，不具有一致性。两种算法在低信噪比、小快拍数下的正确检测概率很低，所以算法的实用性不强。因此，近 20 年里，学者们就信息论准则估计方法进行了细致地分析和改进。Fisher 等[32]在理论上分析了信息论准则的一致性问题，并在文献［33］中研究了算法的稳定性问题。文献［34］对 MDL 准则进行了改进，利用 Bayesian 准则预测密度和子空间分解算法，提出了 BPDMDL 算法，该算法在小快拍数下具有较好的估计性能，但是计算量较大。Zhao L C 和 Krishnaiah 等[35] 提出了有效检测准则（Efficient Detection Criteria，EDC）进行信源数估计，证明了 MDL 准则是 EDC 准则的特例，并给出了 EDC 准则的强一致性证明。Wong K M 等在文献［36］中将一种新的对数似然函数应用到信息论准则中，提出了修正的 AIC 和 MDL 准则。Chen W G 等[37] 提出了基于特征值一步预测的信源数估计方法，即利用协方差矩阵的特征值的预测值和估计值之间的差异进行信源数估计。

上述信息论准则方法是在噪声模型为白噪声时得到的，因此只在白噪声背景下适用。但是在实际测向系统中，由于受到各阵元之间在空间上的相关性、阵元之间的互耦、各通道内噪声的不一致性，以及各通道之间的增益不一致性的影响，各个阵元接收到的噪声不再是白噪声，而是各阵元噪声功率不相等的色噪声，此时基于白噪声背景的信源数估计方法的估计性能急剧下降，甚至失效。因此，许多学者提出了适用于色噪声背景的信源数估计方法。文献［38］对色噪声背景下的阵列模型进行了研究，给出了经典的色噪声模型。文献［39］设置了一对具有特定位置关系的天线阵列，并利用阵列之间的特殊关系根据信息论准则估计信源数。利用相同的阵列摆放形式，文献［40］对信息论准则中的罚函数进行改进，提高了信源数估计的正确概率。文献［39］和文献［40］的方法都能在色噪声背景下估计信源数，但是对阵列摆放形式的要求限制了它们的使用范围。文献［41］将盖氏圆（Gerschgorin's Disk Estimation，GDE）定理引入信源数估计中，提出了基于盖氏圆定理的信源数估计方法，GDE 方法对阵列结构没有严格的要求，并且在色噪声背景下也能较好地估计信源数。

近年来，国内外专家学者对信源数估计方法的研究一直进行着，除了上述经典的信源数估计方法之外，还有许多优秀的算法提出。文献［42-43］对阵列接收数据进行正交化，并且在正交化的过程中进行信源数估计，该方法在训练样本较小时具有较好的估计效果，但是最优门限的选择比较困难。文献［44］将智能信息处理引入信源数估计算法中，在低信噪比、小快拍数下提高了信源数估计的性能，但是算法的收敛速度和计算复杂度影响了算法的实用性。文献［45-46］提出了基于 MMSE 的 MDL 准则的改进算法，并且文献［62］的信源数估计方法不需要特征分解，提高了信源数估计的稳健性。文献［47-48］在进行统计分析的基础上提出了非参数的信源数估计方法，在降低计算复杂度的基础上提高了信源数估计性能。文献［49］提出了适用于色噪声背景下的相关信号信源数估计算法，文献［50］在多个相互独立的天线阵列前提下提出了适用于相关噪声背景下的信源数估计方法。为了改善低信噪比下信源数估计的性能，文献［51］采用盲波束形成技术和基于峰值平均功率比的估计方法进行信源数估计。

综上所述，经过国内外专家学者的潜心研究，信源数估计方法不断完善，但是多数算法仅停留在理论分析和计算机仿真的层面，将这些方法应用到实际测向系统中时，算法的正确检测概率下降，甚至失效。因此，研究适用于实际测向系统的信源数估计方法具有重要的理论意义和工程价值。

1.2.3 空间谱估计技术

阵列信号处理[52-54]技术作为信号处理领域的一个重要分支，近几十年的发展十分迅速。通过把多个天线摆放在空间的不同位置，在接收时间序列信息的过程中同时接收空间信息来对空域上的信号进行检测与估计。因此，阵列信号处理又称空域信号处理，其在雷达、射电天文、声纳、通信、测向、地震学、医学诊断和治疗等领域有重要而广泛的应用[55-57]。由于阵列信号处理具备单个定向天线不具有的很多优点，如抗干扰能力强、信号增益高、波束控制灵活，因此，阵列信号处理的研究受到了人们极大地关注。

一般来说，阵列信号处理包括两方面内容[52,56]：波束形成和空间谱估计。其中波束形成主要研究空域的滤波技术[58]，是传统信号处理中滤波问题在空域中的应用。而空间谱估计是利用阵列接收到的数据对空域的参数进行估计，从而对目标辐射源进行侦察和探测，提供对其感兴趣的空域参数。DOA 估计就是对目标辐射源进行测向，在许多应用场合，DOA 估计与空间谱估计的含义基本相同。

DOA 估计技术在过去的 30 年里发展十分迅猛。最早的 DOA 估计技术要追溯到二战时期，方法是常规波束形成[57]（Conventional Beamforming，CBF），但是这种方法的分辨能力仍然受到瑞利（Rayleigh）限制。随后又出现了 Capon 波束形成[58]方法等，由于没有对噪声的统计特性进行有效利用，对提升分辨能力作用不大。通过对 CBF 进行修正，提出了两种基于线性预测的方法：最大熵谱估计法（Maximum Entropy Spectral Estimation Method，MEM）和最小方差谱估计法（Minimum Variance Spectral Estimation Method，MVM），它们虽然提升了阵列的分辨力，但是只是在原有的 CBF 算法上提高了信息的利用率。

在空间谱估计发展过程中具有里程碑意义的是由 Schimdt 在 1979 年提出的多重信号分类（Multiple Signal Classification，MUSIC）算法[60]。在分析信号子空间和噪声子空间的几何结构之后，利用两个子空间之间的正交性构建空间谱函数，通过对整个空间的角度进行搜索，出现谱峰的位置对应的就是入射信号的角度方向。MUSIC 算法的出现吸引了广大学者的关注，在 MUSIC 算法基础上提出了一系列改进算法[61-62]，如 Root-MUSIC 算法[63]、MD-MUSIC 算法[64]、传播算子法（Propagator Method，PM）等[65]。利用子阵之间的旋转不变性，Roy 等提出了旋转不变子空间（Estimation of Signal Parameters via Rotational Invariance Techniques，ESPRIT）算法[66]。近年来，基于 ESPRIT 算法的 DOA 估计技术得到了很大的发展[67-68]。文献［69］提出了一种总体最小二乘算法，提高了在低信噪比时的估计性能。最近文献［70］利用张量理论将多维的 ESPRIT 应用到 DOA 估计中，并且对估计性能进行了理论分析[71]。

在随后的发展过程中，出现了另一类重要方法是子空间拟合类算法，最具有代表性的是最大似然（Maximum Likelihood，ML）算法[72]、Viberg 等在 1991 年提出的信号子空间拟合（Signal Subspace Fitting，SSF）算法[73]、加权子空间拟合算法（Weighted Subspace Fitting，WSF）算法[74]。这类算法在低信噪比、小快拍数、信源之间相关或者相干等情况下都具有良好的估计性能，但是这类算法绝大部分需要进行多维的参数搜索，这对于硬件设计者来说无疑是巨大的挑战，因此，如何降低这类算法的计算复杂度也成为学者研究的热点问题。

近些年，基于稀疏表示[75]（sparse representation）和压缩感知[76-78]（compressed sensing，CS）的 DOA 估计算法得到了极大关注。压缩感知理论是研究如何以最小的采样数最大化地获取信息。Candès 在压缩感知领域取得了突破性的成果，利用非自适应的投影测量实现了对信号的精确重构[79]。随后由 Donoho 正式提出[80]，稀疏采样-重构的压缩感知框架基本形成。现在研究者把更多的目光投向压缩感知的应用层面，其中很重要的一个研究热点就是其在波达方向估计中的应用。Bilik 研究了接收数据模型和压缩感知模型的关系，压缩感知之所以能应用到 DOA 估计中，主要是因为入射信号在整个空域内是稀疏的，揭示了压缩感知可以应用在 DOA 估计中的可行性[81]和减轻估计偏差的方法[82]。Gurbuz 等进行了进一步的研究，利用基追踪的方法求解转化之后的凸优化问题[83]，该方法可以适用于窄带和宽带信号。近年来，基于贝叶斯压缩感知理论也被应用到 DOA 估计中[84-86]。在压缩感知出现之前，基于稀疏表示的 DOA 估计方法已经得到广泛关注。一种递归权最小范数算法称为 FOCUSS[87]（Focal Underdetermined System Solver），应用于 DOA 估计。最著名的基于稀疏重构的 DOA 估计算法称为 l_1-SVD[88]，其中奇异值分解（Singular Value Decomposition，SVD）使计算复杂度大幅度降低。通过从多次测量向量（Multiple Measurement Vectors，MMV）中恢复联合稀疏信号，一种称为 JLZA 的代替策略（Joint l_0 Approximation）DOA 估计的算法[89]被提了出来。文献［90-92］利用协方差拟合提出了一种基于协方差矩阵稀疏迭代的 DOA 估计算法，即 SPICE（SParse Iterative Covariance-based Estimation）。文献［93］提出了一种基于阵列协方差向量稀疏表示（Sparse Representation of Array Civariance Vectors，SRACV）的 DOA 估计算法，通过在一个“过完备字典”寻找阵列协方差向量最稀疏的系数实现 DOA 估计。利用稀疏重构技术，文献［94］提出了一种适用于稀疏阵列的 DOA 估计算法。文献［95，96］分别针对窄带信号和宽带信号，提出了基于协方差稀疏表示（Covariance Matrix Sparse Representation，CMSR）的 DOA 估计算法。稀疏贝叶斯学习（Sparse Bayesian Learning，SBL）作为一种 ML 估计的有效方法，被用来进行 DOA 估计[97]。

1.2.4 共形阵列的 DOA 估计算法

共形阵列天线安装在复杂载体曲面上，通常应用于雷达、声纳、无线通信等领域[98]。特别是一些天线，它们与航空飞行器、航天飞行器、导弹、陆地车辆集成在一起。共形阵列天线具有特殊的空气动力学性能，具有节省空间、提升潜在的可利用孔径等优点[99]。可以看出共形天线具有广阔的应用前景，共形天线卓越的性能吸引了不同领域的许多研究者。然而，分析这样的阵列是一个很大的挑战，因为设计这样的阵列十分复杂，同时可以利用材料的结构也可能十分复杂[100]。大多数的研究都聚焦在天线结构的设计[101-103]、局部坐标系和全局坐标系之间的转换[104-107]、共形阵列的方向图综合[108,109-111]。

传统的 DOA 估计算法，如 MUSIC 算法和 ESPRIT 算法不能应用于共形阵列天线，这主要是由于载体变化的曲率导致的[112,113]。然而，金属遮挡会引起共形阵列天线的“阴影效应”，也就是说，在这种情况下，不是所有的天线阵元都能接收到信号，因此导向矢量是不完整的，绝大部分传统的 DOA 估计算法都不适用于共形阵列天线。最近适用于共形阵列天线的具有高分辨率的 DOA 估计算法被提了出来[114-130]。文献［116］实现了极化信息和角度信息的去耦合，进而提出了一种盲的 DOA 估计算法。利用 MUSIC 算法和子阵分割技术，文献［117，118］实现了柱面共形阵列的二维 DOA 估计，但是谱峰搜索的计算复杂度过大。文献［119］利用二阶锥规划的波束优化方法，提出一种适用于低频共形阵的 DOA 估计方法。文献［120］利用加权子空间拟合的方法实现了柱面共形阵列的 DOA 估计。文献［121］在机械平台存在振动的情况下，提出了一种稳健的 DOA 估计和位置误差校正算法。文献［122］对 MUSIC 算法在共形阵列中的性能进行分析。利用 ESPRIT 算法和合理的阵元设计实现了锥面[123]和柱面共形阵列[124]的盲极化 DOA 估计。利用 ESPRIT 算法结合空间平滑方法，文献［125］实现了锥面共形阵列相干源的 DOA 估计。文献［126］利用秩损理论和子空间的方法，结合合理的阵元设计，实现了柱面共形阵列的 DOA 估计。文献［127］利用空间虚拟内插和 ESPRIT 以及 Root-MUSIC 实现了柱面共形阵列的 DOA 估计。针对共形阵列的特殊性，文献［128］提出了适用于任意阵列形式的免搜索 DOA 估计算法。文献［129］通过对导向矢量进行重构，利用 MUSIC 算法实现了圆柱共形阵的 DOA 估计。文献［130］利用阵列流行变换实现了半球共形阵列到矩形阵列和十字阵列的两种变换关系，并比较了在 DOA 估计和波束形成时各个方面的性能。文献［131］利用迭代自适应算法（IAA）估计出每个潜在位置对应的信号源能量；绘制了能量谱图，谱峰对应的方位角和俯仰角即为二维波达方向的估计值。文献［132］利用子阵是均匀圆阵的特殊结构，得出子阵内部和子阵之间的互耦均具有循环带状 Toeplitz 特性；最后构造重构矩阵解耦角度和互耦系数，从而进行级联估计。文献［133］应用协方差稀疏迭代方法实现了短快拍条件下的柱面共形阵的二维波达方向估计。文献［134］基于非圆旋转不变子空间，充分利用非圆信号的阵列扩展性，将DOA与极化参数去耦合，在此基础上，对俯仰与方位角度参数分维处理，在未知极化参数的情况下，实现了2D的分维估计。文献［135］提出一种基于数据自适应子阵分割的快速DOA估计算法，该方法先利用稀疏采样的偏置MUSIC算法进行DOA预估，依此确定所需要的子阵及二维搜索区域，确定MUSIC算法的搜索范围，进而得到高精确度的DOA估计。文献［136］将嵌套子阵结构引入柱面共形阵形成嵌套共形阵，同时提出相应的二维DOA估计算法。

球形阵列常应用于声源定位。文献［137］利用STFT域中的噪声与信号特征，结合STFT域中不同麦克风测量数据的相关信息，使用滤波、谱减等方法进行信号、噪声区域分离，构建信号主成分区域，通过反演构造信号子空间，从而进行端点识别，延时值估计，实现声源定位。文献［138］进一步研究共形天线阵中的多面拼接球形相控阵，从多面拼接球形阵的建模开始，依次分析其极化特性、子阵稀疏和整个球形阵稀疏，最后完成整个多面拼接球形相控阵仿真验证。文献［139］研究了基于球阵列的近场声全息和近场波束形成技术噪声源定位识别算法的基本理论，分析了两种算法各自的优势和劣势，取长补短。对二者的噪声源定位识别频带进行划分，利用MATLAB对算法进行仿真分析。文献［140］基于球面传声器阵列的噪声源定位方法，设计加工了阵元随机均匀分布64元球面传声器阵列，研究了球面近场声全息和球谐函数模态展开聚焦波束形成联合噪声源定位识别方法，对算法的性能进行了仿真分析，并利用球面传声器阵列进行了噪声源的定位识别试验。X射线诱导声学计算机断层扫描（XACT）是一种很有前途的成像方式，将高X射线吸收对比度与高分辨率超声波提供的3-D传播优势相结合。文献［141］中研究的目的是优化用于骨骼成像的3-D XACT成像系统的配置。设计了280个峰值频率为10MHz的超声波传感器，分布在球形表面上，以优化3-D体积成像能力。在许多房间声学和噪声控制应用中，确定传入声源的波达方向常常很困难。文献［142］中的工作试图利用概率方法通过球形麦克风阵列对进入的声音数据进行波束成形或空间滤波来高效地解决此问题。文献［143］提出了一种有效的技术，用于估计具有相干背景噪声的多源混响声音场景中各个功率谱密度（PSD）分量，即每个所需声源以及噪声和混响的PSD。利用球谐函数基函数固有的正交性来公式化球谐函数域中的问题，并从不同声场模式之间的互相关中提取PSD分量。文献［144］提出了一种基于卷积神经网络（CNN）的球阵列鲁棒的波达方向估计和互耦补偿技术。球形谐波分解（SHD）用于促进两组特征提取，其中包含关于波达方向估计源的仰角和方位角的不同特征。

1.2.5 共形阵列的多参数联合估计方法

在过去的几年中，对于传统的阵列，提出了许多适用于频率和角度联合估计的算法。在文献［145］中，频率和角度的联合估计分解为多个一维的参数估计问题，最后采用 ESPRIT 算法对参数进行估计。文献［146］利用时域滤波结合空域波束形成技术，对入射信号的 DOA 和时延进行了估计。相似地，文献［147］提出了一种新的参数估计和滤波处理结合的算法，两个一维频率和一个 MUSIC 算法分别被用于估计频率和 DOA。然而文献［146，147］中所提算法的计算复杂度太高。在元启发式优化算法的帮助下，如粒子群优化（Particle Swarm Optimization，PSO）算法，文献［148］提出了一种利用单快拍对入射信号二维 DOA（方位角和俯仰角）和频率进行联合估计的算法，其他优化算法也可以进行应用。文献［149］采用迭代最小均方误差方法进行联合参数估计，不需要谱峰搜索和参数配对，有效降低了算法的运算量。

对于极化信息和 DOA 联合估计来说，文献［150］利用信号的循环平稳特性以及构造空时矩阵得到近场源 DOA、距离和极化参数的联合估计。文献［151］利用一维 ESPRIT 算法交替估计入射信号的 DOA 和极化参数，可以保证参数的估计精度。在存在互耦的情况下，文献［152］利用改进的 Root-MUSIC 算法，在俯仰角固定的情况下实现了均匀圆阵的 DOA 和极化参数联合估计。文献［153］利用均匀稀疏的 L 型阵，利用 ESPRIT 算法实现了宽频段的 DOA 和极化的联合估计。利用平行因子分析技术构建累积量域的模型，文献［154］实现了对入射信号频率、DOA 和极化的联合估计。文献［155］采用单个电磁矢量传感器结合 ESPRIT 算法得到了 DOA 和极化参数的闭式解。文献［156］利用有效孔径函数和阵列流行分离技术，实现了任意阵列的 DOA 和极化估计。基于稀疏分布空间不相关的电磁传感器，文献［157］利用 ESPRIT 算法实现了 DOA 和极化估计。

对于共形阵列多参数估计来说，文献［115］利用迭代 ESPRIT 算法实现了二维 DOA 和极化角度的联合估计。文献［158，159］通过矩阵变换将信源方位和极化信息“去耦合”，利用 ESPRIT 算法和秩损理论实现了锥面和柱面共形阵列的 DOA 和极化参数联合估计。文献［160］采用 MUSIC 算法实现了锥面共形阵列的 DOA 和极化估计，并推导了 CRB。文献［161］利用子空间原理和合理的布阵，实现了锥面和柱面共形阵列的 DOA 和极化参数联合估计。在信源之间相干时，文献［162］利用空间平滑作为预处理算法，在此基础上构建旋转不变结构，最终实现锥面共形阵列的 DOA 和极化估计。依赖于代数几何的数学方法，不需要参数配对，只需要进行二维搜索，文献［163］就可实现共形阵列 DOA 和极化参数联合估计。对于线性调频信号，文献［164］首先对信号进行分数阶傅里叶变换，再利用传播算子方法实现对入射信号的多参数估计，由于不需要参数配对和高维矩阵特征分解，计算量得到大幅降低。在此基础上，文献［165］重构噪声子空间和流形矩阵建立单峰的目标函数，然后用 PSO 算法和 ESPRIT 算法实现 DOA 和极化估计。文献［166］针对锥面共形阵，利用有源校正和子空间拟合实现了在互耦条件下 DOA 和极化参数估计。文献［167］中利用 ESPRIT 算法实现了在存在未知互耦时的柱面共形阵列的 DOA 估计。文献［168］通过构造同极化接收子阵，将导向矢量中空域信息和极化域信息“去耦合”，在考虑阵元遮挡效应的条件下，结合秩损原理，实现了基于降维 MUSIC 算法的极化-DOA 多参数估计。文献［169］利用互耦矩阵的 Toeplitz 性和秩损理论，给出了柱面共形阵列天线互耦条件下信源方位与极化的联合估计算法，并对可能出现的方位角模糊进行了详细的分析，给出解模糊方法。所提算法无须参数配对，即可实现信源方位、极化和互耦系数的联合估计。文献［170］将互耦模拟成两个不同面的方向图的衰减。互耦具有方向依赖以及缓慢变化的特性，因此互耦可以通过对感兴趣的空间进行采样得到估计，进而进行校正。文献［171］利用系统方案解模糊，并基于协方差矩阵的 Hough 变换实现粗略的 DOA 估计。将已估计的 DOA 代入秩降低问题获得极化估计，通过迭代和 DOA 与极化之间的交替优化来提高精度。最后，利用时间协方差矩阵计算多普勒频率。文献［172］提出了用双极化共形阵列的双极化多信号分类（DP-MUSIC）算法来估计信号的波达方向和极化信息。

综上所述，对于共形阵列的多参数估计来说，电子科技大学、西安电子科技大学、空军工程大学在这方面做出了重要贡献，为以后对其进行深入研究奠定了理论基础。

1.2.6 共形阵列的工程应用

对共形天线的研究从 20 世纪 70 年代就有陆续的研究报道被发表。到了 20 世纪 90 年代，共形天线的研究开始成为热点，相继有不少实际的共形天线阵列出现。1996 年，Kanno 等设计了 X 波段的拟机翼椭圆柱面共形阵。2002 年 Steyskal 等设计了 C 波段拟真实机翼形状的共形微带阵列。英国一研究所设计制作了半球空间波束覆盖的卫星移动通信天线。爱立信联合实验室设计了圆柱共形波导阵列。近年来，美意联合发展了 AGM-88E 反辐射导弹，该导弹是美海军高速反辐射导弹 HARM 的后继型号，能显著提高电子战中飞机搜索、识别和最终摧毁敌方防空系统的能力，并于 2010 年前后服役装备部队。其中 AGM-88E 反辐射弹的被动制导采用了 8 个宽带被动共形天线单元，采用了单线极化的工作模式。由于 AGM-88E 反辐射弹的宽带被动共形天线采用了单线极化的工作模式，在某些情况下，由于天线极化失配问题可能导致被动导引头性能下降甚至无法工作，这是单极化宽带被动共形模式存在固有的缺陷。因此，美国在全新预研新一代导弹时，宽带被动共形天线采取了双线极化共形天线的方案[173]。

以色列、美国、日本和欧洲在共形阵雷达技术方面走在前列，我国在 20 世纪 90 年代也开始进行了研究。至今以色列已有 2 型准共形阵雷达研制成功。另外，还有多家公司正在进行机载共形相控阵雷达方面的研究[174]。从 2004 年开始，美国空军和雷神公司就开始对 X 波段薄型相控阵雷达进行研究，其采用的天线技术正是共形天线。美国国家航空航天局和美国空军支持的“系统研发型飞行器”项目也在智能蒙皮技术上取得重大突破。通过超材料设计，这一项目将 F18“大黄蜂”的垂尾变身成为机载通信天线和合成孔径雷达，可实现“全方位、多任务”快速雷达波束扫描。目前，这一技术已经被应用于美军 F22“猛禽”、F35“闪电”战斗机以及“全球鹰”无人机上。目前，美国空军仍在支持多个共形天线项目研发。其中“结构一体化 X 波段阵列”项目就曾在波音 707 飞机机翼上安装过 64 单元共形天线。在“传感器飞机共形低波段天线结构”项目中，研究人员通过在飞机机翼前缘安装有源相控阵共形雷达系统，充分研究了机翼弯曲对共形天线阵列性能的影响。美国空军的“传感器飞机”项目专门制造了一款超高频共形有源相控阵雷达天线，美国海军的协同交战系统舰载通信终端也采用了圆柱形共形相控阵天线。此外，美国国防部高级研究计划局还专门制定了“推动智能蒙皮天线技术快速发展”计划。欧洲研究人员也在为无人机量身打造一款曲面扫描天线，相当于直接把天线贴在无人机表面。

日本在信息技术和微电子技术方面一直处于世界领先地位，这些技术积累为研究共形阵天线技术提供了坚实的基础[175]。日本原防卫技术研究本部（现已整合到防卫省装备厅）的电子装备研究所在 2013 年对外公布了其正在牵头研发的柔性共形阵天线，在实用性方面具有很大突破，解决了大部分共形阵天线所面临的问题。日本这个项目的研制目标是面向未来航空装备，用于取代机内雷达天线，其实现的柔性共形阵天线技术主要实现了 3 点：天线可以任意角度弯曲；天线传感器可以根据弯曲状态检测曲率，自动修正电磁波相位；通过对天线在弯曲状态下与平面状态下的增益效果进行对比，验证了自动修正电磁波的技术可行性。

以色列的艾尔塔公司已经研制出相控阵 L 波段准共形固态 AEW 系统（费尔康），该系统安装在波音 707 飞机上，6 个天线阵面布置在机头、机尾和机旁两侧，通过开关控制联合提供 360°方位电扫描以及俯仰扫描，该共形阵克服了早期机械扫描的缺点并出口到智利，近期又在湾流 550 载机上实现 L 波段平面准共形阵雷达试飞，这 2 种机载预警雷达均已投入使用[176]。

1.3 章节安排

本书旨在介绍基于被动测向系统的参数估计方法，特别是基于机载、弹载共形阵列的多参数联合估计。继本章之后，本书结构及内容安排如下。

第 2 章介绍共形阵列参数估计的基础知识，主要涉及阵列接收数据模型、传统的波达方向估计方法。

第 3 章介绍干涉仪测向方法。干涉仪测向算法相比空间谱估计算法具有计算简便、实时性好的优点。针对近年来提出的立体基线测向方法，利用矩阵求逆和轮换比对的方法，将基于平面阵列的立体基线测向方法推广到立体阵列中。计算机仿真试验验证了算法的有效性，并通过实测数据分析验证了算法的工程可行性。然后对基于平面阵列的立体基线测向方法的测性误差进行了详细的理论分析，得到了一些可以指导实际工程应用的天线摆放规则。最后将基于立体阵列的立体基线测向方法应用到共形天线中，并通过计算机仿真验证了所提算法的有效性。

第 4 章介绍基于延时相关的波达方向估计方法。为了提高空间谱估计算法的测角精度和分辨力，提出了一种基于延时相关函数的波达方向估计方法。阵列接收数据的非零延时相关函数中蕴含了信号的角度信息，并且对噪声具有一定的抑制作用。利用这个原理，在任意阵列摆放形式下，提出了基于延时相关处理的 MUSIC 算法，并且为了提高算法的实时性，引入了变尺度的混沌优化算法，简化了二维空间谱函数的构造和谱峰搜索过程。最后，利用计算机仿真实验验证了两种算法的性能。针对实际测向系统中阵列输出噪声为非均匀噪声，经典 MUSIC 算法的性能下降甚至失效的问题，提出了一种非均匀噪声下的波达方向估计方法。首先利用 3 个变换矩阵对协方差矩阵进行处理，得到含有噪声和不含噪声的两部分数据；然后利用这两部分数据进行噪声协方差矩阵的估计；最后利用估计的噪声协方差矩阵对接收数据进行标准化处理，使得接收数据中的非均匀噪声变成了零均值的均匀白噪声，从而将非均匀噪声下的波达方向估计转变成白噪声下的波达方向估计，抑制了非均匀噪声对算法性能的影响。计算机仿真实验测试了该算法在非均匀噪声下的性能，实际测向系统中的实验验证了算法的工程实用性。

第 5 章介绍非圆信号波达方向估计方法。利用信号的非圆特性可以提高测向性能，针对非圆信号，提出了两种非圆信号波达方向估计方法。第一种方法是基于矩阵重构的非圆信号 ESPRIT 算法，该方法通过对阵列接收数据进行共轭重构，构造了与阵元个数相同的具有旋转不变关系的多个子阵，然后通过延时相关处理抑制了高斯白噪声对算法的影响，提高了非圆信号波达方向估计的测角精度和正确分辨概率。第二种方法是一种稳健的四阶累积量非圆信号波达方向估计方法，首先根据四阶累积量抑制高斯噪声的性能构造两个四阶累积量矩阵，然后根据这两个矩阵之间的旋转不变性进行波达方向估计，最后在通道幅相误差模型下分析了该算法的稳健性并得出结论：只要接收通道中任意两个通道具有一致性，不需要误差校正就能进行正确估计。仿真实验表明，算法测角精度和分辨力得到提高，并且算法对幅相误差具有稳健性。

第 6 章介绍共形阵列波达方向估计方法。为了提高基于共形阵列空间谱估计算法的实时性和估计精度，基于传播算子方法（Propagator Method，PM）和平行因子（Parallel Factor，PARAFAC）分析理论，提出了两种适用于共形阵列的 DOA 估计方法。首先利用柱面共形阵列的对称性构造 4 个具有旋转不变关系的子阵，通过合理的阵列设计，耦合在接收数据中的极化信息可以成功去除，最后利用 PM 算法得到最后的入射信号 DOA 估计，该算法不需要谱峰搜索，具有较好的实时性。然后将 PARAFAC 理论引入共形阵列的 DOA 估计中，所提算法通过构造旋转不变关系矩阵来估计入射信号的 DOA，在累积量域构造 PARAFAC 模型，最后利用三线性交替最小二乘算法来实现最终的 DOA 估计，所提算法相比基于 ESPRIT（Estimation of Signal Parameters via Rotational Invariance Techniques）的算法具有更高的估计精度，不需要参数配对，具有较高的估计精度。最后，计算机仿真实验验证了两种算法的性能。

第 7 章介绍共形阵列多参数联合估计方法。针对共形阵列的多参数联合估计问题，提出了两种新的参数估计方法。首先提出一种基于状态空间矩阵和 PM 算法的频率和 DOA 联合估计算法，入射信号的频率通过构建空间状态矩阵来获得，通过合理设计柱面共形阵列的阵元，结合 PM 算法实现极化信息和角度信息之间的解耦合。然后提出了一种基于阵列内插的频率和角度之间进行配对的新方法，同时推导了频率和角度联合估计情况下的 CRB。本章还利用延时相关函数结合 PARAFAC 理论，提出了一种频率和 DOA 联合估计算法。延时相关函数可以用来压制噪声的影响。时间和空间的采样都被用来构建空时矩阵。不需要谱峰搜索和参数配对，利用 PARAFAC 理论实现频率和二维 DOA 的估计。最后计算机仿真实验验证了两种算法的性能。

第 2 章　共形阵列参数估计基础

2.1　引言

空间谱估计，又称 DOA 估计，在阵列信号处理领域中一直是研究的热点，在雷达、声纳、无线通信、射电天文、医学成像等领域有广泛的应用[56]。本章首先介绍信号模型，其中包括理想情况信号模型、非圆信号模型，以及共形阵列信号模型，然后介绍几种常用的空间谱估计方法，包括 MUSIC 方法、ESPRIT 方法，以及 PM 方法，同时对本书中使用的平行因子（Parallel Factor，PARAFAC）理论进行简要介绍。

2.2　信号模型

空间信号通常由一个或多个参数组成（信源数、信号频率、到达角等），空间谱估计就是通过天线阵列完成对这些目标信号参数的估计，系统框图如图 2.1 所示。

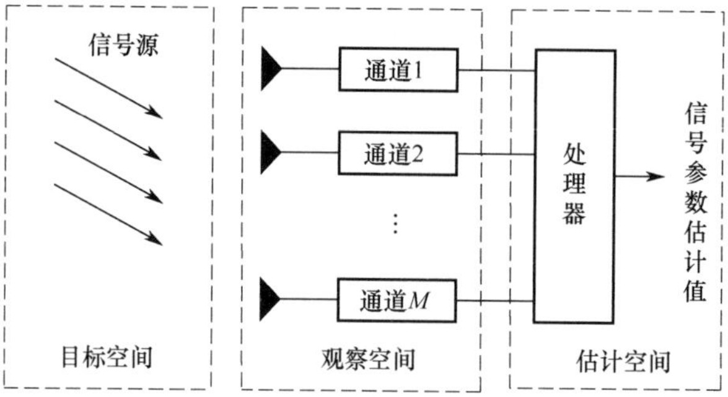

图 2.1　空间谱估计的系统框图

对于空间谱估计的系统框图，有以下几点说明。

（1）目标空间的组成包括空间入射信号和复杂环境。

（2）观察空间由按照一定方式排列的一组天线阵列组成，观察空间利用这组天线阵列搜集来自目标空间的数据。因接收环境的影响，数据通常由两部分组成：信号特征参数和环境参数。并且，天线阵列的互耦、通道不一致等特征也会对接收数据有一定的影响。观察空间是一个多维空间，接收数据是由多个通道组成的，通道数与阵元数可以是不相等的，即通道与阵元之间不是一一对应的。

（3）估计空间的作用是对观察空间中接收到的数据进行处理，同时通过空间谱估计、空域滤波、阵列校正等方法，完成对感兴趣的信号参数的估计。

由图 2.1 可知，信号参数的估计是通过估计空间对目标空间的重构来进行的，其理论基础就是信号模型。

2.2.1 理想情况信号模型

假设空间天线阵列由 M 个阵元组成，D 个窄带独立信号从远场入射到该天线阵列上，测向信号处理器接收的数据来自 M 个通道，即通道数等于阵元数。用复包络形式表示第 i 个（$i=1,2,\cdots,D$）入射信号，即

$$\begin{cases} s_i(t) = u_i(t)\exp\{\mathrm{j}[\omega_0 t + \varphi(t)]\} \\ s_i(t-\tau) = u_i(t-\tau)\exp\{\mathrm{j}[\omega_0(t-\tau) + \varphi(t-\tau)]\} \end{cases} \tag{2-1}$$

式中：ω_0 为信号频率；$u_i(t)$ 和 $\varphi(t)$ 分别为第 i 个信号的幅度和相位。

当窄带的独立信号由远场入射时，有

$$\begin{cases} u_i(t-\tau) \approx u_i(t) \\ \varphi(t-\tau) \approx \varphi(t) \end{cases} \tag{2-2}$$

由式（2-1）和式（2-2）得

$$s_i(t-\tau) \approx s_i(t)\exp(-\mathrm{j}\omega_0\tau) \tag{2-3}$$

因此，第 m 个（$m=1,2,\cdots,M$）阵元接收到的信号为

$$x_m(t) = \sum_{i=1}^{M} g_{mi}s_i(t-\tau_{mi}) + n_m(t) \tag{2-4}$$

式中：τ_{mi} 为时延，表示入射信号 s_i 到达参考阵元的时间和阵元 m 的时间的差值；g_{mi} 为阵元 m 对信号 s_i 的增益；$n_m(t)$ 为 t 时刻阵元 m 接收的噪声。

将天线阵列的 M 个阵元的接收数据进行以下的排列

$$\begin{bmatrix} x_1(t) \\ x_2(t) \\ \vdots \\ x_M(t) \end{bmatrix} = \begin{bmatrix} g_{11}\mathrm{e}^{-\mathrm{j}\omega_0\tau_{11}} & g_{12}\mathrm{e}^{-\mathrm{j}\omega_0\tau_{12}} & \cdots & g_{1D}\mathrm{e}^{-\mathrm{j}\omega_0\tau_{1D}} \\ g_{21}\mathrm{e}^{-\mathrm{j}\omega_0\tau_{21}} & g_{22}\mathrm{e}^{-\mathrm{j}\omega_0\tau_{22}} & \cdots & g_{2D}\mathrm{e}^{-\mathrm{j}\omega_0\tau_{2D}} \\ \vdots & \vdots & & \vdots \\ g_{M1}\mathrm{e}^{-\mathrm{j}\omega_0\tau_{M1}} & g_{M2}\mathrm{e}^{-\mathrm{j}\omega_0\tau_{M2}} & \cdots & g_{MD}\mathrm{e}^{-\mathrm{j}\omega_0\tau_{MD}} \end{bmatrix} \begin{bmatrix} s_1(t) \\ s_2(t) \\ \vdots \\ s_M(t) \end{bmatrix} + \begin{bmatrix} n_1(t) \\ n_2(t) \\ \vdots \\ n_M(t) \end{bmatrix} \tag{2-5}$$

假设天线阵列和信号模型都是理想的，即各天线是同性的，并且没有通道失配和耦合，此时可以将式（2-5）中天线阵元对信号的增益标准化为 1，即

$$\begin{bmatrix} x_1(t) \\ x_2(t) \\ \vdots \\ x_M(t) \end{bmatrix} = \begin{bmatrix} e^{-j\omega_0\tau_{11}} & e^{-j\omega_0\tau_{12}} & \cdots & e^{-j\omega_0\tau_{1D}} \\ e^{-j\omega_0\tau_{21}} & e^{-j\omega_0\tau_{22}} & \cdots & e^{-j\omega_0\tau_{2D}} \\ \vdots & \vdots & & \vdots \\ e^{-j\omega_0\tau_{M1}} & e^{-j\omega_0\tau_{M2}} & \cdots & e^{-j\omega_0\tau_{MD}} \end{bmatrix} \begin{bmatrix} s_1(t) \\ s_2(t) \\ \vdots \\ s_M(t) \end{bmatrix} + \begin{bmatrix} n_1(t) \\ n_2(t) \\ \vdots \\ n_M(t) \end{bmatrix} \tag{2-6}$$

写成矩阵形式为

$$\boldsymbol{X}(t) = \boldsymbol{AS}(t) + \boldsymbol{N}(t) \tag{2-7}$$

式中：$\boldsymbol{X}(t) = [\boldsymbol{x}_1(t), \boldsymbol{x}_2(t), \cdots, \boldsymbol{x}_M(t)]^{\mathrm{T}}$ 为阵列接收数据矢量，是 $M\times 1$ 维的；$\boldsymbol{S}(t) = [\boldsymbol{s}_1(t), \boldsymbol{s}_2(t), \cdots, \boldsymbol{s}_D(t)]^{\mathrm{T}}$ 为信号矢量，是 $D\times 1$ 维的；$\boldsymbol{N}(t) = [\boldsymbol{n}_1(t), \boldsymbol{n}_2(t), \cdots, \boldsymbol{n}_M(t)]^{\mathrm{T}}$ 为阵列的噪声矢量，是 $M\times 1$ 维的；$\boldsymbol{A} = [\boldsymbol{a}_1(\omega_0), \boldsymbol{a}_2(\omega_0), \cdots, \boldsymbol{a}_D(\omega_0)]$为阵列的导向矩阵，是 $M\times D$ 维的；$\boldsymbol{a}_i(\omega_0)$为导向矢量($i=1, 2, \cdots, D$)，并且有

$$\boldsymbol{a}_i(\omega_0) = \begin{bmatrix} \exp(-\mathrm{j}\omega_0\boldsymbol{\tau}_{1i}) \\ \exp(-\mathrm{j}\omega_0\boldsymbol{\tau}_{2i}) \\ \vdots \\ \exp(-\mathrm{j}\omega_0\boldsymbol{\tau}_{Mi}) \end{bmatrix} \tag{2-8}$$

式中：$\omega_0 = 2\pi f = 2\pi c/\lambda$，$f$ 和 λ 分别为信号的频率和波长，c 为光速；$\boldsymbol{\tau}_{mi}$ 为第 i 个（$i=1,2,\cdots,D$）信号到达第 m 个（$m=1,2,\cdots,M$）阵元和到达参考阵元之间的时延。

由式（2-8）可以看出，只要求得时延 τ 的表达式，就可以知道导向矩阵 $\boldsymbol{A}$。假设空间有任意的两个阵元，以参考阵元为坐标原点建立直角坐标系，空间某阵元在该直角坐标系里的坐标为（x，y，z），信号由 **OS** 方向入射到该天线阵，入射信号的方位角为 θ，俯仰角为 φ，如图 2.2 所示。

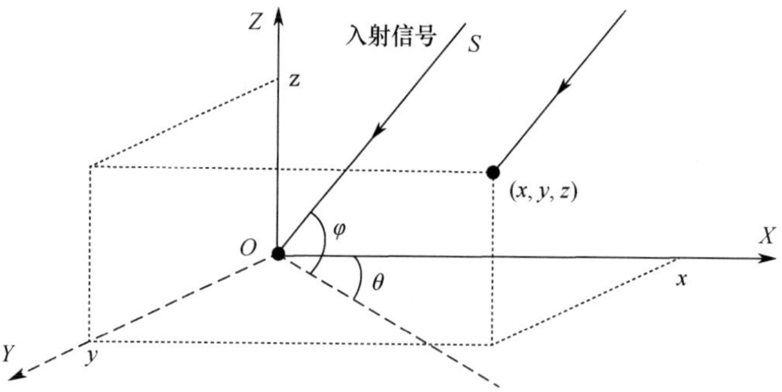

图 2.2　空间任意两阵元的位置示意图

根据几何知识可以求得入射信号到达两阵元的波程差 ΔR 为

$$\Delta R = x\cos\theta\cos\varphi + y\sin\theta\cos\varphi + z\sin\varphi \tag{2-9}$$

由波程差 ΔR 引入的时延为

$$\tau = \frac{\Delta R}{c} = \frac{1}{c}(x\cos\theta\cos\varphi + y\sin\theta\cos\varphi + z\sin\varphi) \tag{2-10}$$

式（2-10）就是信号入射到空间任意两阵元之间的时延，这个时延其实就是两阵元分别位于 x 轴、y 轴和 z 轴上的时延之和。得出了时延 τ 的表达式，就可以知道导向矩阵 $\boldsymbol{A}$ 的具体形式。

本书在下列几点假设的前提下讨论阵列接收数据模型的二阶统计特性：

（1）阵元数 M 与信源数 D 之间满足：$M>D$，即保证导向矩阵 $\boldsymbol{A}$ 的各列的线性独立性。

（2）入射信号为窄带、远场、不相关的信号。

（3）天线阵列的各天线之间是同性的，并且忽略天线之间的互耦、通道幅相误差等因素的作用。

（4）噪声是高斯过程，各阵元之间的噪声相互独立，噪声与信号相互独立。

基于以上假设，首先考察阵列接收数据的协方差矩阵：

$$\boldsymbol{R} = E[\boldsymbol{X}(t)\boldsymbol{X}^{\mathrm{H}}(t)] = \boldsymbol{A}\boldsymbol{R}_{\mathrm{S}}\boldsymbol{A}^{\mathrm{H}} + \boldsymbol{R}_{\mathrm{N}} \tag{2-11}$$

式中：$\boldsymbol{R}_{\mathrm{S}}=E[\boldsymbol{S}(t)\boldsymbol{S}^{\mathrm{H}}(t)]$ 和 $\boldsymbol{R}_{\mathrm{N}}=E[\boldsymbol{N}(t)\boldsymbol{N}^{\mathrm{H}}(t)]$ 为信号和噪声的协方差矩阵。

当噪声是功率为 σ^2 的高斯白噪声时，$\boldsymbol{R}_{\mathrm{N}}=\sigma^2\boldsymbol{I}$，式（2-11）可写为

$$\boldsymbol{R} = \boldsymbol{A}\boldsymbol{R}_{\mathrm{S}}\boldsymbol{A}^{\mathrm{H}} + \sigma^2\boldsymbol{I} \tag{2-12}$$

对 $\boldsymbol{R}$ 进行特征分解，有

$$\boldsymbol{R} = \boldsymbol{U}\boldsymbol{\Sigma}\boldsymbol{U}^{\mathrm{H}} \tag{2-13}$$

式中：$\boldsymbol{U}=[\boldsymbol{u}_1,\boldsymbol{u}_2,\cdots,\boldsymbol{u}_M]$ 为特征矢量矩阵；$\boldsymbol{\Sigma}=\mathrm{diag}(\lambda_1,\lambda_2,\cdots,\lambda_M)$ 为对角线元素为特征值的对角阵。λ_i 与 $\boldsymbol{u}_i(i=1,2,\cdots,M)$ 是相互对应的，并且有

$$\lambda_1 \geqslant \lambda_2 \geqslant \cdots \geqslant \lambda_D > \lambda_{D+1} = \cdots = \lambda_M = \sigma^2 \tag{2-14}$$

在式（2-14）中，前 D 个大特征值对应于 D 个入射信号，令它们组成的对角阵为 $\boldsymbol{\Sigma}_{\mathrm{S}}=\mathrm{diag}(\lambda_1,\lambda_2,\cdots,\lambda_D)$。后 $M-D$ 个小特征值对应于噪声，小特征值等于 σ^2，令它们组成的对角阵为 $\boldsymbol{\Sigma}_{\mathrm{N}}=\mathrm{diag}(\lambda_{D+1},\lambda_{D+2},\cdots,\lambda_M)$。

当空间噪声为高斯白噪声时，有

$$\boldsymbol{\Sigma}_{\mathrm{N}} = \sigma^2\boldsymbol{I}_{(M-D)\times(M-D)} \tag{2-15}$$

相对应地，特征矩阵 $\boldsymbol{U}=[\boldsymbol{u}_1,\boldsymbol{u}_2,\cdots,\boldsymbol{u}_M)$ 也可以分成两部分：$\boldsymbol{U}=[\boldsymbol{U}_{\mathrm{S}}\quad \boldsymbol{U}_{\mathrm{N}}]$。其中：$\boldsymbol{U}_{\mathrm{S}}=[\boldsymbol{u}_1,\boldsymbol{u}_2,\cdots,\boldsymbol{u}_D]$ 为信号子空间，$\boldsymbol{u}_1,\boldsymbol{u}_2,\cdots,\boldsymbol{u}_D$ 与对应于 $\lambda_1,\lambda_2,\cdots,\lambda_D$；$\boldsymbol{U}_{\mathrm{N}}=[\boldsymbol{u}_{D+1},\cdots,\boldsymbol{u}_M]$ 为噪声子空间，$\boldsymbol{u}_{D+1},\boldsymbol{u}_{D+2},\cdots,\boldsymbol{u}_M$ 对应于 $\lambda_{D+1},\lambda_{D+2},\cdots,\lambda_M$。所以，式（2-13）又可写为

$$\begin{aligned}\boldsymbol{R} &= \sum_{i=1}^{D}\lambda_i\boldsymbol{u}_i\boldsymbol{u}_i^{\mathrm{H}} + \sum_{j=D+1}^{M}\lambda_j\boldsymbol{u}_j\boldsymbol{u}_j^{\mathrm{H}} \\ &= [\boldsymbol{U}_{\mathrm{S}}\quad \boldsymbol{U}_{\mathrm{N}}]\boldsymbol{\Sigma}[\boldsymbol{U}_{\mathrm{S}}\quad \boldsymbol{U}_{\mathrm{N}}]^{\mathrm{H}} \\ &= \boldsymbol{U}_{\mathrm{S}}\boldsymbol{\Sigma}_{\mathrm{S}}\boldsymbol{U}_{\mathrm{S}}^{\mathrm{H}} + \boldsymbol{U}_{\mathrm{N}}\boldsymbol{\Sigma}_{\mathrm{N}}\boldsymbol{U}_{\mathrm{N}}^{\mathrm{H}}\end{aligned} \tag{2-16}$$

下面给出在假设条件下特征子空间的几个重要的性质[177-181]。

性质 1 $\boldsymbol{U}_{\mathrm{S}}$ 与导向矩阵 $\boldsymbol{A}$ 张成了同一个空间，即

$$\mathrm{span}\{\boldsymbol{u}_1, \boldsymbol{u}_2, \cdots, \boldsymbol{u}_D\} = \mathrm{span}\{\boldsymbol{a}_1, \boldsymbol{a}_2, \cdots, \boldsymbol{a}_D\} \tag{2-17}$$

性质 2 $\boldsymbol{U}_{\mathrm{S}}$ 与 $\boldsymbol{U}_{\mathrm{N}}$ 相互正交，并且在 $i=D+1,D+2,\cdots,M$ 时，有 $\boldsymbol{A}^{\mathrm{H}}\boldsymbol{u}_i=\boldsymbol{0}$。

性质 3 $\boldsymbol{U}_{\mathrm{S}}$ 与 $\boldsymbol{U}_{\mathrm{N}}$ 有以下关系：

$$\begin{cases}\boldsymbol{U}_S\boldsymbol{U}_{\mathrm{S}}^{\mathrm{H}} + \boldsymbol{U}_{\mathrm{N}}\boldsymbol{U}_{\mathrm{N}}^{\mathrm{H}} = \boldsymbol{I} \\ \boldsymbol{U}_{\mathrm{S}}^{\mathrm{H}}\boldsymbol{U}_{\mathrm{S}} = \boldsymbol{I} \\ \boldsymbol{U}_{\mathrm{N}}^{\mathrm{H}}\boldsymbol{U}_{\mathrm{N}} = \boldsymbol{I}\end{cases} \tag{2-18}$$

性质 4 $\boldsymbol{U}_{\mathrm{S}}$、$\boldsymbol{U}_{\mathrm{N}}$ 与 $\boldsymbol{A}$ 有以下关系：

$$\begin{cases}\boldsymbol{U}_{\mathrm{S}}\boldsymbol{U}_{\mathrm{S}}^{\mathrm{H}} = \boldsymbol{A}(\boldsymbol{A}^{\mathrm{H}}\boldsymbol{A})^{-1}\boldsymbol{A}^{\mathrm{H}} \\ \boldsymbol{U}_{\mathrm{N}}\boldsymbol{U}_{\mathrm{N}}^{\mathrm{H}} = \boldsymbol{I} - \boldsymbol{A}(\boldsymbol{A}^{\mathrm{H}}\boldsymbol{A})^{-1}\boldsymbol{A}^{\mathrm{H}}\end{cases} \tag{2-19}$$

2.2.2 非圆信号模型

1. 圆信号与非圆信号的定义

术语“圆”和“非圆”源自英文单词 Circular 和 Non-circular[182]。在实际系统中，阵列接收到的信号下变频到基带以后，由同相正交的分量可得复信号，根据复信号的不同统计特性区分圆（Circular）信号和非圆（Non-circular）信号。“圆”指绕圆心任意旋转是不变的，“非圆”则相反。也就是说，对于如概率密度函数、矩、累积量等信号的统计特性，圆信号具有旋转不变特性，而非圆信号没有这个特性[183,184]。空间谱估计算法利用的是阵列接收数据的协方差矩阵，即二阶矩。现有的空间谱估计算法都只考虑了一阶矩和二阶矩的旋转不变特性。

对于圆信号有以下定义[185]：如果信号 s 与其任意旋转 $s\mathrm{e}^{\mathrm{j}\varphi}$ 具有相同的一阶和二阶统计特性，也就是 s 具有旋转不变性，即

$$E[s\mathrm{e}^{\mathrm{j}\varphi}) = E[s] \tag{2-20}$$

$$E[s\mathrm{e}^{\mathrm{j}\varphi}(s\mathrm{e}^{\mathrm{j}\varphi})^*] = E[ss^*] \tag{2-21}$$

$$E[s\mathrm{e}^{\mathrm{j}\varphi}\cdot s\mathrm{e}^{\mathrm{j}\varphi}] = E[ss] \tag{2-22}$$

式中：φ 为信号的旋转相位。

满足式（2-20）~式（2-22）的信号称为圆信号，反之称为非圆信号。假设信号 s 是零均值的并且不恒等于零，即 $E[s]=0$，式（2-20）成立；显然式（2-21）是成立的；若式（2-22）成立则有 $E[s^2]=0$；又因为 $E[ss^*]\neq 0$，所以信号 s 是圆信号等价于 $E[s^2]=0$，信号 s 是非圆信号等价于 $E[s^2]\neq 0$。

传统的空间谱估计算法只利用了 $E[ss^*]$ 中的信息，主要是针对圆信号设计的，而非圆信号的空间谱估计算法同时利用了 $E[ss^*]$ 和 $E[ss]$，增加了信息的利用率，因此算法的性能得到提高。

常用的四相相移键控信号（Quadrature Phase Shift Keying，QPSK）和正交振

幅调制信号（Quadrature Amplitude Modulation，QAM）均为圆信号，而二进制移相键控信号（Binary Phase Shift Keying，BPSK）、非平衡 QPSK 信号（Unbalance QPSK，UQPSK）及幅度调制类信号（如 AM 信号、MASK 信号等）都是非圆信号。

对于任意信号，有以下定义[185]：

$$E[s^2]=\rho\cdot\exp(\mathrm{j}\phi)\cdot E[ss^*]=\rho\cdot\exp(\mathrm{j}\phi)\cdot\sigma_s^2 \tag{2-23}$$

式中：ϕ 为非圆相位。ρ 为非圆率，其取值由信号形式决定，范围是［0，1］。$\rho=0$ 时信号为圆信号，$\rho\neq0$ 时信号为非圆信号。常见的 AM、ASK、BPSK 等非圆信号的非圆率 $\rho=1$，称为最大非圆率信号，本章只研究这种情况。对于最大非圆率信号，信号矢量 $\boldsymbol{S}=[s_1,s_2,\cdots,s_D]^{\mathrm{T}}$ 可以写为以下形式[186,187]：

$$\boldsymbol{S}=\boldsymbol{\Phi}^{\frac{1}{2}}\boldsymbol{S}_0 \tag{2-24}$$

式中：$\boldsymbol{S}_0=[s_{0,1},s_{0,2},\cdots,s_{0,D}]^{\mathrm{T}}$，$s_{0,i}$ 为信号 s_i 的零初相实信号；$\boldsymbol{\Phi}=\mathrm{diag}[\exp(\mathrm{j}\phi_1),\exp(\mathrm{j}\phi_2),\cdots,\exp(\mathrm{j}\phi_D)]$，$\phi_i/2$ 是信号的初相。

2. 最大非圆率信号的性质

最大非圆率信号具有良好的性能，本节给出最大非圆率信号的两个性质。

性质 1 最大非圆率信号可以由实信号进行移相得到，移相得到的非圆信号的相位是信号初始相位的两倍。

性质 2 若阵列接收信号全部都是最大非圆率信号，那么阵列接收数据的 $2q$ 阶（q 是正整数）累积量矩阵不为 0。

下面对性质 1 进行简单的证明。

假设 s 是最大非圆率信号，令 $s_0=s\cdot\exp\left(-\mathrm{j}\dfrac{\phi}{2}\right)$，由式（2-23）可知，当 $\rho=1$ 时：

$$E[s_0^2]=E[s_0s_0^*] \tag{2-25}$$

可以将 s_0 表述为以下形式：

$$s_0=s_{\mathrm{R}}+\mathrm{j}s_{\mathrm{I}} \tag{2-26}$$

式中：s_{R} 和 s_{I} 分别为 s_0 的实部和虚部，所以由式（2-25）和式（2-26）可得

$$E[s_{\mathrm{R}}^2]-E[s_{\mathrm{I}}^2]+2\mathrm{j}\cdot E[s_{\mathrm{R}}s_{\mathrm{I}}]=E[s_{\mathrm{R}}^2]+E[s_{\mathrm{I}}^2] \tag{2-27}$$

式中：虚部 $s_{\mathrm{I}}=0$，因此

$$s=s_{\mathrm{R}}\cdot\exp\left(\mathrm{j}\frac{\phi}{2}\right) \tag{2-28}$$

也就是说，信号 s 可以由实信号 s_{R} 经过移相 $\phi/2$ 得到，这里 ϕ 是非圆信号的非圆相位，是信号 s 的初相 $\phi/2$ 的两倍，证毕。

3. 最大非圆信号的数学模型

通常情况下入射信号的模型为

$$s_i(t) = u_i(t)\exp\{j[\omega_0 t + \varphi(t) + \nu]\}$$
$$= u_i(t)\exp\{j[\omega_0 t + \varphi'(t)]\} \tag{2-29}$$

式中：ω_0 为信号的频率；$u_i(t)$ 和 $\varphi(t)$ 分别为幅度和相位；ν 为信道附加相位。

为了分析简单，通常将由于信道产生的相位偏移归入信号的相位信息中，对于一般的圆信号，这样做在信号的数学模型上没有改变。但是对于非圆信号来讲，因为信号是实信号，即在理想条件下解调后得到的信号为实数，因此，为了使非圆信号的数学模型更接近实际情况中的模型，需要考虑信道对信号的影响，非圆信号模型应该写为

$$s_i(t) = s_{0,i}(t)\exp\left(j\frac{\phi_i}{2}\right) = u_i(t)\exp\left(j\frac{\phi_i}{2}\right) \tag{2-30}$$

式中：$\boldsymbol{S}_0 = [s_{0,1}, s_{0,2}, \cdots, s_{0,D}]^{\mathrm{T}}$，$s_{0,i}$ 为信号 s_i 的零初相实信号；$\phi_i/2$ 是信号的初相。

此时非圆信号矢量 $\boldsymbol{S} = [s_1, s_2, \cdots, s_D]^{\mathrm{T}}$ 可以写为以下形式：

$$\boldsymbol{S} = \boldsymbol{\Phi}^{\frac{1}{2}}\boldsymbol{S}_0 \tag{2-31}$$

因此，非圆信号的阵列接收数据模型为

$$\boldsymbol{X}(t) = \boldsymbol{A}\boldsymbol{S}(t) + \boldsymbol{N}(t) = \boldsymbol{A}\boldsymbol{\Phi}^{\frac{1}{2}}\boldsymbol{S}_0(t) + \boldsymbol{N}(t) \tag{2-32}$$

2.2.3 共形阵列信号模型

由于阵列结构的复杂性，本节给出阵列结构更一般化的信号模型，并分析共形阵列相比于普通阵列在阵列流型上的特殊性[188]。

1. 任意阵列信号模型

如图 2.3 所示，一个天线阵共形在一个任意形状的载体表面。假设在载体表面有 M 个阵元，在全局坐标系下，每个阵元的坐标可以表示为 (x_m, y_m, z_m)，$m = 1,2,\cdots,M$。从图中可以看出，全局坐标系是以阵元 $\boldsymbol{p}_1$ 的位置为原点建立的，局部坐标系是以其他不同于阵元 $\boldsymbol{p}_1$ 的阵元 $\boldsymbol{p}_m$ 为原点建立的。对于同一个入射信号，在全局坐标系和局部坐标系下的方位角和俯仰角是不同的，这与通常遇到的普通阵列有很大的不同，在普通阵列中，对于同一个信号，只有唯一的方位角和俯仰角与之对应。

入射信号为窄带远场信号，其方向向量为 $\boldsymbol{u}$，入射到阵元数为 M 的任意阵列上，则频率为 f 的入射信号的方向向量 $\boldsymbol{u}$ 为

$$\boldsymbol{u} = [-\sin\theta\cos\varphi \quad -\sin\theta\sin\varphi \quad -\cos\theta]^{\mathrm{T}} \tag{2-33}$$

式中：θ 和 φ 分别为全局坐标系中的俯仰角和方位角；T 为向量或者矩阵的转置。

对于在均匀介质中传播的平面波，波数 $\boldsymbol{k}$ 定义为

$$\boldsymbol{k} = -\frac{2\pi}{\lambda}[\sin\theta\cos\varphi \quad \sin\theta_k\sin\varphi_k \quad \cos\theta_k]^{\mathrm{T}} = \frac{2\pi}{\lambda}\boldsymbol{u} \tag{2-34}$$

式中：λ 为频率为f的入射信号的波长。

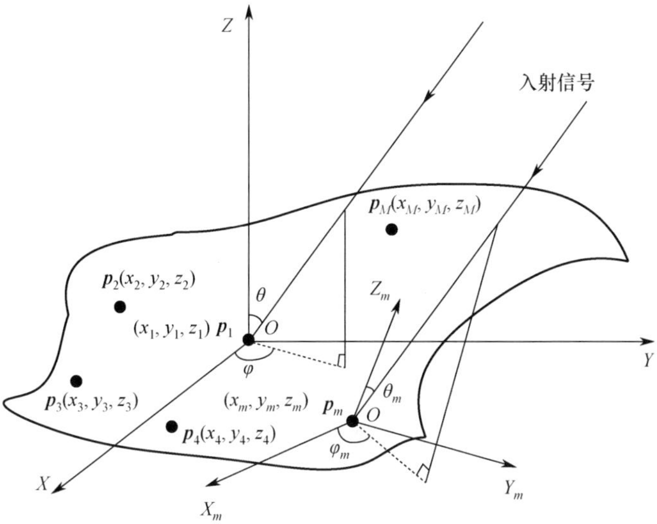

图 2.3　共形天线结构

不考虑载波信息 $e^{j2\pi ft}$，同时忽略相位因子，那么任意阵列形式的阵列方向图可以表示为

$$\boldsymbol{F}(\varphi,\ \theta)=\sum_{i=1}^{M}\left[\boldsymbol{w}_i^{\mathrm{H}}\boldsymbol{f}_i(\varphi,\ \theta)\mathrm{e}^{-\boldsymbol{k}^{\mathrm{T}}\boldsymbol{p}_i}\right] \tag{2-35}$$

式中：$\boldsymbol{F}(\varphi,\theta)$为阵列的方向图函数；$\boldsymbol{w}_i$ 为对应于每个阵元的加权向量；$\boldsymbol{f}_i(\varphi,\theta)$为对应于每个阵元的方向图函数；H 为向量或者矩阵的复共轭转置。

传统阵列一般为线阵和平面阵列，在这种情况下天线阵列的方向图满足式（2-35），它是由每个天线阵元的辐射特性以一定的权重叠加得到的，这是天线阵列方向图合成的原理。在传统的阵列信号处理中，各个阵元通常具有全向的辐射方向图，而且在线阵和平面阵中，没有全局坐标系和局部坐标系的区分，它们是相同的。因此天线阵元的辐射方向图被认为是标量，所以传统阵列的方向图可以用下式表示

$$\boldsymbol{F}(\varphi,\ \theta)=f(\varphi,\ \theta)\sum_{i=1}^{M}\left[\boldsymbol{w}_i^{\mathrm{H}}\mathrm{e}^{-\boldsymbol{k}^{\mathrm{T}}\boldsymbol{p}_i}\right] \tag{2-36}$$

由于采用相同的天线阵元，且具有相同的辐射特性，所以$f(\varphi,\theta)$是一个标量，在式（2-35）的右边从求和运算中剥离出来，所以传统阵列的方向图函数也是一个标量，当对各个阵元采用相同的权重时，式（2-36）可以表示为

$$\boldsymbol{F}(\varphi,\ \theta)=f(\varphi,\ \theta)\sum_{i=1}^{M}\mathrm{e}^{-k^{\mathrm{T}}p_i}=\boldsymbol{f}^{\mathrm{H}}(\varphi,\ \theta)\boldsymbol{v}(\boldsymbol{k}) \tag{2-37}$$

式中：$\boldsymbol{f}(\varphi,\theta)$为一个列向量，全部由标量$f(\varphi,\theta)$构成。阵列的流形向量 $\boldsymbol{v}(\boldsymbol{k})$可

以表示为

$$\boldsymbol{v}(\boldsymbol{k})=[\mathrm{e}^{-\boldsymbol{k}^{\mathrm{T}}\boldsymbol{p}_1}\quad \mathrm{e}^{-\boldsymbol{k}^{\mathrm{T}}\boldsymbol{p}_2}\quad \cdots\quad \mathrm{e}^{-\boldsymbol{k}^{\mathrm{T}}\boldsymbol{p}_M}]^{\mathrm{T}} \tag{2-38}$$

这时传统的阵列方向图 $\boldsymbol{F}(\varphi,\theta)$ 可以写为

$$\boldsymbol{F}(\varphi,\ \theta)=F_{\mathrm{e}}(\varphi,\ \theta)F_{\mathrm{a}}(\varphi,\ \theta) \tag{2-39}$$

式中：$F_{\mathrm{e}}(\varphi,\theta)$ 为各个天线阵元的辐射方向图，也就是 $f(\varphi,\theta)$，它是由天线阵元自身的结构、辐射特性和方向性决定的，简称元因子，在线阵和平面阵列中，一般认为各个阵元的元因子是相同的；$F_{\mathrm{a}}(\varphi,\theta)$ 为阵列因子，它是由阵元所在位置决定的，与阵元本身特性无关，也称为阵因子。式（2-39）其实就是著名的方向图乘积定理，它指的是在传统的由相同阵元构成的天线阵列中（这里是线阵或平面阵），天线阵列的方向图函数可以表示为元因子和阵因子的乘积，也就是单个阵元的辐射方向图与阵列位置决定因子的乘积。根据方向图乘积定理，要想得到不同的天线阵列的辐射方向图，有多种方法可以实现，如可以改变天线之间的相对位置，也可以改变对阵元馈电的幅度和相位，或者改变阵元数目等。

从图 2.3 和式（2-37）中可以知道，在全局坐标系中，对于排列在 Z 轴上的 ULA，阵元间距为 d，阵元位置可以表示为

$$\boldsymbol{p}_i=\left[0\quad 0\quad \left(i-\frac{M+1}{2}\right)d\right]^{\mathrm{T}}(1\leqslant i\leqslant M) \tag{2-40}$$

ULA 的阵列流形向量可以表示为

$$\boldsymbol{v}_{\mathrm{ULA}}(\boldsymbol{k})=\begin{bmatrix}\exp\left[\mathrm{j}\dfrac{2\pi}{\lambda}\left(\dfrac{M+1}{2}\right)d\cos\theta\right]\\ \exp\left[\mathrm{j}\dfrac{2\pi}{\lambda}\left(\dfrac{M+1}{2}-1\right)d\cos\theta\right]\\ \vdots\\ \exp\left[-\mathrm{j}\dfrac{2\pi}{\lambda}\left(\dfrac{M+1}{2}\right)d\cos\theta\right]\end{bmatrix} \tag{2-41}$$

而对于均匀分布的矩形阵（Uniform Rectangular Array，URA），它是特殊的平面阵列，在平行 x 轴方向上有 M 行 ULA，两个 ULA 之间的距离均为 d_x；在平行 y 轴方向上有 N 行 ULA，两个 ULA 之间的距离均为 d_y。阵元位置可以表示为

$$\boldsymbol{p}_{mn}=\left[\left(m-\frac{M+1}{2}\right)d_x\quad \left(n-\frac{N+1}{2}\right)d_y\quad 0\right]^{\mathrm{T}}(1\leqslant m\leqslant M,\ 1\leqslant n\leqslant N) \tag{2-42}$$

均匀矩形阵的阵列流行向量可以表示为

$$\boldsymbol{v}_{\mathrm{URA}}(k)=\mathrm{vec}[\boldsymbol{v}_1\quad \boldsymbol{v}_2\quad \cdots\quad \boldsymbol{v}_m\quad \cdots\quad v_M](1\leqslant m\leqslant M) \tag{2-43}$$

式中：vec[·]为向量化函数，意思是将矩阵按列依次堆放成一个列向量。一个 $M\times N$ 维的矩阵经过向量化处理变成一个 $MN\times1$ 的列向量。式（2-43）中的第 m

（$1 \leqslant m \leqslant M$）列可以表示为

$$\boldsymbol{v}_m = \exp\left[-\mathrm{j}\frac{2\pi}{\lambda}\left(m - \frac{M+1}{2}\right)d_x\sin\theta\cos\varphi\right]\begin{bmatrix} \exp\left[\mathrm{j}\frac{2\pi}{\lambda}\left(\frac{N-1}{2}\right)d_y\sin\theta\sin\varphi\right] \\ \exp\left[\mathrm{j}\frac{2\pi}{\lambda}\left(\frac{N-3}{2}\right)d_y\sin\theta\sin\varphi\right] \\ \vdots \\ -\exp\left[\mathrm{j}\frac{2\pi}{\lambda}\left(n - \frac{N+1}{2}\right)d_y\sin\theta\sin\varphi\right] \\ \vdots \\ -\exp\left[\mathrm{j}\frac{2\pi}{\lambda}\left(\frac{N-1}{2}\right)d_y\sin\theta\sin\varphi\right] \end{bmatrix} \tag{2-44}$$

仔细观察式（2-41）和式（2-44），可以看出传统的 ULA 和 URA 的阵列流形向量具有一些特殊的形式，主要表现为对称性和 Vandermonde 特性，这些典型的性质可以加以提取和应用。传统的参数估计问题，特别是 DOA 估计问题，利用矩阵具有的 Vandermonde 特性，提出了许多性能优良的算法。最经典的是 MUSIC 算法[60] 和 ESPRIT 算法[66]。其中 ESPRIT 参数主要利用两个相同结构子阵间的平移不变性对参数进行估计，由于不需要像 MUSIC 算法那样进行谱峰搜索，所以计算复杂度比 MUSIC 算法要低很多。

但是对于共形阵列来说，阵列中每个阵元方向图的指向几乎都不相同，同时载体的曲率也会对阵元的方向图产生影响，每个阵元都有自己特有局部坐标系，即使每个阵元的方向图在各个阵元的局部坐标系内保持一致，由于全局坐标系和局部坐标系之间的旋转关系，以及极化分量在坐标系之间的旋转关系，通常从全局坐标系的角度，每个天线阵元的方向图存在很大的差异。就算天线阵元的极化纯度很高，但是由于载体曲率的影响，各个阵元的极化方向图在经过坐标系旋转之后，它们相互之间都会有很大的不同。在共形阵列中互耦也会成为一个不可忽略的因素，所以从式（2-35）~式（2-36）的化简无法进行，也就是针对传统阵列的参数估计方法不能直接应用于共形阵列。

所以共形阵列的特殊性就在于各个阵元本身具有不同指向的方向图和极化方式等因素，即使采用的天线阵元完全相同，式（2-35）中的元因子也无法从求和号中分离出来。在共形阵列中，适用于传统阵列的方向图乘积定理不再适用，同时由于载体对天线阵元潜在的“遮蔽效应”，会导致某些阵元无法接收到辐射信号。这些特性都是传统阵列所不具有的，所以必须对共形阵列中的每一个阵元逐一进行分析。在这个过程中，对共形阵列天线的导向矢量进行准确而合理的建模就显得尤其重要，坐标系之间的旋转变化，以及方向图的极化特性都必须加以考虑。

2. 共形阵列流形建模

由于方向图乘积定理已经不适用于共形阵列，所以只能对各个阵元的方向图进行逐一分析，进而将它们的方向图进行叠加。文献［104，105，115］利用几何代数的分析方法对共形阵列的阵列流形进行建模，但是几何代数方法分析坐标系旋转时过于抽象，让人难以对这种方法建立起直观的印象。本章采用文献［188］所提出的欧拉旋转变换的方法，实现全局坐标系和阵元局部坐标系之间的转换，对于整个共形阵列的方向图来说，通过欧拉旋转变换，可以在每个阵元各自的局部坐标系计算出所接收到的能量，进而通过式（2-35）进行叠加，可以得到整个阵列对入射信号的响应。

对于如图 2.3 所示的包含 M 个阵元的共形阵列，考虑来自 r 个不同方向的入射信号(θ_i,φ_i)，$i=1,2,\cdots,r$。其中 θ_i 和 φ_i 分别为第 i 个入射信号在全局坐标系中的俯仰角和方位角。则共形阵列接收的快拍数据矩阵可以写为

$$\boldsymbol{X}(t)=\boldsymbol{A}(\theta,\ \varphi)\boldsymbol{S}(t)+\boldsymbol{N}(t) \tag{2-45}$$

式中：$\boldsymbol{X}(t)$为 $M\times1$ 维快拍数据矢量；$\boldsymbol{S}(t)$为 $r\times1$ 维信号矢量；$\boldsymbol{N}(t)$为 $M\times1$ 维噪声矢量；$\boldsymbol{A}(\theta,\varphi)$为 $M\times r$ 维共形阵列流形矩阵，可以表示为

$$\boldsymbol{A}(\theta,\ \varphi)=[\boldsymbol{a}(\theta_1,\ \varphi_1),\ \boldsymbol{a}(\theta_2,\ \varphi_2),\ \cdots,\ \boldsymbol{a}(\theta_r,\ \varphi_r)] \tag{2-46}$$

式中：$\boldsymbol{a}(\theta_i,\varphi_i)$为第 i 入射信号的导向矢量，可以由下式表示。

$$\begin{cases}\boldsymbol{a}(\theta_i,\ \varphi_i)=\left[g_1(\theta_i,\ \varphi_i)\exp\left(-\mathrm{j}2\pi\dfrac{\boldsymbol{p}_1\cdot\boldsymbol{u}}{\lambda}\right),\right.\\ \left.g_2(\theta_i,\ \varphi_i)\exp\left(-\mathrm{j}2\pi\dfrac{\boldsymbol{p}_2\cdot\boldsymbol{u}}{\lambda}\right),\ \cdots,\ g_M(\theta_i,\ \varphi_i)\exp\left(-\mathrm{j}2\pi\dfrac{\boldsymbol{p}_M\cdot\boldsymbol{u}}{\lambda}\right)\right]^{\mathrm{T}}\\ \boldsymbol{p}_m=(x_m,\ y_m,\ z_m),\ m=1,\ 2,\ \cdots,\ M\\ \boldsymbol{u}=[\sin(\theta)\cos(\varphi)\quad \sin(\theta)\sin(\varphi)\quad \cos(\theta)]^{\mathrm{T}}\end{cases} \tag{2-47}$$

式中：$g_m(\theta_i,\varphi_i)$为第 m 个阵元在阵列全局笛卡儿坐标系(θ_i,φ_i)处的方向图；“$\cdot$”为两个矢量对应元素相乘；$\boldsymbol{p}_m$ 为第 m 阵元的位置矢量；$\boldsymbol{u}$ 为入射信号的方位矢量。

式（2-47）是最具有普适性的导向矢量模型。对于传统的线阵和面阵来说，通常认为所有阵元具有相同的极化阵元方向图，同时要忽略阵元之间的交叉极化的影响，因此式（2-47）中的 $g_m(\theta_i,\varphi_i)$被归一化为 1。但是在共形阵列中，由于共形载体曲率和单元方向图指向不同的影响，共形阵列中各个阵元不再具有全向并且相同的阵元方向图。不同的阵元方向图给共形阵列的分析、方向图合成和参数估计等带来了新的挑战。因此需要对阵元方向图 $g_m(\theta_i,\varphi_i)$进行精确的建模，阵元方向图的设计通常以阵元本身所在的局部坐标系作为参考，因此共形阵列导向矢量建模的一个关键问题就是阵元方向图在全局坐标系和局部坐标系之间的

转换。

从图 2.3 可以看出，在全局球坐标系中，对于来自（θ，φ）方向的入射信号，需要对入射信号的方向向量进行坐标系转换，即全局球坐标系到全局笛卡儿坐标系之间的转换，利用高等数学中坐标系转换的知识，对全局坐标系和第 m 个局部坐标系来说，可以得到：

$$\begin{cases} x = \rho\sin\theta\cos\varphi \\ y = \rho\sin\theta\sin\varphi \\ z = \rho\cos\theta \end{cases}, \quad \begin{cases} x_m = \rho_m\sin\theta_m\cos\varphi_m \\ y_m = \rho_m\sin\theta_m\sin\varphi_m \\ z_m = \rho_m\cos\theta_m \end{cases} \tag{2-48}$$

式中：由于只确定入射信号的方向，所以这里令 $\rho=\rho_m=1$，θ_m 和 φ_m 分别代表入射信号在第 m 个局部坐标系俯仰角和方位角。

然后要完成各个分量从全局笛卡儿坐标系到第 m 个局部笛卡儿坐标系的转换，这里通过三次欧拉旋转变换得到，每次变换分别对应一个欧拉旋转矩阵，即全局笛卡儿坐标系到第 m 个局部笛卡儿坐标系的转换可以利用 3 个正交变换矩阵 $\boldsymbol{R}_X$、$\boldsymbol{R}_Y$ 和 $\boldsymbol{R}_Z$ 来实现，其中矩阵：

$$\boldsymbol{R}_X = \begin{bmatrix} 1 & 0 & 0 \\ 0 & \cos\alpha_X & -\sin\alpha_X \\ 0 & \sin\alpha_X & \cos\alpha_X \end{bmatrix} \tag{2-49}$$

表示以全局坐标系的 X 轴为旋转轴。在右手螺旋法则下，面向 X 轴负方向，在 YOZ 平面上旋转，式中的旋转角 α_X 可表示为得到新的坐标系的 Y 轴（或 Z 轴）与原坐标系的 Y 轴（或 Z 轴）之间的夹角，$-\pi\leqslant\alpha_X\leqslant\pi$，旋转过程中顺时针为正，逆时针为负。同理，矩阵：

$$\boldsymbol{R}_Y = \begin{bmatrix} 1 & 0 & 0 \\ 0 & \cos\alpha_Y & -\sin\alpha_Y \\ 0 & \sin\alpha_Y & \cos\alpha_Y \end{bmatrix} \tag{2-50}$$

表示以全局坐标系的 Y 轴为旋转轴。在右手螺旋法则下，面向 Y 轴负方向，在 XOZ 平面上旋转，式中的旋转角 α_Y 可表示为得到新的坐标系的 X 轴（或 Z 轴）与原坐标系的 X 轴（或 Z 轴）之间的夹角，$-\pi\leqslant\alpha_Y\leqslant\pi$，旋转过程中顺时针为正，逆时针为负。矩阵：

$$\boldsymbol{R}_Z = \begin{bmatrix} 1 & 0 & 0 \\ 0 & \cos\alpha_Z & -\sin\alpha_Z \\ 0 & \sin\alpha_Z & \cos\alpha_Z \end{bmatrix} \tag{2-51}$$

表示以全局坐标系的 Z 轴为旋转轴。在右手螺旋法则下，面向 Z 轴负方向，在 XOY 平面上旋转，式中的旋转角 α_Z 可表示为得到新的坐标系的 X 轴（或 Y 轴）与原坐标系的 X 轴（或 Y 轴）之间的夹角，$-\pi\leqslant\alpha_Z\leqslant\pi$，旋转过程中顺时针为正，逆时针为负。

因此由式（2-49）~式（2-51）可以得到全局笛卡儿坐标系到第 m 个局部笛卡儿坐标系的转换关系，可以表示为

$$\begin{bmatrix} x_m \\ y_m \\ z_m \end{bmatrix} = \boldsymbol{R}_X \boldsymbol{R}_Y \boldsymbol{R}_Z \begin{bmatrix} x \\ y \\ z \end{bmatrix} \tag{2-52}$$

阵元的方向图的设计通常以阵元本身所在的局部坐标系作为参考，因此需要得到入射信号在局部坐标系中的俯仰角和方位角，利用球坐标系和笛卡儿坐标系之间的转换关系可得

$$\theta_m = \arccos z_m, \quad \varphi_m = \arctan\left(\frac{y_m}{x_m}\right) \tag{2-53}$$

这样就完成了从全局球坐标系到局部球坐标系之间的转换。

由于本节不涉及共形阵列的方向图综合，所以将本节中用到的阵元方向图旋转的步骤总结如下。

步骤 1　$(\theta,\varphi)\Rightarrow(x,y,z)$：在全局坐标系下，利用式（2-48），将入射信号的方向向量从球面坐标形式转换成笛卡儿坐标的形式。

步骤 2　$(x,y,z)\Rightarrow(x_m,y_m,z_m)$：利用 3 个欧拉旋转矩阵，如式（2-49）~式（2-51）所示，实现全局笛卡儿坐标系到局部笛卡儿坐标系的转换。

步骤 3　$(x_m,y_m,z_m)\Rightarrow(\theta_m,\varphi_m)$：利用式（2-53）实现局部坐标系下笛卡儿坐标系到球坐标系的转换，得到入射信号在局部坐标系中的俯仰角和方位角，进而得到各个阵元在局部坐标系下的方向图。

2.3　传统 DOA 估计方法

早期的波达方向估计方法采用机械扫描的方式，对于现代复杂的电子战环境，在实际战场环境下其无论在速度上还是在精度上都无法达到要求。之后改进的电扫描技术采用波束形成的方法使波达方向估计的性能有了进一步提高，但是对于两个间隔较小并且两个信号处于同一个波束宽度内时，波束形成技术无法分辨这两个入射信号，这就是所谓的瑞利限。在 20 世纪 80 年代，Schmidt 和 Roy 等分别提出了 MUSIC 和 ESPRIT 等算法[60,66]，突破了瑞利限的限制，因此这类算法又称超分辨 DOA 估计算法。现只对 MUSIC 算法、ESPRIT 算法和 PM 算法进行介绍。

在介绍 3 种常见算法前，需要满足以下几个假设条件：

（1）入射信号是窄带远场信号；

（2）为了保证流形矩阵 $\boldsymbol{A}$ 列满秩，阵元数 M 和信源数 r 之间要满足一定关系，即 $M>r$；

（3）阵列中各个阵元是各向同性的，并且忽略由于通道之间的幅相不一致以及阵元之间互耦的影响；

（4）噪声为加性高斯白噪声，阵元之间的噪声相互独立，噪声与信号之间相互独立。

2.3.1 MUSIC 方法

MUSIC 算法[60] 在 1979 年由 Schmidt 提出，它的出现在空间谱估计理论算法中具有里程碑式的意义。作为子空间类的代表性算法，它通过对接收数据的协方差矩阵 $\boldsymbol{R}$ 进行特征分解操作来估计信号的子空间，根据特征值的大小，特征空间被划分为信号子空间和噪声子空间，MUSIC 算法利用两个子空间之间的正交性进行谱峰搜索，进而得到入射信号的波达方向。MUSIC 算法因其在特定条件下具有的高估计精度和角度分辨力，吸引了大批学者对其进行深入的研究，其在许多领域发挥了重要的作用。下面对 MUSIC 算法的原理进行简要介绍。

如图 2.4 所示，为了分析问题简便，这里采用具有 M 个阵元的均匀线阵，阵元间距为 d，r 个不同方向的窄带远场信号入射到该均匀线阵，参考阵元为阵元 1。

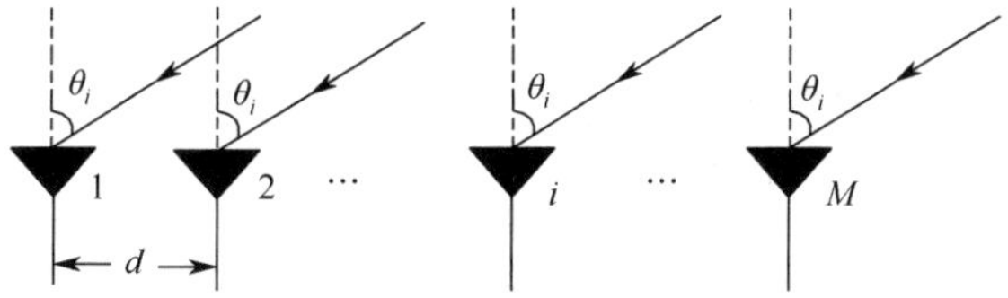

图 2.4　均匀线阵接收信号示意图

由式（2-13）可知，对于均匀线阵来说，阵列接收数据可以表示为

$$\boldsymbol{X}(t)=\boldsymbol{A}(\theta)\boldsymbol{S}(t)+\boldsymbol{N}(t) \tag{2-54}$$

此时的阵列流形矩阵为 $\boldsymbol{A}=[\boldsymbol{a}(\theta_1),\boldsymbol{a}(\theta_2),\cdots,\boldsymbol{a}(\theta_r)]$，第 i 入射信号的导向矢量为 $\boldsymbol{a}(\theta_i)$，$(i=1,2,\cdots,r)$，可以写为

$$\boldsymbol{a}(\theta_i)=[1,\ \exp(-\mathrm{j}\omega_0\tau_i),\ \cdots,\ \exp(-\mathrm{j}\omega_0(M-1)\tau_i)]^{\mathrm{T}} \tag{2-55}$$

式中：$\tau_i=d\sin\theta_i/\mathrm{c}$。

利用式（2-54），接收数据的协方差矩阵可以写为

$$\boldsymbol{R}=E[\boldsymbol{X}(t)\boldsymbol{X}^{\mathrm{H}}(t)]=\boldsymbol{A}\boldsymbol{R}_{\mathrm{S}}\boldsymbol{A}^{\mathrm{H}}+\sigma^2\boldsymbol{I} \tag{2-56}$$

式中：$\boldsymbol{R}_{\mathrm{S}}=E[\boldsymbol{S}(t)\boldsymbol{S}^{\mathrm{H}}(t)]$ 为信号的协方差矩阵。如果入射信号之间相互独立，并且阵元间距小于入射信号的半个波长，即 $d\leqslant\lambda/2$，那么阵列流形矩阵 $\boldsymbol{A}$ 可以写为

$$
\boldsymbol{A}=\begin{bmatrix} 1 & 1 & \cdots & 1 \\ \mathrm{e}^{-\mathrm{j}\frac{2\pi d}{\lambda}\sin\theta_1} & \mathrm{e}^{-\mathrm{j}\frac{2\pi d}{\lambda}\sin\theta_2} & \cdots & \mathrm{e}^{-\mathrm{j}\frac{2\pi d}{\lambda}\sin\theta_r} \\ \vdots & \vdots & & \vdots \\ \mathrm{e}^{-\mathrm{j}\frac{2\pi d}{\lambda}(M-1)\sin\theta_1} & \mathrm{e}^{-\mathrm{j}\frac{2\pi d}{\lambda}(M-1)\sin\theta_2} & \cdots & \mathrm{e}^{-\mathrm{j}\frac{2\pi d}{\lambda}(M-1)\sin\theta_r} \end{bmatrix} \tag{2-57}
$$

可以看出阵列流形矩阵 $\boldsymbol{A}$ 是 Vandermonde 矩阵，只要满足阵元数大于入射信号的个数，即 $M>r$，那么 $\mathrm{rank}(\boldsymbol{A})=r$，又因为信号的协方差矩阵 $\boldsymbol{R}_{\mathrm{S}}$ 是正定的非奇异阵，所以 $\mathrm{rank}(\boldsymbol{A}\boldsymbol{R}_{\mathrm{S}}\boldsymbol{A}^{\mathrm{H}})=r$，所以 $\boldsymbol{A}\boldsymbol{R}_{\mathrm{S}}\boldsymbol{A}^{\mathrm{H}}$ 正的特征值的个数为 r。因为噪声功率 $\sigma^2>0$，所以可知接收数据矩阵 $\boldsymbol{R}$ 为满秩阵，因此，对其进行特征分解可得

$$
\boldsymbol{R}=\boldsymbol{U}_{\mathrm{S}}\boldsymbol{\Sigma}_{\mathrm{S}}\boldsymbol{U}_{\mathrm{S}}^{\mathrm{H}}+\boldsymbol{U}_{\mathrm{N}}\boldsymbol{\Sigma}_{\mathrm{N}}\boldsymbol{U}_{\mathrm{N}}^{\mathrm{H}} \tag{2-58}
$$

式中：$\boldsymbol{\Sigma}_{\mathrm{S}}$ 和 $\boldsymbol{\Sigma}_{\mathrm{N}}$ 分别为特征值构成的对角阵，其中 r 个大特征值 $\gamma_1\geqslant\gamma_2\geqslant\cdots\geqslant\gamma_r>\sigma^2$ 构成对角阵 $\boldsymbol{\Sigma}_{\mathrm{S}}$，$M-r$ 个小特征值 $\gamma_{r+1}=\gamma_{r+2}=\cdots=\gamma_M=\sigma^2$ 构成对角阵 $\boldsymbol{\Sigma}_{\mathrm{N}}$。前 r 个大特征值所对应的特征向量构成矩阵 $\boldsymbol{U}_{\mathrm{S}}$，其张成的空间为信号子空间；后面 $M-r$ 个小特征值对应的特征向量为 $\boldsymbol{U}_{\mathrm{N}}$，其张成的空间为噪声子空间。

噪声的特征值 $\gamma_{r+1}=\gamma_{r+2}=\cdots=\gamma_M$ 与噪声的功率 σ^2 相等，这里假设最小的特征值为 $\gamma_{\min}$，那么它是 $M-r$ 重的，对于噪声来说，有 $M-r$ 个正交的特征矢量 $\boldsymbol{u}_i$ $(i=r+1,r+2,\cdots,M)$ 与其对应，因此有下式成立。

$$
\boldsymbol{R}\cdot\boldsymbol{u}_i=\gamma_{\min}\cdot\boldsymbol{u}_i \tag{2-59}
$$

结合式（2-58），可得

$$
\boldsymbol{A}\boldsymbol{R}_{\mathrm{S}}\boldsymbol{A}^{\mathrm{H}}\boldsymbol{u}_i+(\sigma^2-\gamma_{\min})\boldsymbol{u}_i=\boldsymbol{0} \tag{2-60}
$$

由于最小特征值与噪声功率相等，即 $\gamma_{\min}=\sigma^2$，所以有

$$
\boldsymbol{A}\boldsymbol{R}_{\mathrm{S}}\boldsymbol{A}^{\mathrm{H}}\boldsymbol{u}_i=\boldsymbol{0} \tag{2-61}
$$

式中：$\boldsymbol{A}\boldsymbol{R}_{\mathrm{S}}$ 为列满秩矩阵，当 $i=r+1,r+2,\cdots,M$ 时，由式（2-61）可知

$$
\boldsymbol{A}^{\mathrm{H}}\boldsymbol{u}_i=\boldsymbol{0} \tag{2-62}
$$

式（2-61）表明阵列流形矩阵的各列与对应于噪声的特征向量 $\boldsymbol{u}_{r+1},\boldsymbol{u}_{r+2},\cdots,\boldsymbol{u}_M$ 正交。

因为信号子空间 $\boldsymbol{U}_{\mathrm{S}}$ 与阵列流形矩阵 $\boldsymbol{A}$ 张成的是同一个空间，同时信号子空间 $\boldsymbol{U}_{\mathrm{S}}$ 与噪声子空间相互正交，所以导向矢量与噪声子空间也是正交的关系，因此有

$$
\mathrm{span}\{\boldsymbol{u}_{r+1},\ \boldsymbol{u}_{r+2},\ \cdots,\ \boldsymbol{u}_M\}\perp\mathrm{span}\{\boldsymbol{a}(\theta_1),\ \boldsymbol{a}(\theta_2),\ \cdots,\ \boldsymbol{a}(\theta_r)\} \tag{2-63}
$$

所以只要在信号的入射方向 θ_i 上，就有下式成立。

$$
\boldsymbol{U}_{\mathrm{N}}^{\mathrm{H}}\boldsymbol{a}(\theta_i)=\boldsymbol{0} \tag{2-64}
$$

然而在实际工程应用中，只能得到接收数据 $\boldsymbol{X}(t)$ 的 N 次采样，这里 N 为快拍数，所以采样数据是有限长的，协方差矩阵 $\boldsymbol{R}$ 的最佳估计值 $\hat{\boldsymbol{R}}$ 可以表示为

$$
\hat{\boldsymbol{R}}=\frac{1}{N}\sum_{k=1}^{N}\boldsymbol{x}(t_k)\boldsymbol{x}^{\mathrm{H}}(t_k) \tag{2-65}
$$

因此对实际接收到的协方差矩阵 $\hat{\boldsymbol{R}}$ 进行特征分解后，得到的噪声的特征值和特征向量都是有误差的，因此式（2-64）的右侧不可能是零向量，只是近似零向量，这时可以构造以下的空间谱函数：

$$\boldsymbol{P}_{\text{MUSIC}}(\theta)=\frac{1}{\boldsymbol{a}^{\text{H}}(\theta)\boldsymbol{U}_{\text{N}}\boldsymbol{U}_{\text{N}}^{\text{H}}\boldsymbol{a}(\theta)} \tag{2-66}$$

连续地改变 θ 的值，得到的 r 个峰值就与实际的 r 个入射信号相对应。

2.3.2 ESPRIT 方法

由于 MUSIC 算法在最后估计角度的时候需要谱峰搜索，特别当搜索步长很小的时候，MUSIC 算法的计算复杂度非常高。旋转不变技术在参数估计领域中应用广泛，在 1986 年，其首次被 Roy 和 Kailath 引入 DOA 估计中，提出了旋转不变子空间算法，即 ESPRIT 算法[66]。它与 MUSIC 算法的相同点是都需要对接收数据的协方差矩阵进行特征分解，不同之处在于 MUSIC 算法利用信号子空间和噪声子空间的正交性构造空间谱函数，而 ESPRIT 算法利用两个子阵之间的旋转不变性进行 DOA 估计。

对给定的阵型形式，ESPRIT 算法最基本的思想是将其划分为两个具有相同阵列形式的子阵，两个子阵之间的距离为 Δ，并且这个不为零的平移量是已知的。对于 M 元 ULA 来说，两个具有相同阵列结构的子阵可以由前 $M-1$ 个阵元和后 $M-1$ 个阵元构成。如图 2.4 所示，两个子阵之间的平移量 $\Delta=d$。这种划分方式使阵元的利用率最大化，由于两个阵列的结构完全相同，所以两个子阵接收数据之间只差一个相位差。在图 2.4 中的两个子阵接收的快拍数据模型可以分别表示为

$$\boldsymbol{X}_1(t)=\boldsymbol{Z}_1\boldsymbol{X}(t)=\boldsymbol{A}_1\boldsymbol{S}(t)+\boldsymbol{N}_1(t) \tag{2-67}$$

$$\boldsymbol{X}_2(t)=\boldsymbol{Z}_2\boldsymbol{X}(t)=\boldsymbol{A}_2\boldsymbol{S}(t)+\boldsymbol{N}_2(t) \tag{2-68}$$

式中：$\boldsymbol{Z}_1$ 和 $\boldsymbol{Z}_2$ 都是选择矩阵，分别为 $M\times M$ 维单位矩阵的前 $M-1$ 行和后 $M-1$ 行。定义旋转不变矩阵 $\boldsymbol{\Phi}$ 为

$$\boldsymbol{\Phi}=\text{diag}[\exp(\text{j}\phi_1),\ \exp(\text{j}\phi_2),\ \cdots,\ \exp(\text{j}\phi_r)] \tag{2-69}$$

$$\phi_i=\frac{2\pi d\sin\theta_i}{\lambda},\quad i=1,\ 2,\ \cdots,\ r \tag{2-70}$$

因此有 $\boldsymbol{A}_2=\boldsymbol{A}_1\boldsymbol{\Phi}$，式（2-68）可以改写成

$$\boldsymbol{X}_2(t)=\boldsymbol{A}_1\boldsymbol{\Phi}\boldsymbol{S}(t)+\boldsymbol{N}_2(t) \tag{2-71}$$

合并式（2-67）和式（2-71），可以写为

$$\boldsymbol{X}(t)=\begin{bmatrix}\boldsymbol{X}_1(t)\\ \boldsymbol{X}_2(t)\end{bmatrix}=\begin{bmatrix}\boldsymbol{A}_1\\ \boldsymbol{A}_1\boldsymbol{\Phi}\end{bmatrix}\boldsymbol{S}(t)+\begin{bmatrix}\boldsymbol{N}_1(t)\\ \boldsymbol{N}_2(t)\end{bmatrix}=\bar{\boldsymbol{A}}\boldsymbol{S}(t)+\boldsymbol{N}(t) \tag{2-72}$$

式中：$\boldsymbol{N}(t)=\begin{bmatrix}\boldsymbol{N}_1(t)\\ \boldsymbol{N}_2(t)\end{bmatrix}$为两个子阵接收到噪声的合成矢量；$\bar{\boldsymbol{A}}=\begin{bmatrix}\boldsymbol{A}_1\\ \boldsymbol{A}_1\boldsymbol{\Phi}\end{bmatrix}$为 $2M\times r$ 维

两个子阵阵列流形矩阵的合成矩阵。

对两个子阵的合成矩阵求取协方差可得

$$\boldsymbol{R} = E[\boldsymbol{X}(t)\boldsymbol{X}(t)^{\mathrm{H}}] = \bar{\boldsymbol{A}}\boldsymbol{R}_{\mathrm{S}}(\mathrm{t})\bar{\boldsymbol{A}}^{\mathrm{H}} + \boldsymbol{R}_{\mathrm{N}}(t) \tag{2-73}$$

对协方差矩阵进行特征分解可以得到 r 个大特征值所对应的特征向量矩阵 $\boldsymbol{U}_{\mathrm{S}}$，因为信号子空间 $\boldsymbol{U}_{\mathrm{S}}$ 与阵列流形矩阵 $\bar{\boldsymbol{A}}$ 张成的是同一个空间，所以存在一个 $r \times r$ 维可逆矩阵 $\boldsymbol{T}$，它们之间满足：

$$\boldsymbol{U}_{\mathrm{S}} = \bar{\boldsymbol{A}}\boldsymbol{T} \tag{2-74}$$

将信号子空间 $\boldsymbol{U}_{\mathrm{S}}$ 分解为上下两个维数相等的矩阵，可得

$$\boldsymbol{U}_{\mathrm{S}} = \begin{bmatrix} \boldsymbol{U}_{\mathrm{S}_1} \\ \boldsymbol{U}_{\mathrm{S}_2} \end{bmatrix} = \begin{bmatrix} \boldsymbol{A}_1\boldsymbol{T} \\ \boldsymbol{A}_2\boldsymbol{T} \end{bmatrix} = \begin{bmatrix} \boldsymbol{A}_1\mathrm{T} \\ \boldsymbol{A}_1\boldsymbol{\Phi}\boldsymbol{T} \end{bmatrix} \tag{2-75}$$

式中：$\boldsymbol{U}_{\mathrm{S}_1}$ 和 $\boldsymbol{A}_1$ 分别对应第一个子阵的信号子空间和阵列流形矩阵；$\boldsymbol{U}_{\mathrm{S}_2}$ 和 $\boldsymbol{A}_2$ 分别对应第二个子阵的信号子空间和阵列流形矩阵。

根据信号子空间 $\boldsymbol{U}_{\mathrm{S}}$ 与阵列流形矩阵 $\bar{\boldsymbol{A}}$ 张成的是同一个空间这一结论，类似地，可以得到下式：

$$\mathrm{span}\{\boldsymbol{U}_{\mathrm{S}_1}\} = \mathrm{span}\{\boldsymbol{U}_{\mathrm{S}_2}\} = \mathrm{span}\{\boldsymbol{A}_1\} \tag{2-76}$$

$$\boldsymbol{A}_2 = \boldsymbol{A}_1\boldsymbol{\Phi} \tag{2-77}$$

所以两个子阵的信号子空间满足以下关系：

$$\boldsymbol{U}_{\mathrm{S}_2} = \boldsymbol{U}_{\mathrm{S}_1}\boldsymbol{T}^{-1}\boldsymbol{\Phi}\boldsymbol{T} = \boldsymbol{U}_{\mathrm{S}_1}\boldsymbol{\Psi} \tag{2-78}$$

从式（2-77）两个子阵之间阵列流形矩阵的旋转不变性，推导出两个子阵信号子空间之间的旋转不变性，即

$$\boldsymbol{\Phi} = \boldsymbol{T}\boldsymbol{\Psi}\boldsymbol{T}^{-1} \tag{2-79}$$

可见，矩阵 $\boldsymbol{\Psi}$ 可以通过两个子阵信号子空间的关系求出，对矩阵 $\boldsymbol{\Psi}$ 进行特征分解可以求出其特征值，它与矩阵 $\boldsymbol{\Phi}$ 相等，特征向量为可逆矩阵 $\boldsymbol{T}$。所以通过特征分解得到对角矩阵 $\boldsymbol{\Phi}$，其中包含了入射信号的角度信息，进而通过式（2-70）得到入射信号的波达方向。

2.3.3 PM 方法

传播算子方法[65] 最早由 Marcos 在 1995 年首次提出，它是一种线性方法，利用阵列接收到的数据对噪声子空间进行估计。考虑有 r 个不相关的窄带远场信号入射到 M 个阵元构成的任意阵列，阵元间距小于入射信号的半波长，类似式（2-22），阵列接收的快拍数据模型可以表示为

$$\boldsymbol{X}(t) = \boldsymbol{A}(\theta)\boldsymbol{S}(t) + \boldsymbol{N}(t) \tag{2-80}$$

将阵列流形矩阵按行分为两个块矩阵：

$$\boldsymbol{A} = \begin{bmatrix} \boldsymbol{A}_1 \\ \boldsymbol{A}_2 \end{bmatrix} \tag{2-81}$$

式中：矩阵 $\boldsymbol{A}_1$ 为 $r\times r$ 维非奇异矩阵；矩阵 $\boldsymbol{A}_2$ 的维数为（$M-r$）$\times r$。由于入射信号方向不同，所以矩阵 $\boldsymbol{A}_1$ 的列向量线性独立，其秩为 $\mathrm{rank}(\boldsymbol{A}_1)=r$，只要入射信号之间互不相关，这个条件一般可以满足。在这种假设条件下，存在唯一的线性算子 $\boldsymbol{P}\in\mathbb{C}^{r\times(M-r)}$，即传播算子，满足

$$\boldsymbol{P}^{\mathrm{H}}\boldsymbol{A}_1=\boldsymbol{A}_2 \tag{2-82}$$

根据式（2-81），式（2-82）可以改写为

$$\begin{aligned}&\boldsymbol{P}^{\mathrm{H}}\boldsymbol{A}_1-\boldsymbol{A}_2=\boldsymbol{0}\\ \Rightarrow&[\boldsymbol{P}^{\mathrm{H}},\ -\boldsymbol{I}_{M-r}]\begin{bmatrix}\boldsymbol{A}_1\\ \boldsymbol{A}_2\end{bmatrix}=\boldsymbol{Q}^{\mathrm{H}}\boldsymbol{A}=\boldsymbol{0}\end{aligned} \tag{2-83}$$

式中：$\boldsymbol{I}_{M-r}$ 为 $(M-r)\times(M-r)$ 维单位矩阵；矩阵 $\boldsymbol{Q}=[\boldsymbol{P}^{\mathrm{H}},-\boldsymbol{I}_{M-r}]^{\mathrm{H}}$。矩阵 $\boldsymbol{A}$ 的列向量张成的子空间定义为 $\mathrm{Span}(\boldsymbol{A})$，那么它的正交空间就为 $\mathrm{Span}(\boldsymbol{A})^{\perp}$，并且有

$$\mathrm{Span}(\boldsymbol{A})^{\perp}=\mathrm{Span}(\boldsymbol{Q}) \tag{2-84}$$

可见，$\mathrm{Span}(\boldsymbol{A})$ 与 $\mathrm{Span}(\boldsymbol{Q})$ 分别张成了信号子空间和噪声子空间。可以看出传播算子的优势就是，只要知道导向矢量 $\boldsymbol{a}(\theta)$ 的结构，就可以通过对下式的谱函数：

$$\boldsymbol{P}_{\mathrm{PM}}(\theta)=\frac{1}{\boldsymbol{a}^{\mathrm{H}}(\theta)\boldsymbol{Q}\boldsymbol{Q}^{\mathrm{H}}\boldsymbol{a}(\theta)} \tag{2-85}$$

进行谱峰搜索，其中的 r 个峰值就与实际的 r 个入射信号相对应。从式（2-82）和式（2-83）中可以看出，通过矩阵之间简单的线性关系就可以求得传播算子 $\boldsymbol{P}$，同时与 ESPRIT 算法不同，不需要对阵列有其他附加的条件，阵元摆放位置比较灵活，适用于任意几何结构的波达方向估计。

由于 PM 算法不需要对接收数据的协方差矩阵 $\boldsymbol{R}$ 进行特征分解，所以计算量较小。通过观察可以发现，PM 算法用于进行谱估计的函数（式（2-85））与 MUSIC 算法中的空间谱函数（式（2-66））形式上相同，然而实际上，PM 算法中的噪声子空间 $\boldsymbol{Q}$ 不是正交的，这是与 MUSIC 算法中噪声子空间 $\boldsymbol{U}_{\mathrm{N}}$ 最大的不同。但是 $\boldsymbol{Q}$ 可以通过施密特正交化的方法，用正交化之后的噪声子空间 $\boldsymbol{Q}_0$ 代替原有子空间 $\boldsymbol{Q}$，这样可以得到正交传播算子方法（Orthogonal Propagator Method，OPM），其谱峰搜索函数式（2-85）可以改写为

$$\boldsymbol{P}_{\mathrm{OPM}}(\theta)=\frac{1}{\boldsymbol{a}^{\mathrm{H}}(\theta)\boldsymbol{Q}_0\boldsymbol{Q}_0^{\mathrm{H}}\boldsymbol{a}(\theta)} \tag{2-86}$$

2.3.4 平行因子理论

ESPRIT 算法的思想已经在阵列信号处理领域引起了新的革命，与此同时，在其他科学领域，一种利用 ESPRIT 算法原理的新的理论独立的发展起来，它在很多领域都有涉及，包括三线性分解（Trilinear Decomposition）、标准分解（Canonical Decompisition）和 PARAFAC 等。PARAFAC 理论第一次应用是在心理

检测学中作为数据分析的工具，现在更多是在化学计量学中应用。

PARAFAC 理论最先由 Sidiropoulos 在 2000 年首次引入阵列信号处理领域[190]，PARAFAC 是一种处理多维数据的有效手段，利用接收信号的代数特性和分集特性来拟合多维数据，从而得到实际需要求得的各种参数[191]。由于用 PARAFAC 处理信号获得了较好的性能，已经得到了广大学者的广泛关注。

1. PARAFAC 模型

考虑一个三维矩阵 $\boldsymbol{X}\in\mathbb{C}^{I\times J\times K}$，矩阵中元素 x_{ijk} 可以表示为

$$x_{ijk}=\sum_{f=1}^{F}a_{i,f}b_{j,f}c_{k,f} \tag{2-87}$$

式中：$i=1,2,\cdots,I$；$j=1,2,\cdots,J$；$k=1,2,\cdots,K$。式（2-87）将三维矩阵 $\boldsymbol{X}$ 表示为 F 个秩 1 的三维因子之和。这里三维阵列 $\boldsymbol{X}$ 的秩定义为分解 $\boldsymbol{X}$ 所需的秩 1（三维）元最小个数。矢量 $a_f\in\mathbb{C}^{I\times1},b_f\in\mathbb{C}^{J\times1}$ 和 $c_f\in\mathbb{C}^{K\times1}$ 分别称为负载矢量（Load Vector）、评价矢量（Score Vector）和轮廓因子（Factor Profiles）。

这里令 $I\times F$ 维矩阵 $\boldsymbol{A}$ 中的典型元素 $\boldsymbol{A}(i,f):=a_{i,f}$；$J\times F$ 维矩阵 $\boldsymbol{B}$ 中的典型元素 $\boldsymbol{B}(j,f):=\boldsymbol{b}_{j,f}$；$K\times F$ 维矩阵 $\boldsymbol{C}$ 中的典型元素 $\boldsymbol{C}(k,f):=c_{k,f}$。此外，还定义了 $J\times K$ 维矩阵 $\boldsymbol{X}_i$，$I\times K$ 维矩阵 $\boldsymbol{X}_j$，$I\times J$ 维矩阵 $\boldsymbol{X}_k$，每个矩阵中相应的典型元素为 $\boldsymbol{X}_i(j,k):=\boldsymbol{X}_j(i,k):=\boldsymbol{X}_k(i,j):=x_{i,j,k}$。则式（2-55）中的模型可以沿着三个不同维度去“切”三维阵列 $\boldsymbol{X}$。

$$\boldsymbol{X}_i=\boldsymbol{A}\Lambda_i(\boldsymbol{B})\boldsymbol{C}^{\mathrm{T}},\quad i=1,2,\cdots,I \tag{2-88}$$

$$\boldsymbol{X}_j=\boldsymbol{C}\Lambda_j(\boldsymbol{A})\boldsymbol{B}^{\mathrm{T}},\quad j=1,2,\cdots,J \tag{2-89}$$

$$\boldsymbol{X}_k=\boldsymbol{B}\Lambda_k(\boldsymbol{C})\boldsymbol{A}^{\mathrm{T}},\quad k=1,2,\cdots,K \tag{2-90}$$

式中：$\Lambda_i(\boldsymbol{B})$ 为由矩阵[190] $\boldsymbol{B}$ 第 i 行元素构成的对角阵。根据 Khatri-Rao 积[192]的定义，可得

$$\boldsymbol{X}^{(IJ\times K)}=\begin{vmatrix}\boldsymbol{X}_{i=1}\\\boldsymbol{X}_{i=2}\\\vdots\\\boldsymbol{X}_{i=I}\end{vmatrix}=\begin{vmatrix}\boldsymbol{A}\Lambda_1(\boldsymbol{B})\\\boldsymbol{A}\Lambda_2(\boldsymbol{B})\\\vdots\\\boldsymbol{A}\Lambda_I(\boldsymbol{B})\end{vmatrix}\boldsymbol{C}^{\mathrm{T}}=(\boldsymbol{B}\odot\boldsymbol{A})\boldsymbol{C}^{\mathrm{T}} \tag{2-91}$$

同理，此模型可以通过式（2-92）、式（2-93）予以表示：

$$\boldsymbol{X}^{(JK\times I)}=(\boldsymbol{A}\odot\boldsymbol{C})\boldsymbol{B}^{\mathrm{T}} \tag{2-92}$$

$$\boldsymbol{X}^{(IK\times J)}=(\boldsymbol{C}\odot\boldsymbol{B})\boldsymbol{A}^{\mathrm{T}} \tag{2-93}$$

Khatri-Rao 积的定义为：具有相同列数的两个矩阵 $\boldsymbol{A}\in\mathbb{C}^{I\times F}$ 和 $\boldsymbol{B}\in\mathbb{C}^{J\times F}$ 的 Khatri-Rao 积为

$$\boldsymbol{A}\odot\boldsymbol{B}=[\boldsymbol{a}_1\otimes\boldsymbol{b}_1,\ \cdots,\ \boldsymbol{a}_F\otimes\boldsymbol{b}_F]\in\mathbb{C}^{IJ\times F} \tag{2-94}$$

式中：⊗代表克罗内克积。其定义为：两个向量 $\boldsymbol{a}\in\mathbb{C}^I$ 和 $\boldsymbol{b}\in\mathbb{C}^J$ 的克罗内克积可以表示为

$$\boldsymbol{a} \otimes \boldsymbol{b} = \begin{bmatrix} a_1\boldsymbol{b} \\ a_2\boldsymbol{b} \\ \vdots \\ a_I\boldsymbol{b} \end{bmatrix} \tag{2-95}$$

2. 可辨识性

二维矩阵的低秩分解通常具有多种形式，而 PARAFAC 模型与其根本的不同在于它的分解具有唯一性，这也是 PARAFAC 模型能够在数据分析理论中得以广泛应用的重要原因。如果允许出现列模糊和尺度模糊，那么给出特定的三维矩阵 $\boldsymbol{X}$，通过一定的方法，就可以得到唯一的构成矩阵 $\boldsymbol{A}$、$\boldsymbol{B}$ 和 $\boldsymbol{C}$。在 1977 年，Kruskal 率先在实数域利用交换引理证明了 PARAFAC 模型分解的唯一性[192]。随后，Sidiropoulos 将唯一性定理推广到复数域[190,191]，将 PARAFAC 模型引入信号处理领域。在模型唯一性定理中需要知道矩阵 k 秩[192] 的概念，它在多线性代数中的位置十分重要，并且与矩阵的秩的概念类似。这里首先给出 k 秩的定义以及关于可辨识性的一些性质。

定义 1[192] 对于给定的矩阵 $\boldsymbol{A} \in \mathbb{C}^{C\times P}$，当且仅当 $\boldsymbol{A}$ 包含至少 r 个但不包含 $r+1$ 个线性独立的列时，$\boldsymbol{A}$ 的秩 $r_{\overline{A}}:=\mathrm{Rank}(\boldsymbol{A})=r$。如果矩阵 $\boldsymbol{A}$ 的任意 k 列线性独立，则 $\boldsymbol{A}$ 的 k-秩（Kruskal-秩）$k_{\boldsymbol{A}}=k$。一般来说 $k_{\boldsymbol{A}} \leqslant r_{\boldsymbol{A}}$。

性质 1 一个随机矩阵 $\boldsymbol{A} \in \mathbb{C}^{C\times P}$，如果从独立连续分布中独立提出的，则它具有满秩，并且是满 k 秩，即 $k_{\boldsymbol{A}}=r_{\boldsymbol{A}}=\min(I,F)$。

性质 2 对于在阵列信号处理中常出现的 Vandermonde 矩阵，假设矩阵中元素由非零序列 $a_1,a_2,\cdots,a_n$ 构成：

$$\begin{bmatrix} 1 & 1 & \cdots & 1 \\ a_1 & a_2 & \cdots & a_r \\ a_1^2 & a_2^2 & \cdots & a_r^2 \\ \vdots & \vdots & & \vdots \\ a_1^M & a_2^M & \cdots & a_r^M \end{bmatrix} \tag{2-96}$$

那么这个 Vandermonde 矩阵不仅满秩，而且是满 k 秩。

定理 1 给定 $\boldsymbol{X}_i=\boldsymbol{A}\boldsymbol{\Lambda}_i(\boldsymbol{B})\boldsymbol{C}^{\mathrm{T}}, i=1,2,\cdots,I, \boldsymbol{A} \in \mathbb{C}^{I\times F}, \boldsymbol{B} \in \mathbb{C}^{J\times F}$ 和 $\boldsymbol{C} \in \mathbb{C}^{K\times F}$，如果：

$$k_{\boldsymbol{A}} + k_{\boldsymbol{B}} + k_{\boldsymbol{C}} \geqslant 2F + 2 \tag{2-97}$$

在存在列交换和（复数）尺度变换时，$\boldsymbol{A}$、$\boldsymbol{B}$ 和 $\boldsymbol{C}$ 可以唯一确定。考虑由 $\hat{\boldsymbol{A}}$、$\hat{\boldsymbol{B}}$ 和 $\hat{\boldsymbol{C}}$ 构成的矩阵 $\boldsymbol{X}_i$，$i=1,2,\cdots,I$。可由矩阵通过式（2-98）得到

$$\hat{\boldsymbol{S}} = \bar{\boldsymbol{S}}\boldsymbol{\Pi}\Delta_1, \ \hat{\boldsymbol{T}} = \bar{\boldsymbol{T}}\boldsymbol{\Pi}\Delta_2, \ \hat{\boldsymbol{U}} = \bar{\boldsymbol{U}}\boldsymbol{\Pi}\Delta_3 \tag{2-98}$$

这里 $\boldsymbol{\Pi}$ 是置换矩阵，Δ_1，Δ_2 和 Δ_3 是对角尺度变换矩阵，它们三者之间满足：

$$\Delta_1\Delta_2\Delta_3 = \boldsymbol{I} \tag{2-99}$$

式中：$\boldsymbol{I}$ 为单位矩阵。

3. PARAFAC 模型的拟合

目前对 PARAFAC 模型拟合应用最多的是三线性交替最小二乘（Trilinear Alternating Least Squares，TALS）算法。当一维 ESPRIT 可用的时候，可以用其来初始化 PARAFAC 模型，同样，也可以随机地进行初始化。在现在的研究中 PARAFAC 也可以用一些次优多参数多不变性的算法进行初始化[193-195]。TALS 算法原理很简单，利用式（2-59）~式（2-61）循环更新矩阵 $\boldsymbol{A}$、$\boldsymbol{B}$ 和 $\boldsymbol{C}$。可以看出，这 3 个矩阵的更新结果或者持续被优化或者维持不变，但是不会恶化。对局部极小值点来说，PARAFAC 可以保证全局单调收敛，但是收敛速度较慢。文献［193］对 TALS 算法进行了简要的综述。为了提高 TALS 算法的运算速度，文献［194］给出一种实现 TALS 的快速算法，称为 COMFAC（COMplex Parallel FACtor Analysis）算法。

2.4　小结

本章首先给出了任意阵列结构情况下的阵列信号处理模型，然后从方向图角度分析了共形阵列与传统阵列的区别，指出利用传统算法分析共形阵列的困难之处以及共形阵列快拍数据模型需要改进之处；接着对现有的欧拉旋转矩阵方法进行了简要分析，分析了它相对于几何代数方法的优势；然后对几种后面将要利用到的比较经典的空间谱估计算法（MUSIC 算法、ESPRIT 算法和 PM 算法）进行了简要的介绍；最后对本章比较重要的 PARAFAC 理论进行了介绍。

第3章　任意阵列宽频带单目标参数估计

3.1　引言

对来波信号进行测向，也就是估计信号的入射角度，在以截获敌方电磁信号为目的的电子侦察、对敌方目标进行监视，以及对敌方航空武器的预警等领域中都有重要的应用[198-202]。基于相位干涉仪的测向方法，利用两个阵元接收信号之间的相位差与阵元间距之间的关系，可以求得入射信号的角度。但是当阵元间距大于半波长时，鉴相器输出测量的相位差时会出现周期为 2π 的相位模糊。增大阵元间距可以提高测向精度，所以干涉仪测向方法中的测向精度和相位模糊是一对矛盾的问题，因此也是目前干涉仪测向研究的热点[199-205]和难点[206-213]问题之一。

目前反辐射导弹（Anti-Radiation Missile，ARM）主要以敌方雷达辐射的电磁波信号为制导信息，采用被动雷达导引头（Passive Radar Seeker，PRS）进行制导，各国对其研究较为深入，只要在雷达附近配置相干或者非相干的诱偏诱饵[214,215]，就能对 ARM 实现诱偏，因此为了对抗雷达诱饵，复合制导的 ARM 成为主要的研究内容[216]。随着 ARM 的发展，不仅有毫米波制导，还会有红外、激光等多种精确制导方式[217]。复合制导虽然会带来制导精度的提高，但是各种模式下的传感器抢占孔径的问题随之而来。这就要求天线阵元的摆放更加灵活，减少被动测向模式所占的孔径，或者采用共形天线，彻底解决天线盘的孔径遮挡问题[218]。根据现代电子战对 PRS 的要求，即宽频带覆盖和复合制导模式，作者所在课题组提出了立体基线测向方法[219]。立体基线测向方法对天线阵元的摆放没有特殊的要求，给其他制导模式提供更多可以用的空间，并且计算复杂度低，实时性好。本章首先提出基于立体阵列的立体基线测向方法，并基于平面阵列和立体阵列的立体基线测向方法进行实际被动系统测试，验证了基于立体阵列的立体基线测向方法的可行性[220]。然后对基于平面阵列的立体基线测向方法的测向误差进行定量的分析，为实际的工程应用中天线阵元以及基线的选择提供理论基础。最后基于共形天线的使用，结合虚拟基线方法，提出了一种低复杂度的适用于共形天线的立体基线测向方法。

3.2 单基线测向方法原理及误差分析

本节首先对相位干涉仪测向原理进行简单介绍，然后对立体基线测向方法的测向原理进行具体介绍。

3.2.1 相位干涉仪测向原理

同一个信号入射到两个天线阵元会产生一定的相位差，干涉仪测向就是利用两阵元之间的相位差与阵元间距的关系来确定目标方向[221]，图 3.1 为干涉仪测向的原理图。一个窄带远场信号入射到阵元 1、2，入射到两阵元的电磁波可以近似为平面波，那么到两个天线之间的时间延迟 τ 为

$$\tau = \frac{\Delta R}{\mathrm{c}} = \frac{L\sin\theta}{\mathrm{c}} \tag{3-1}$$

式中：ΔR 为入射信号到达天线阵元 1、2 的波程差；光速 $\mathrm{c}=3\times10^{8}\mathrm{m/s}$，$L$ 为两个天线阵元之间的距离；θ 为入射信号与天线阵元视轴的夹角，也是需要求解的角度。

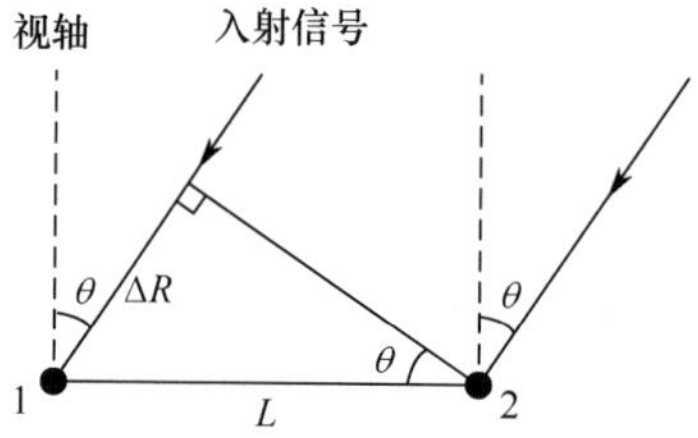

图 3.1　两阵元干涉仪测向的原理图

根据相位差 ϕ 与时延 τ 之间的关系，可以得到相位差 ϕ 与入射信号角度 θ 之间的关系为

$$\phi = \omega\tau = 2\pi f\frac{L\sin\theta}{c} = \frac{2\pi}{\lambda}L\sin\theta \tag{3-2}$$

式中：入射信号频率和波长分别为 f 和 λ。

如果通过鉴相器得到天线阵元 1、2 之间的相位差 ϕ，通过求解式（3-2）可以得到入射信号角度 θ 为

$$\theta = \arcsin\left(\frac{\lambda\phi}{2\pi L}\right) \tag{3-3}$$

从式（3-3）可知，只要测得两个天线阵元之间的相位差和入射信号的频率，通过式（3-3）就可以求得入射信号的角度。由于两路到鉴相器的信号之间的相位差存在大于 2π 的情况，而鉴相器的输出范围为 $\pm\pi$ 之间。由于相位差的测量是

以 2π 为周期的，这样鉴相器的输出就有可能存在模糊，从而无法得到正确的角度信息。下面基于单基线干涉仪测向（图 3.1），对测向误差和测向模糊这对相互矛盾的问题进行简要的分析。

3.2.2 单基线干涉仪测向误差与测向模糊分析

首先对单基线干涉仪的测向误差进行理论分析，对式（3-2）两边同时进行微分运算，可得

$$\mathrm{d}\phi = \frac{2\pi}{\lambda}L\cos\theta\mathrm{d}\theta - \frac{2\pi}{\lambda^2}L\sin\theta\mathrm{d}\lambda + \frac{2\pi}{\lambda}\sin\theta\mathrm{d}L \tag{3-4}$$

由于对入射信号频率的测量以及两天线阵元间距离的测量较为精确，可以忽略它们对测向误差的影响，所以可以进一步简化式（3-4），可得

$$\mathrm{d}\phi = \frac{2\pi}{\lambda}L\cos\theta\mathrm{d}\theta \tag{3-5}$$

将式（3-5）重新写成增量的形式，可以得到下式

$$\Delta\phi = \frac{2\pi}{\lambda}L\cos\theta\Delta\theta \tag{3-6}$$

所以可以得到单基线相位干涉仪的测向误差，可写成以下形式：

$$\Delta\theta = \frac{\Delta\phi \cdot \lambda}{2\pi L\cos\theta} \tag{3-7}$$

由式（3-7）可以看出，鉴相器输出相位差的测量误差 $\Delta\phi$、两个天线地阵元之间的距离 L 和入射信号与视轴夹角共同决定了测向误差 $\Delta\theta$ 的大小。可以很明显地看出在 $\Delta\phi$ 和 L 不变时，辐射源从天线视轴方向入射（$\theta=0°$），这时单基线干涉仪具有最小的测向误差；在入射信号与天线视轴的夹角逐渐增大的过程中，干涉仪测向的测向误差也逐渐增大；在入射信号垂直天线视轴方向入射时（$\theta=90°$），这时干涉仪测向方法已经无法正确测向，具有最大的测向误差。所以要保证干涉仪测向方法的测向精度，入射信号与视轴夹角就不宜过大，一般不超过 ±45°，以夹角在±30°以内为最佳[222]。

而天线阵元间距 L 与干涉仪的测向误差成反比，即阵元间距越大，干涉仪测向的精度就越高。所以一般通过设置较大的阵元间距来保证干涉仪的测向精度。但是由于$[-1,+1]$是正弦函数的取值范围，将其反带回式（3-2），这时阵元间距 L 的取值为 $L\leqslant\lambda/2$，也就是阵元间距要小于半波长，才能保证鉴相器的输出在 ±π 之间，这时不存在相位模糊的问题，可以通过式（3-3）直接求解入射信号角度。然而入射信号频率较高时，很难保证阵元间距小于半波长（在宽频带测向系统中，天线的尺寸一般较大），如果阵元间距太近，阵元之间的互耦效应会直接影响测向结果，同时在对测向精度要求很高的场合，如果阵元间距还是保持在半波长以内，那么只能通过减小鉴相器的测量误差来保证测向精度。但是提高鉴相

器的测量性能会大大增加测向系统的成本，而鉴相器的测量精度也总是存在上限的，所以在实际应用中，一般不采用提高硬件性能的方法。通过增加两天线阵元之间的距离，采用多基线干涉仪进行测向。然而在阵元间距大于半波长之后，两天线阵元的真实相位差可能大于鉴相器的输出范围±π。假设鉴相器实际测得两天线之间的相位差为 ϕ_0，其取值范围在±π 之间，那么真实的两天线之间的相位差可以写为

$$\phi = \phi_0 + 2k\pi \tag{3-8}$$

式中：$k=0,\pm1,\pm2,\cdots$为模糊数。式（3-2）重新改写为

$$\phi_0 + 2k\pi = \frac{2\pi}{\lambda}L\sin\theta \tag{3-9}$$

从式（3-9）可以看出，随着阵元间距 L 的增大，相位差测量的模糊数 k 也随之增大，这样会产生更多存在模糊的测向结果。而要想提高测向精度，只能增大阵元之间的距离，所以干涉仪测向中测向精度和测向模糊一直是一对矛盾的问题，而如何在保证测向精度的同时保证较高的解模糊概率是研究干涉仪测向算法的关键。下面介绍本课题组提出的立体基线测向方法，该算法不拘泥于阵元的摆放形式，能对测向精度和测向模糊进行很好的折中。

3.3 立体基线测向方法原理

在 ARM 技术快速发展的背景下，在现代战场中的电磁环境越来越复杂。采用多模复合制导和拓宽 PRS 的频率覆盖范围是现在 ARM 的发展趋势[223]。多模复合制导的可利用体积要远小于单模制导，因此需要天线的摆放形式更加灵活，占用天线盘的孔径更少。文献［218,219］中的测向方法都要求天线在同一个平面内摆放，然而由于多模复合制导的影响，天线阵元可能无法摆放在同一平面内，因此上述方法都无法在此情况下正确测向。此节首先介绍基于平面阵列的立体基线测向方法，在此基础上提出适用于立体阵列的立体基线测向方法，真正做到天线阵元在空间的任意摆放，为其他模式制导提供更多可利用的空间[220]。

3.3.1 信号模型

如图 3.2 所示，在空间直角坐标系中建立入射信号模型。其中 X 轴、Y 轴和 Z 轴分别代表水平向右、竖直向上和天线视轴方向。其中天线盘所在的平面为 XOY 面，XOZ 面和 YOZ 面分别为弹体的水平横切面和竖直纵切面。入射信号记为射线 $\boldsymbol{SO}$，$\boldsymbol{S'O}$、$\boldsymbol{S''O}$ 和 $\boldsymbol{S'''O}$，分别为入射信号在天线盘平面、竖直纵切面和水平横切面的投影。定义方位角 α 为 $\angle XOS'$，它是投影 $\boldsymbol{S'O}$ 与水平横切面的夹角；定义仰角 β 为 $\angle SOS'$，它是射线 $\boldsymbol{SO}$ 与水平横切面的夹角；定义航向角 θ 为 $\angle ZOS''$，为投影 $\boldsymbol{S''O}$ 与竖直纵切面的夹角；定义俯仰角 φ 为 $\angle ZOS'''$，为投影

$\boldsymbol{S'''O}$ 与水平横切面的夹角。根据简单的几何关系和三角函数推导，航向角 θ、俯仰角 φ 与方位角 α、仰角 β 具有以下关系：

$$\tan\theta = \cot\beta\sin\alpha \tag{3-10}$$

$$\tan\varphi = \cot\beta\cos\alpha \tag{3-11}$$

下面在图 3.2 的基础上说明立体基线的测向原理，建立任意两天线的接收数据模型，如图 3.3 所示。这里 O 为坐标系原点，为了分析简便，将参考阵元设置在 O 点处，点 B_i（x_i，y_i，z_i）为第 i 个天线阵元在空间的任意位置。过 B_i 做射线 $\boldsymbol{SO}$ 的垂线，垂足为 A（x_A，y_A，z_A），所以两个天线阵元 O 与 B_i 之间的波程差为线段 OA 的距离。根据波程差和两天线阵元之间相位差 ϕ_{OB_i} 的关系，可以得出下面的结论

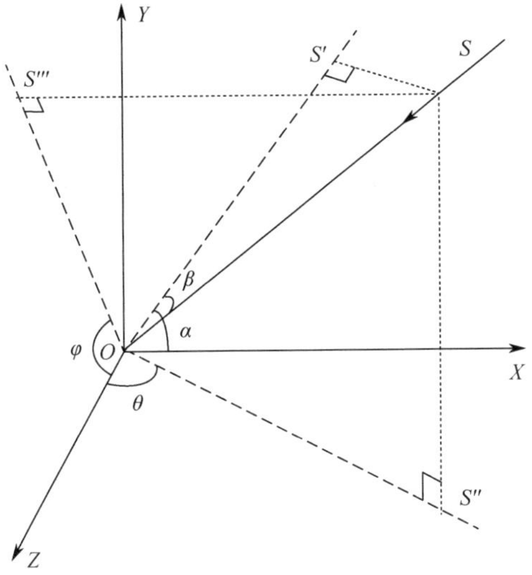

图 3.2　入射信号模型

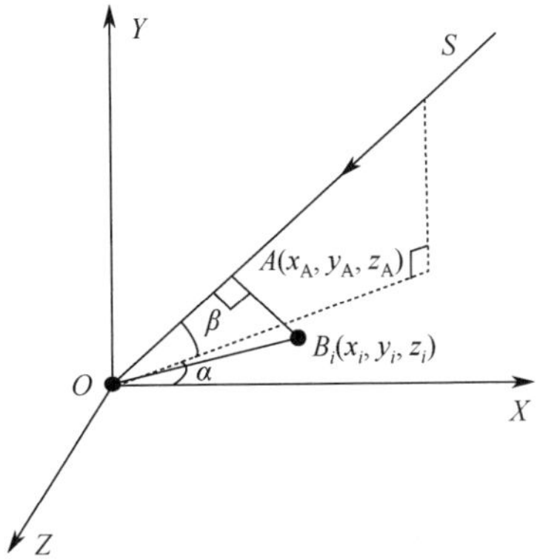

图 3.3　两天线测向模型

$$\phi_{OB_i} = \frac{2\pi}{\lambda}\boldsymbol{OA} \tag{3-12}$$

根据勾股定理，在直角三角形 ΔAOB_i 中，三条边的关系为

$$\boldsymbol{OB}_i^2 = \boldsymbol{OA}^2 + \boldsymbol{AB}_i^2 \tag{3-13}$$

式中

$$\boldsymbol{OB}_i^2 = x_i^2 + y_i^2 + z_i^2 \tag{3-14}$$

$$\boldsymbol{AB}_i^2 = (x_i - x_A)^2 + (y_i - y_A)^2 + (z_i - z_A)^2 \tag{3-15}$$

用球坐标表示点 A：

$$x_A = \boldsymbol{OA} \cdot \cos\beta \cdot \cos\alpha \tag{3-16}$$

$$y_A = \boldsymbol{OA} \cdot \cos\beta \cdot \sin\alpha \tag{3-17}$$

$$z_A = \boldsymbol{OA} \cdot \sin\beta \tag{3-18}$$

将式（3-16）~式（3-18）代入式（3-13）~式（3-15），可得两天线阵元 O 与 B_i 之间的波程差为

$$\boldsymbol{OA} = x_i\cos\beta\cos\alpha + y_i\cos\beta\sin\alpha + z_i\sin\beta \tag{3-19}$$

最后代入式（2-12），可得 O 与 B_i 之间的相位差为

$$\phi_{OB_i} = \frac{2\pi}{\lambda}(x_i\cos\beta\cos\alpha + y_i\cos\beta\sin\alpha + z_i\sin\beta) \tag{3-20}$$

从式（3-20）可以看出方程中方位角 α、仰角 β 是待求取参数，然而要求取两个参数就需要两个方程联立来求解。可以在空间的其他位置摆放另外一个阵元 B_j（x_j，y_j，z_j），这样可以得到两天线阵元 O 与 B_j 之间的相位差，写为

$$\phi_{OB_j} = \frac{2\pi}{\lambda}(x_j\cos\beta\cos\alpha + y_j\cos\beta\sin\alpha + z_j\sin\beta) \quad (i \neq j) \tag{3-21}$$

联立式（3-20）和式（3-21）组成的方程组，可以求得方程中的方位角和仰角参数。

如果没有参考阵元，可以在空间任意位置摆放三个天线 A、B 和 C，如图 3.4 所示。那么入射信号到达三个天线阵元时，假设不存在相位模糊问题，利用简单的几何分析，每两个天线阵元之间都存在不同的相位差，可分别写成以下形式：

$$\phi_{AB} = \frac{2\pi}{\lambda}[(x_B - x_A)\cos\beta\cos\alpha + (y_B - y_A)\cos\beta\sin\alpha + (z_B - z_A)\sin\beta] \tag{3-22a}$$

$$\phi_{AC} = \frac{2\pi}{\lambda}[(x_C - x_A)\cos\beta\cos\alpha + (y_C - y_A)\cos\beta\sin\alpha + (z_C - z_A)\sin\beta] \tag{3-22b}$$

$$\phi_{BC} = \frac{2\pi}{\lambda}[(x_C - x_B)\cos\beta\cos\alpha + (y_C - y_B)\cos\beta\sin\alpha + (z_C - z_B)\sin\beta] \tag{3-22c}$$

想要求解入射信号的方位角 α、仰角 β，只需要联立上述三个方程中的的任意两个即可。根据式（3-10）、式（3-11）可进一步求得航向角 θ、俯仰角 φ。

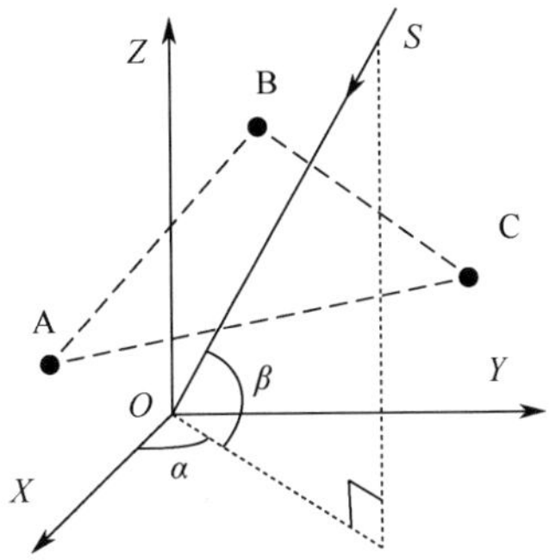

图 3.4　立体基线测向模型

3.3.2　平面阵列立体基线测向方法

考虑三个天线阵元 A、B 和 C 摆放在同一个平面，如图 3.5 所示。$(x_i,\ y_i)$ 代表天线阵元的位置坐标（i=A，B，C）。这时 Z 轴的坐标是零。

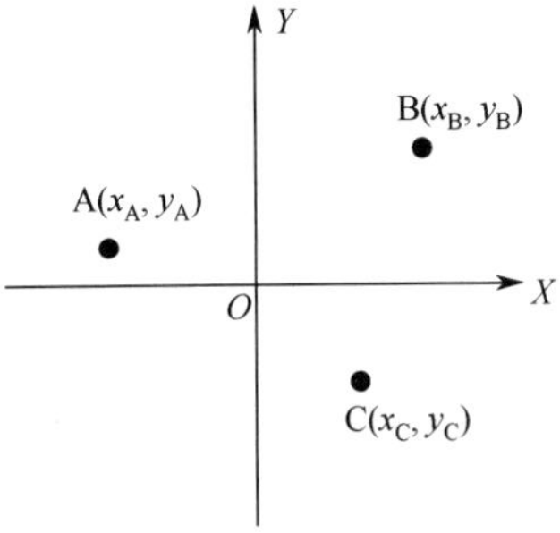

图 3.5　三天线阵元摆放示意图

考虑存在相位差模糊的情况，在这种情况下，入射信号到达天线阵元 A、B 和 C，不同阵元之间的相位差可以表示为

$$\phi_{AB} + 2k_1\pi = \frac{2\pi}{\lambda}[(x_B - x_A)\cos\beta\cos\alpha + (y_B - y_A)\cos\beta\sin\alpha] \quad (3\text{-}23a)$$

$$\phi_{AC} + 2k_2\pi = \frac{2\pi}{\lambda}[(x_C - x_A)\cos\beta\cos\alpha + (y_C - y_A)\cos\beta\sin\alpha] \quad (3\text{-}23b)$$

$$\phi_{BC} + 2k_3\pi = \frac{2\pi}{\lambda}[(x_B - x_C)\cos\beta\cos\alpha + (y_B - y_C)\cos\beta\sin\alpha] \quad (3\text{-}23c)$$

式中：k_1，k_2，k_3=0，±1，±2…。这里利用式（3-23a）、式（3-23b），方位角 α 的正弦值可以表示为

$$\tan\alpha = \frac{(\phi_{AB} + 2k_1\pi)(x_C - x_A) - (\phi_{AC} + 2k_2\pi)(x_B - x_A)}{(\phi_{AC} + 2k_2\pi)(y_B - y_A) - (\phi_{AB} + 2k_1\pi)(y_C - y_A)} \tag{3-24}$$

从式（3-24）可以看出，对入射信号的方向存在镜像模糊问题，也就是如果 $\tan\alpha>0$，入射信号即可能从第一象限入射，也可能从第三象限入射。在 $\tan\alpha<0$ 时，入射信号可能从其他两个象限入射。然而通过判断相位差的正负，可以判断入射信号的正确入射方向。如图 3.5 所示，如果 $\phi_{AB}+2k_1\pi>0$，那么入射信号从第一象限入射，如果 $\phi_{AB}+2k_1\pi<0$，那么入射信号从第三象限入射。

3.3.3 立体阵列立体基线测向方法

从式（3-22）中可以看出，天线阵元仍然摆放在同一平面内。一个至关重要的原因就是角度信息（方位角 α、仰角 β）包含在三角函数方程中，即式（3-22a）~式（3-22c）。

第一种方法是利用迭代和逼近的方法得到非线性方程式（3-22a）~式（3-22c）中任意两个方程的解。非线性方程的形式为

$$\begin{cases} f_1(x_1,\ x_2) = 0 \\ f_2(x_1,\ x_2) = 0 \end{cases} \tag{3-25}$$

式中：x_1 和 x_2 分别代表方位角 α、仰角 β。将式（3-25）等价变换成同解方程组

$$x_i = F_i(x_1,\ x_2),\quad i = 1,\ 2 \tag{3-26}$$

式（3-26）的迭代形式可以写为

$$x_i^{k+1} = F_i(x_i^k,\ x_i^k),\quad i = 1,\ 2 \tag{3-27}$$

式中：$k=0,1,\cdots$。式（3-27）中的初始化向量可以写为 $\boldsymbol{x}=[x_1,x_2]^{\mathrm{T}}$，利用数值计算方法可以得到序列 $\{\boldsymbol{x}^k\}$。因为 $F_i(x_1^k,x_2^k)$ 是连续函数，当给定一个终止迭代的条件，如 $\| F_i(x_i^k,x_i^k) \| \leqslant \varepsilon$，$\varepsilon$ 是一个很小的数，可以人为进行设定。因此可以得到方位角 α、仰角 β 一个很好的逼近解。利用式（3-10）、式（3-11）将方位角 α、仰角 β 转换为航向角 θ、俯仰角 φ。

然而，如果初始化向量选择没有选择好，算法会收敛得很慢，要得到入射信号的角度信息，就必须像 MUSIC 算法那样搜索角度。入射信号的频率越高，理论上模糊数 k 越大，相位差模糊值也就越多，这时运算量较大，很难在实际中进行应用。

如图 3.6 所示，给出了基于四天线的立体基线测向方法的阵元摆放示意图。图中 D 是除了天线阵元 A、B 和 C 之外的第四个天线阵元，它的位置可以是除了前面提到三个天线的任意位置。它的坐标为 D（x_D，y_D，z_D），其他条件与图 3.4 相同。

那么入射信号到达天线 A、B、C 和 D，天线阵元两两之间的相位差可以表示为

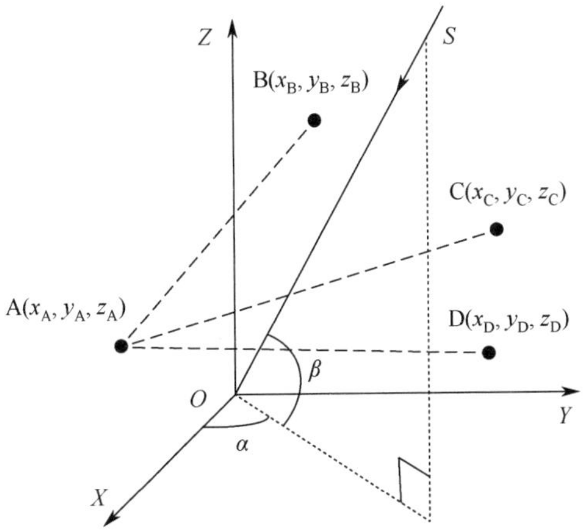

图 3.6　四天线测向原理图

$$\phi_{AB} + 2k_1\pi = \frac{2\pi}{\lambda}[(x_B - x_A)\cos\beta\cos\alpha + (y_B - y_A)\cos\beta\sin\alpha + (z_B - z_A)\sin\beta] \tag{3-28a}$$

$$\phi_{AC} + 2k_2\pi = \frac{2\pi}{\lambda}[(x_C - x_A)\cos\beta\cos\alpha + (y_C - y_A)\cos\beta\sin\alpha + (z_C - z_A)\sin\beta] \tag{3-28b}$$

$$\phi_{AD} + 2k_3\pi = \frac{2\pi}{\lambda}[(x_D - x_A)\cos\beta\cos\alpha + (y_D - y_A)\cos\beta\sin\alpha + (z_D - z_A)\sin\beta] \tag{3-28c}$$

为了表达简便，设 $\gamma_1 = \cos\beta\cos\alpha$，$\gamma_2 = \cos\beta\sin\alpha$，$\gamma_3 = \sin\beta$。那么可以用矩阵的形式将式（3-28）写为

$$\frac{\lambda}{2\pi}\begin{bmatrix}\phi_{AB} + 2k_1\pi \\ \phi_{AC} + 2k_2\pi \\ \phi_{AD} + 2k_3\pi\end{bmatrix} = \begin{bmatrix}x_B - x_A & y_B - y_A & z_B - z_A \\ x_C - x_A & y_C - y_A & z_C - z_A \\ x_D - x_A & y_D - y_A & z_D - z_A\end{bmatrix}\begin{bmatrix}\gamma_1 \\ \gamma_2 \\ \gamma_3\end{bmatrix} \tag{3-29}$$

所以 γ_1、γ_2 和 γ_3 的解可以得到：

$$\begin{bmatrix}\gamma_1 \\ \gamma_2 \\ \gamma_3\end{bmatrix} = \frac{\lambda}{2\pi}\begin{bmatrix}x_B - x_A & y_B - y_A & z_B - z_A \\ x_C - x_A & y_C - y_A & z_C - z_A \\ x_D - x_A & y_D - y_A & z_D - z_A\end{bmatrix}^{-1}\begin{bmatrix}\varphi_{AB} + 2k_1\pi \\ \varphi_{AC} + 2k_2\pi \\ \varphi_{AD} + 2k_3\pi\end{bmatrix} \tag{3-30}$$

通过矩阵求逆的方法可以得到 γ_1、γ_2 和 γ_3 的解，对于如何求解参数方位角 α、仰角 β，有两种方法可供选择。

第一种：

$$\beta = \arcsin\gamma_3 \tag{3-31a}$$

$$\alpha = \arccos\left(\frac{\gamma_1}{\cos\beta}\right) \text{ 或 } \alpha = \arcsin\left(\frac{\gamma_2}{\cos\beta}\right) \tag{3-31b}$$

第二种：

$$\alpha = \arctan\left(\frac{\gamma_2}{\gamma_1}\right) \tag{3-32a}$$

$$\beta = \arccos\left(\frac{\gamma_1}{\cos\alpha}\right) \text{ 或 } \beta = \arccos\left(\frac{\gamma_2}{\sin\alpha}\right) \tag{3-32b}$$

在第一种方法中，正弦函数 $\sin\beta$ 的值域为±1 之间。但是在入射信号频率较高时，在实际仿真过程中，得到的实际数值 γ_3 总是大于 $\sin\beta$ 的值域，由于高频段模糊值太多，这是造成实际得到的数值大于值域的主要原因。所以本节采用第二种方法，正切函数 $\tan\alpha$ 的值域为（$-\infty$，$+\infty$），可以看出它的值域可以覆盖所有可能的入射角度，不会出现第一种方法中的情况。同时在解相位差模糊时，使求解过程更加简单。

从式（3-32a）中可以看出，基于立体阵列的立体基线测向方法同样存在镜像模糊，在 3.3.2 节中已经提出一种解决镜像模糊的方法。这里提出另一种更加有效的方法。在解模糊之后要判断信号正确的入射方向。可以明显看出，通过判断 γ_1、γ_2 值的正负，就可以唯一确定入射信号的入射方向，这样镜像模糊问题得到解决。

3.3.4 轮换比对解模糊方法

由 3.2.2 节的理论分析可以知道，鉴相器的输出范围为（$-\pi$，π）。而立体基线测向方法作为干涉仪测向方法中的一种，在两个天线阵元的间距大于半波长时，鉴相器的输出值与真实值之间同样存在周期为 2π 的相位模糊。这里假设 k 为模糊数，为了保证测向精度，一定有基线的长度大于半波长，基线长度越长，模糊数 k 越大，同时 k 值是未知数。真实的相位差就存在于所有可能的 k 倍 2π 周期与鉴相器输出值的和之中，为了得到真实的入射信号角度，必须找到真实的相位差，也就是必须解决相位差模糊问题。下面对立体基线测向方法的多值模糊问题进行分析，并提出有效的解决办法。

从立体基线测向方法（包括平面阵列和立体阵列）的原理可以得知，在平面阵列中可以利用 3 个天线得到一组含有模糊值的解（在立体阵列中可以利用 4 个天线得到一组含有模糊值的解），如果天线阵元数为 n，对于平面阵列来说，基线共有 C_n^3 种组合（对于立体阵列来说，基线共有 C_n^4 种组合）。而在每个基线组合中，通过计算会得到若干个模糊值，入射信号的真实角度一定包含在这些模糊之中。因此，通过比较各组基线都含有的并且数值最接近的模糊值，这个模糊值所对应的入射信号角度就被认为是真实的入射信号角度。

在实际中，为了计算简便，提高实时性，只采用两组基线组合进行测向。

为了提高测向结果的稳定性，也可以采用更多的基线组合，但是会带来额外的计算量。为了对本算法的解模糊原理有一个直观的印象，定义两组基线的测量结果分别为 $[\alpha_{1i} \quad \beta_{1i}]$ 和 $[\alpha_{2j} \quad \beta_{2j}]$。因此在两组测量结果中的误差值可以定义为

$$\Delta_{i,j} = \sqrt{(\alpha_{1i} - \alpha_{2j})^2 + (\beta_{1i} - \beta_{2j})^2} \tag{3-33}$$

式中：i，j=1，2，3…，它们分别代表第 i 组基线的模糊值和第 j 组基线的模糊值。而真实值就是两组基线模糊值之间相差最小的值，它可以通过最小化 $\Delta_{i,j}$（式（3-33））求得入射信号的真实的方位角 α、仰角 β。

3.3.5 方法步骤

通过 3.3.1~3.3.4 节的阐述，对立体基线测向方法的基本原理有了具体的了解，现将其如何实现宽频带无模糊测向的具体步骤总结如下。

步骤 1 根据天线盘可利用空间的具体情况合理地安排天线阵元的摆放位置，在平面阵列中，选取 3 个天线阵元作为 1 个基线组合（在立体阵列中，选取 4 个天线阵元作为 1 个基线组合），利用 2 个基线组合进行测向。

步骤 2 利用天线阵元对入射信号的数据进行接收，并记录鉴相器输出的相位差，鉴相器的输出范围为 $-\pi \sim \pi$ 之间，可能存在相位模糊的问题。

步骤 3 对于基线组合 1，计算通过测量得到的所有可能出现的相位差模糊值，并首先对方位角 α 进行求解，对于平面阵列，根据 3.3.2 节尾部介绍的方法解镜像模糊（对于立体阵列，除了上述解模糊方法外，也可以根据 3.3.3 节尾部介绍的方法解镜像模糊），然后计算所有可能出现的方位角 α 和仰角 β 值。

步骤 4 对基线组合 2，计算所有可能出现的由相位模糊引起的所有方位角 α 和仰角 β 的值，方法同步骤 3。

步骤 5 根据式（3-33）计算两组基线的所有误差结果。

步骤 6 将误差值最小的方位角 α 和仰角 β 值作为入射信号的真实方向，通过式（3-10）、式（3-11），将方位角 α 和仰角 β 转换为航向角 θ、俯仰角 φ，即为最终入射信号角度信息。

3.3.6 计算机仿真实验分析

为了验证所提算法的有效性，首先建立天线位置摆放模型。

如图 3.7 所示，设定天线盘半径 r=0.1m，天线圆心到天线盘圆心的距离与 X 轴正向的夹角为 ϖ，且逆时针旋转为正。平面阵列为非均匀五元阵，天线阵元 1~5 的坐标分别为（0.1，0）、（$r$cos315°，$r$sin315°）、（$r$cos225°，$r$sin225°）、（$r$cos150°，$r$sin150°）和（$r$cos60°，$r$sin60°）；立体阵列中其他天线位置不变，天线阵元 4 被抬高，它的 Z 轴坐标为 z_4=0.01m。

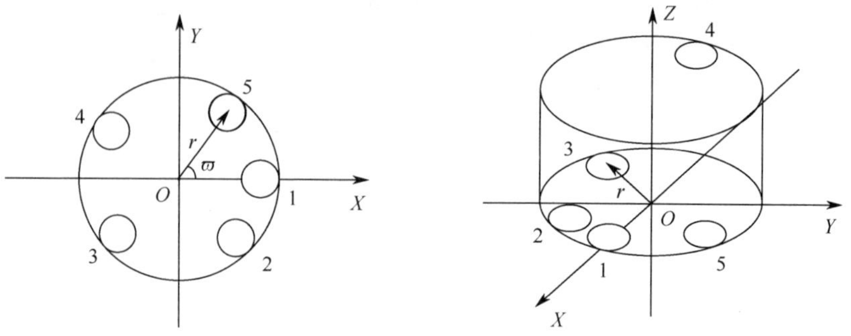

(a) 平面阵列　　(b) 立体阵列

图 3.7　天线位置模型

将基于立体阵列和基于平面阵列的立体基线测向方法进行比较。相位差平均次数为 $N=20$，入射信号的频率范围为 1~15GHz，入射信号角度为（45°，60°）。仿真过程中，进行 200 次蒙特卡罗实验。基于立体阵列和基于平面阵列算法的性能分析就是基于上述实验结果。首先对测向误差和正确解模糊概率进行定义，将 200 次测向误差按从小到大的顺序进行排序，然后取 1σ（68%）的结果作为测向误差，如果解模糊概率小于 68%，因为没有对应的测向误差值，就认为解模糊失败。本实验只统计了航向角的测向误差，俯仰角的统计方法与其类似，不再重复。

实验 1　解模糊概率与频率之间的关系

入射信号信噪比固定为 14dB，图 3.8 给出了入射信号的频率在 1~15GHz 变化时，基于立体阵列和基于平面阵列的立体基线测向方法的解模糊概率的变化情况。从图 3.8 中可以看出，入射信号频率在小于 12GHz 时，解模糊概率在 90% 以上。在频率大于 12GHz 时，解模糊概率下降较快，但是仍然大于 68%，可以实现对高频段的正确解模糊。两种阵列形式的解模糊概率都大于 80%，可以看出基于立体阵列的方法与基于平面阵列的方法解模糊概率相近，说明基于立体阵列的立体基线测向方法能够实现在宽频带内的无模糊测向。

实验 2　测向误差与信噪比的关系

入射信号的频率分别为 6GHz 和 15GHz，图 3.9 给出了在不同信噪比下基于立体阵列和基于平面阵列的立体基线测向方法的航向角的测向误差，可以看出两种算法的估计性能相近，随着信噪比的增加，两种算法的测向误差都在减小。同时可以看出平面阵列在信噪比小于 14dB 时无法正确测向，这主要是因为在高频段、低信噪比时，模糊值较多，测量得到的相位差误差较大，无法通过轮换比对的方法得到正确的信号入射方向。

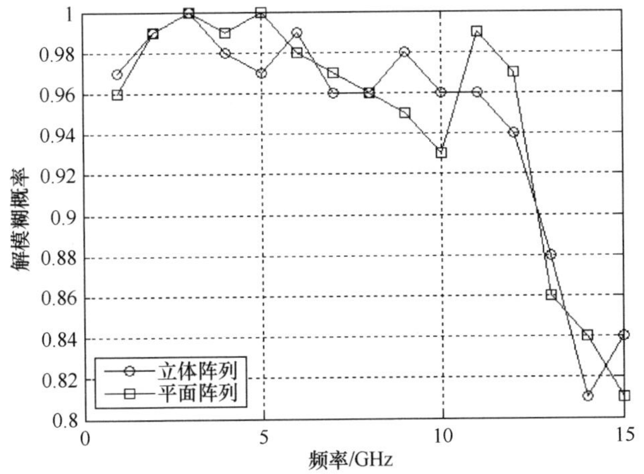

图 3.8　不同频率下的解模糊概率

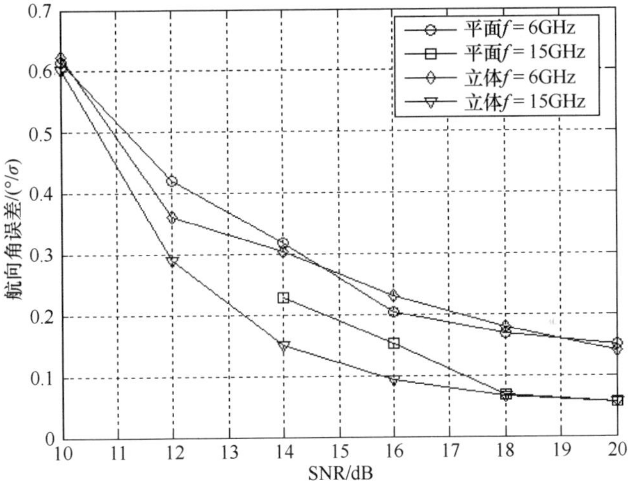

图 3.9　不同信噪比下的航向角误差

3.3.7　实测数据分析

在实际被动测向系统中，分别对平面阵列和立体阵列两种阵列的立体基线算法进行测试。对实际测向系统中采集到的数据进行处理，并且通过比较两种阵列在实际测向系统中的测向误差来验证所提基于立体阵列的立体基线测向方法的可行性。

1. 测试环境

微波暗室的尺寸为 18m×10m×5.5m，辐射源与接收天线之间的距离最大为

10m，微波暗室四周是吸波材料，考虑吸波材料所占用的空间，可利用宽度大概为 8.5m。信号通过喇叭天线进行辐射，辐射信号经天线盘、微波前端、测向信号处理器得到实测数据。其中的测试设备包括 3 台 PC 机、1 个 ADSP 开发器、1 台 Tektronix TDS2024 示波器（2 路）和 1 个 Xilinix 开发器一个。微波暗室中的设备摆放如图 3.10 所示。天线盘中天线阵元的摆放如图 3.11 所示，其中平面阵列中天线阵元 4 的坐标为（0，0.1）。立体阵列为将天线 4 支起一定高度，它的 Z 轴坐标为 $z_4 = 0.016\text{m}$。当天线盘与喇叭天线等高摆放在旋转台上时，并通过调整喇叭天线的水平位置使来波方向航向角和俯仰角都为 0°，通过水平转动旋转台来改变俯仰角，通过垂直转动旋转台来改变航向角。

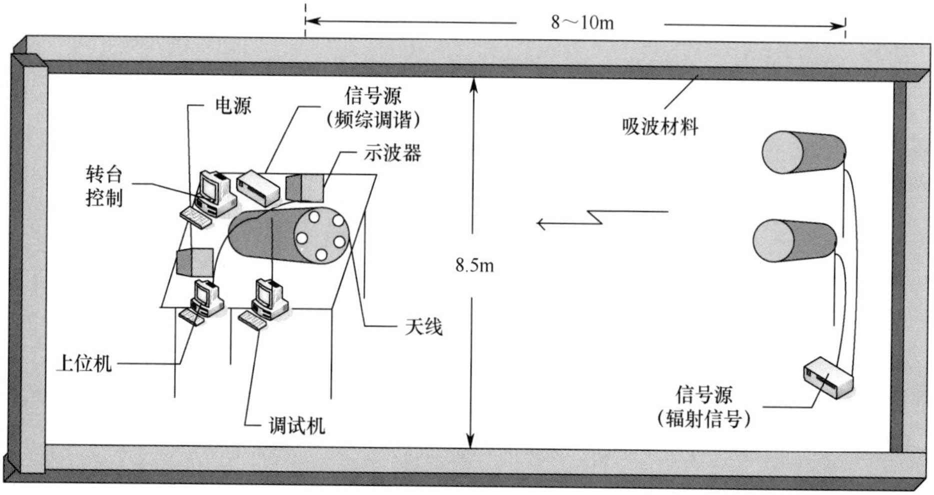

图 3.10　微波暗室中的设备摆放示意图

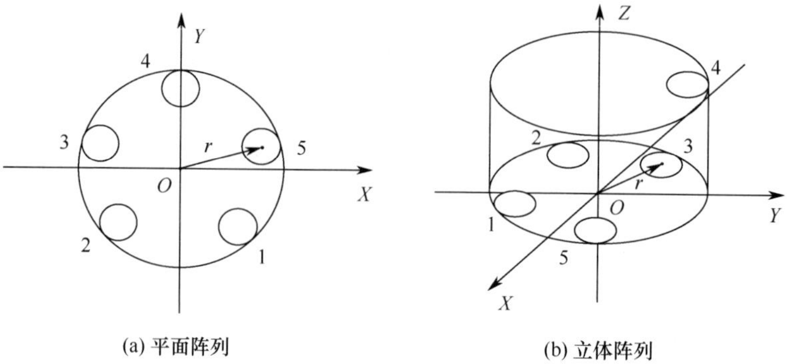

图 3.11　天线位置模型

2. 实验测试

固定测向信号处理器的位置，在实验室右侧摆放一个喇叭天线，如图 3.12

所示。天线盘与喇叭天线的水平距离为 L。一般来说，为了保证远场入射的条件，L 的范围一般控制在 8～10m，在竖直方向上喇叭天线的移动范围为 0～4.5m。

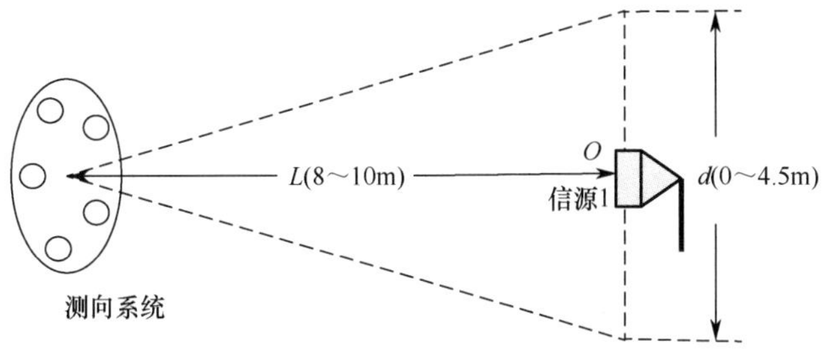

图 3.12　一个信号源摆放位置示意图

实际测试时入射信号频率设置为 $f=6\text{GHz}$，对 16 个脉冲信号进行采样，在数据处理时只利用其中的 10 个脉冲，每个脉冲采 512 个点，由于每个脉冲的前沿部分幅度波动较大，所以利用脉冲中间的第 258 和 259 个采样值来进行运算，所以此时相位差平均次数 $N=20$。将转台分别转动 5°、10°、15°（$\varphi=5°$、10°、15°）时两种阵列在实际被动测向系统中运用立体基线算法得到的测向角度误差如表 3.1 所列。

表 3.1　两种阵列在实际被动测向系统中测向误差（单位：°）

实际角度	平面阵列		立体阵列	
	航向角	俯仰角	航向角	俯仰角
5°	0.0304	0.7546	0.0740	0.0823
10°	0.9477	0.8861	0.5484	0.2414
15°	1.1003	0.0532	1.1966	0.0279

从表 3.1 中的测向误差可以看出，两种算法都可用于被动测向系统，同时具有较高的测角精度。从表 3.1 可知，立体阵列的航向角和俯仰角联合测向误差明显小于平面阵列，其中，俯仰角的测向误差小于平面阵列但航向角的测向误差，略大于平面阵列。由于立体阵列的天线阵元可以不在同一个平面内摆放，天线的摆放形式更加灵活，特别是在多模复合制导中，相比于其他干涉仪测向方法，可以为其他模式制导提供更大的可利用空间。

3.4　立体基线测向方法的测向误差研究

立体基线测向方法是干涉仪测向方法中的一种，因其灵活的摆放方式，可以应用于复合制导的 PRS 中。在实际测向系统中，测向误差作为衡量被动测向系统测向性能的一个重要技术指标，得到了研究者的广泛关注[224-226]。如果测角误差较大，会直接影响 PRS 对辐射源跟踪的精度，ARM 的命中率也会降低，对敌方设施的破坏力也随着下降。因此，分析影响立体基线测向方法的测向误差的因素就显得特别重要。

3.4.1 测向误差模型建立

被动雷达导引头的天线盘可利用体积空间有限，为了简化分析立体基线测向方法理论上的测向误差，假设天线摆放在天线盘表面，即共平面，并且位于一个圆的圆周上，同时假设在低频段对测向误差进行理论推导，因此不存在相位差模糊的情况。同时天线的体积忽略不计。

1. 平均测向误差模型

根据立体基线测向方法的原理，天线阵元的摆放如图 3.13 所示，其为经过简化的立体基线测向模型。

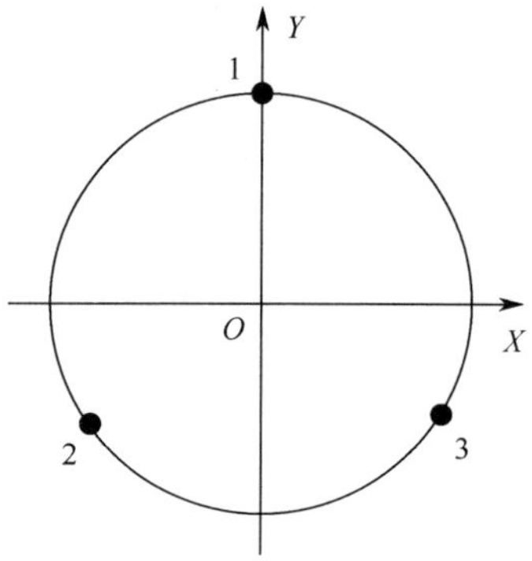

图 3.13　三天线位置模型

根据立体基线测向原理，天线阵元 1、2、3 两两之间的相位差可以写为

$$\phi_{12} = \frac{2\pi}{\lambda}[(x_2 - x_1)\cos\beta\cos\alpha + (y_2 - y_1)\cos\beta\sin\alpha] \tag{3-34a}$$

$$\phi_{13} = \frac{2\pi}{\lambda}[(x_3 - x_1)\cos\beta\cos\alpha + (y_3 - y_1)\cos\beta\sin\alpha] \tag{3-34b}$$

$$\phi_{23} = \frac{2\pi}{\lambda}[(x_3 - x_2)\cos\beta\cos\alpha + (y_3 - y_2)\cos\beta\sin\alpha] \tag{3-34c}$$

从图 3.13 中可以看出，由于天线阵元 1、2、3 在天线盘上摆成一个圆，所以为了进一步将式（3-34）简化，将其中的直角坐标用极坐标代替。有 $x_i = r\cos\gamma_i$，$y_i = r\sin\gamma_i$（$i=1,2,3$），其中天线盘半径为 r，天线到天线盘圆心的距离与 X 轴正向的夹角为 γ_i。

然后分析立体基线测向方法的测向误差，分别对式（3-34a）、式（3-34b）

的左、右两边进行求导，经过整理，可得方位角 α 的测向误差 $\Delta\alpha$ 和仰角 β 的测向误差 $\Delta\beta$

$$\Delta\alpha_{12,13} = \frac{[(x_3-x_1)\cos\alpha+(y_3-y_1)\sin\alpha]\Delta\phi_{12}-[(x_2-x_1)\cos\alpha+(y_2-y_1)\sin\alpha]\Delta\phi_{13}}{\frac{2\pi}{\lambda}[(x_3-x_1)(y_2-y_1)-(x_2-x_1)(y_3-y_1)]\cos\beta} \tag{3-35a}$$

$$\Delta\beta_{12,13} = \frac{[(y_2-y_1)\cos\alpha-(x_2-x_1)\sin\alpha]\Delta\phi_{13}-[(y_3-y_1)\cos\alpha-(x_3-x_1)\sin\alpha]\Delta\phi_{12}}{\frac{2\pi}{\lambda}[(x_3-x_1)(y_2-y_1)-(x_2-x_1)(y_3-y_1)]\sin\beta} \tag{3-35b}$$

如果进行 N 次相位差平均操作，根据文献［218］，可以得到这样一个近似关系 $\Delta\phi_{12}=\Delta\phi_{13}=1/\sqrt{N\times \mathrm{SNR}}$。用极坐标代替式（3-35）的直角坐标，可得

$$\Delta\alpha_{12,13} = \frac{\cos(\gamma_3-\alpha)-\cos(\gamma_2-\alpha)}{\frac{2\pi r}{\lambda}[\sin(\gamma_2-\gamma_3)+\sin(\gamma_3-\gamma_1)+\sin(\gamma_1-\gamma_2)]\cos\beta\sqrt{N\times \mathrm{SNR}}} \tag{3-36a}$$

$$\Delta\beta_{12,13} = \frac{\sin(\gamma_2-\alpha)-\sin(\gamma_3-\alpha)}{\frac{2\pi r}{\lambda}[\sin(\gamma_2-\gamma_3)+\sin(\gamma_3-\gamma_1)+\sin(\gamma_1-\gamma_2)]\sin\beta\sqrt{N\times \mathrm{SNR}}} \tag{3-36b}$$

对式（3-10）、式（3-11）两边分别进行求导，可以得到航向角 θ、俯仰角 φ 的测向误差：

$$\Delta\theta_{12,13} = \frac{-\sin\alpha\Delta\beta_{12,13}+\sin\beta\cos\beta\cos\alpha\Delta\alpha_{12,13}}{1-\cos^2\beta\cos^2\alpha} \tag{3-37a}$$

$$\Delta\varphi_{12,13} = \frac{-\cos\alpha\Delta\beta_{12,13}+\sin\beta\cos\beta\sin\alpha\Delta\alpha_{12,13}}{\sin^2\beta\cos^2\alpha-1} \tag{3-37b}$$

传统的误差统计方法基本都是在 1 组基线组合的条件下计算 1 组航向角和俯仰角的误差。如果入射信号从其他角度入射，那么这种情况下的角度入射就没有考虑进去，这给实际工程应用的过程中带来了一定的不稳定因素。为了对误差的统计更加全面，同时为了方便分析，固定仰角 $\beta=80°$，方位角为 0°~360°全面覆盖，步长为 1°。因此，在一种特定基线选择的情况下，可以利用全部方位角的均方根误差来衡量其测向误差。

$\Delta\alpha_{11}$ =

$$\sqrt{\sum_{i=1}^{360}\left(\frac{\cos(\gamma_2-\alpha_i)-\cos(\gamma_1-\alpha_i)}{\frac{2\pi r}{\lambda}[\sin(\gamma_2-\gamma_3)+\sin(\gamma_3-\gamma_1)+\sin(\gamma_1-\gamma_2)]\cos\beta\sqrt{N\times \mathrm{SNR}}}\right)^2} \tag{3-38}$$

天线盘上一共有 3 个天线，所以理论上对基线的选择一共有 3 种方法。也就是说，除了文中的基线选取方式（基线 1–2、1–3）之外，还可以选取基线 2–1、2–3 或基线 3–1、3–2 进行测向。因此只在 1 种基线组合条件下进行误差统计，严格上来说是不全面的，在误差的推导过程中要综合考虑三种基线组合的情况。

由上述三种不同基线组合产生的测向误差分别定义为 $\Delta\alpha_{11}$、$\Delta\alpha_{22}$、$\Delta\alpha_{33}$，所以总的方位角测向误差 $\Delta\alpha$ 可以表示为

$$\Delta\alpha=\sqrt{\frac{\Delta^2\alpha_{11}+\Delta^2\alpha_{22}+\Delta^2\alpha_{33}}{3}} \tag{3-39}$$

将式（3-38）代入式（3-39），进一步化简方位角测向误差 $\Delta\alpha$：

$\Delta\alpha$ =

$$\frac{\lambda}{2\pi r}\sqrt{\frac{1}{3N\times \mathrm{SNR}\times\cos^2\beta}}\times\sqrt{\sum_{i=1}^{360}\frac{\rho_1^2+\rho_2^2+\rho_3^2}{[\sin(\gamma_2-\gamma_3)+\sin(\gamma_3-\gamma_1)+\sin(\gamma_1-\gamma_2)]^2}} \tag{3-40}$$

式中：ρ_1、ρ_2 和 ρ_3 分别为

$$\rho_1=\cos(\gamma_2-\alpha_i)-\cos(\gamma_1-\alpha_i) \tag{3-41a}$$

$$\rho_2=\cos(\gamma_1-\alpha_i)-\cos(\gamma_3-\alpha_i) \tag{3-41b}$$

$$\rho_3=\cos(\gamma_2-\alpha_i)-\cos(\gamma_1-\alpha_i) \tag{3-41c}$$

采用相似的推导方式，可以得到仰角 β、航向角 θ、俯仰角 φ 的测向误差。

在信号入射的那一时刻，测向系统会同时得到入射信号的方位角 α 和仰角 β 的信息，它们的测向误差对测向系统的性能指标来说都十分重要，因此用下式定义方位角和仰角的联合侧向误差。

$$M=\sqrt{\Delta^2\alpha+\Delta^2\beta} \tag{3-42}$$

类似地，可以定义航向角和俯仰角的联合测向误差：

$$N=\sqrt{\Delta^2\theta+\Delta^2\varphi} \tag{3-43}$$

2. 航向角和俯仰角测向误差分析

前面对平均测向误差的模型进行了建立和简要分析，针对的是所有基线选择的情况。下面对基线选择已经确定的情况下进行误差分析，分析不同条件下航向角和俯仰角的误差变化情况，对测向误差的大小进行定量的分析，误差分析的原理图如图 3. 14 所示。

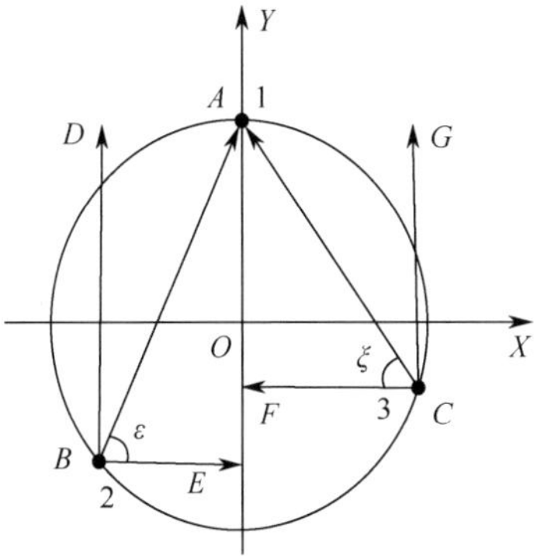

图 3.14　误差分析的原理图

从图 3.14 中可以看出，决定航向角 θ 测向精度的是基线在 X 轴投影的等效长度；决定俯仰角 φ 测向精度的是基线在 Y 轴投影的等效长度。为了定量地描述航向角 θ 和俯仰角 φ 的测向误差，首先对它们的最小测向误差进行定义。

航向角 θ 的最小测向误差 $\Delta\theta_{\min}$：当天线阵元 1 与 X 轴正向夹角为 90°（$\gamma_1=90°$），天线阵元 2、3 与 X 轴正向夹角为 270°（$\gamma_2=\gamma_3=270°$），这是一种理想状态，即天线阵元 2、3 重合，这时就变成了单基线干涉仪测向，此时无法获得方位角 α 和仰角 β 的二维角度信息。基线 1-2、1-3 在 Y 轴具有最长的投影长度，两基线在 Y 轴的等效长度为 $2r$，此时天线阵元 2、3 的摆放位置使航向角的测向误差达到最小值 $\Delta\theta_{\min}$。

俯仰角 φ 的最小测向误差 $\Delta\varphi_{\min}$：当天线阵元 1 与 X 轴正向夹角为 90°（$\gamma_1=90°$），天线阵元 2 摆放位置为 $\gamma_2=180°$，天线阵元 3 摆放位置为 $\gamma_3=0°$。在这种情况下，基线 1-2、1-3 在 X 轴具有最长的投影长度，两基线在 X 轴的等效长度为 $2r$，此时天线阵元 2、3 的摆放位置使俯仰角的测向误差达到最小值 $\Delta\varphi_{\min}$。

考虑到在达到最小测向误差时，已经最大限度地利用了基线的长度，这时航向角 θ 的最小测向误差 $\Delta\theta_{\min}$ 和俯仰角 φ 的最小测向误差 $\Delta\varphi_{\min}$ 一定满足 $\Delta\theta_{\min}=\Delta\varphi_{\min}=\Delta\phi$。

由式（3-7）可以把航向角和俯仰角的最小测向误差写为

$$\Delta\phi=\frac{\Delta\eta\times\lambda}{2\pi l\cos\phi}=\frac{\lambda}{2\pi\times 2r\times\cos\phi\times\sqrt{N\times \mathrm{SNR}}}=\frac{\lambda}{4\pi r\cos\phi\sqrt{N\times \mathrm{SNR}}}\tag{3-44}$$

式中：$\Delta\eta$ 为鉴相器输出的相位差测量误差；l 为两个天线阵元间距；ϕ 为入射信号角度。

如图 3.14 所示，假设 L_1 为基线 $\boldsymbol{BA}$ 的长度，它在 X 轴的投影分量为 $\boldsymbol{BE}$，在 Y 轴的投影分量为 $\boldsymbol{BD}$。同样假设 L_2 为基线 $\boldsymbol{CA}$ 的长度，它在 X 轴的投影分量为 $\boldsymbol{CF}$，在 Y 轴的投影分量为 $\boldsymbol{CG}$。定义 $\boldsymbol{BA}$ 与 $\boldsymbol{BE}$（X 轴）的夹角为 ε；$\boldsymbol{CA}$ 与 $\boldsymbol{CF}$

（X 轴）的夹角为 ξ。基线 1–2、1–3 在 Y 轴的等效投影长度可以用下式表示：

$$L_\theta = \frac{L_1\sin\varepsilon + L_2\sin\xi}{2} \tag{3-45}$$

基线 1–2、1–3 在 X 轴的等效投影长度可以用下式表示：

$$L_\varphi = L_1\cos\varepsilon + L_2\cos\xi \tag{3-46}$$

根据式（3-44），可知测向误差与基线的长度是反比关系，即

$$\frac{1}{2r} \propto \Delta\theta_{\min}; \quad \frac{1}{L_\theta} \propto \Delta\theta \tag{3-47}$$

所以航向角 θ 的测向误差就可以写为

$$\Delta\theta = \frac{4r}{L_1\sin\varepsilon + L_2\sin\xi}\Delta\theta_{\min} = \frac{\lambda}{\pi(L_1\sin\varepsilon + L_2\sin\xi)\cos\theta\sqrt{N \times \mathrm{SNR}}} \tag{3-48}$$

类似地，俯仰角的测向误差 φ 可以表示为

$$\Delta\varphi = \frac{2r}{L_1\cos\varepsilon + L_2\cos\xi}\Delta\varphi_{\min} = \frac{\lambda}{2\pi(L_1\cos\varepsilon + L_2\cos\xi)\cos\varphi\sqrt{N \times \mathrm{SNR}}} \tag{3-49}$$

为了对误差分析进行进一步的简化，假设基线 1–2、1–3 具有相同的长度 L，所以式（3-48）、式（3-49）可以化简为

$$\Delta\theta = \frac{2r}{L\sin\varepsilon}\Delta\theta_{\min}; \quad \Delta\varphi = \frac{r}{L\cos\varepsilon}\Delta\varphi_{\min} \tag{3-50}$$

考虑这样一种实际工程中可能发生的情况，要求 $\Delta\theta = n\Delta\varphi$，通过简单的换算，可得

$$\tan\varepsilon = \frac{2}{n}; \quad |BE| = \frac{4n}{n^2 + 4}r \tag{3-51}$$

在这种情况下，只要知道航向角 θ 和俯仰角 φ 测向误差之间的关系，天线阵元大致的摆放位置就可以通过类似上述简单的计算来求得。

3.4.2 计算机仿真实验分析

仿真条件：天线盘的半径为 100mm，信噪比为 20dB，相位差平均次数 N=10，入射信号频率 f=3GHz，方位角 α 的覆盖范围为 0°~360°，步长间隔为 10°。假设 X 轴为 0°，天线到天线盘圆心的连线与 X 轴正向的夹角为 γ。绕 X 轴逆时针转动的夹角为正，顺时针为负。天线阵元 2 的位置摆放在 $\gamma_2 \in$ (90°~270°)，天线阵元 3 的位置摆放在 $\gamma_3 \in$ （90°~−90°），设置搜索步长为 1°。

实验 3　天线阵元位置变化以及存在通道不一致时对测向误差的影响

在本仿真中假设通道不一致度为 10°，即在 3 个天线阵元之间加入附加的相位差误差，10°为最大误差值。图 3.15 给出方位角 α 和仰角 β 随着天线阵元 2、3 位置变化时它们的联合测向误差的变化情况。图 3.15（a）给出了不存在通道不一致时天线 2、3 位置变化对联合测向误差的影响。通过精确搜索可以得出，当

天线阵元 1、2、3 摆放形式构成等边三角形时，方位角 α 和仰角 β 的联合测向误差达到最小值 0.1887。当天线阵元摆放为其他形式时，联合测向误差都比等边三角形摆放时要大。当阵元 2 和 3 同时向阵元 1 移动时或者同时向 $\gamma=270°$移动时，联合测向误差都会逐渐变大，但是后者变化趋势相比前者要小得多。比较图 3.15（a）和图 3.15（b）可以看出，通道不一致对测向误差影响较大，要尽可能地减小通道不一致性，以保证系统的测向精度。

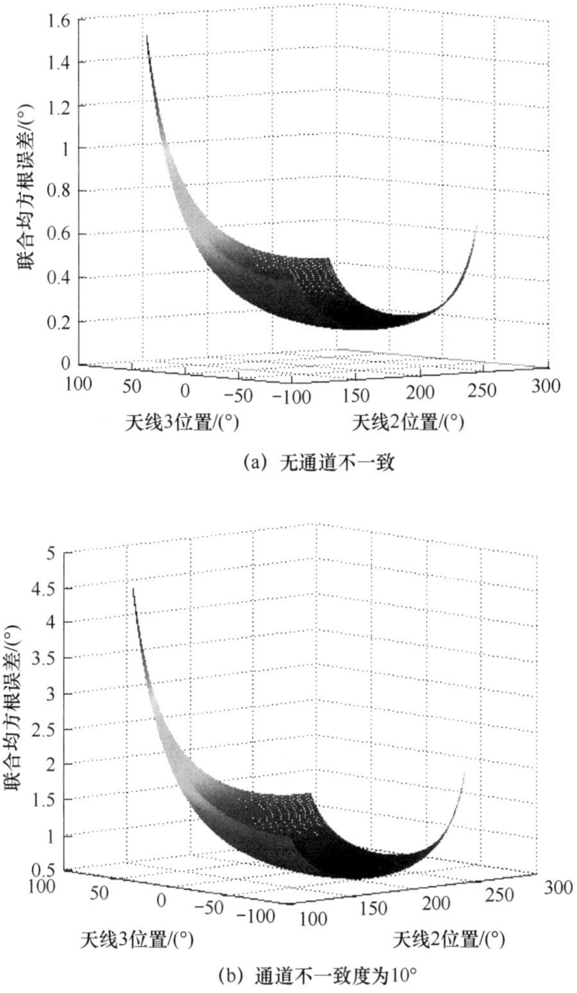

图 3.15　方位角 α 和仰角 β 联合测向误差

实验 4　阵列摆放形式与测向误差之间的关系

如图 3.16 所示，图中给出了 3 种不同的天线阵元摆放形式。其中图 3.16（a）天线阵元 1、2、3 摆放成等边三角形；图 3.16（b）天线阵元 1、2、3 摆放成直角三角形，基线 2-3 过圆心；图 3.16（c）中天线阵元 2、3 摆放位置关于 Y 轴对称，阵元 1 位于 Y 轴正向与圆周的交点上，3 个天线阵元构成等腰三角形。

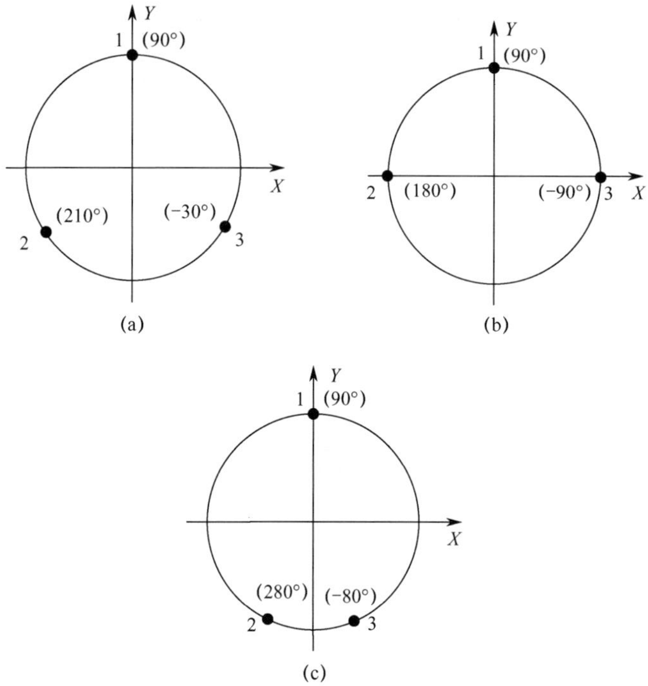

图 3.16　3 种天线阵列摆放形式示意图

利用式（3-39），通过简单的数学运算，可以得到图 3.16 所示的 3 种不同阵列摆放形式下的测向误差，这里只考虑方位角 α 和仰角 β 的测向误差（也就是 $\Delta\alpha$ 和 $\Delta\beta$）。理论计算得到的测向误差如表 3.2 所列，通过计算机仿真得到的测向误差如表 3.3 所列。从表 3.2 和表 3.3 中可以看出，不同阵列的理论计算所得的测向误差的大小关系与计算机仿真的相同，从而验证理论分析的正确性。从表 3.2 和表 3.3 中可以看出，方向角 α 的测向误差 $\Delta\alpha$、仰角 β 的测向误差 $\Delta\beta$ 与阵列的周长成反比，但是无法得到测向误差与周长的定量关系。在实际测向系统应用中，通过合理地运用这条规律，在实际的摆放中尽量增大阵列的周长，用以提高实际系统的测向精度。

表 3.2　3 种阵列形式的理论测向误差（单位:°）

测向误差	a	b	c
方位角 α 误差 $\Delta\alpha$	0.19	0.23	0.65
仰角 β 误差 $\Delta\beta$	0.03	0.04	0.12
阵列周长/mm	5.2r	4.8r	4.33r

表 3.3　3 种阵列形式的仿真测向误差（单位:°）

测向误差	a	b	c
方位角 α 误差 $\Delta\alpha$	1.25	1.46	5.10
仰角 β 误差 $\Delta\beta$	0.22	0.29	0.72
阵列周长/mm	5.2r	4.8r	4.33r

实验 5　半径波长比与测向误差之间的关系

为了分析半径波长比和测向误差之间的关系，图 3.17 给出了在仰角为 $\beta=80°$时，不同半径波长比在不同信噪比下的航向角与俯仰角联合测向误差的情况。通过比较图 3.17（a）和图 3.17（b），可以看出，通过理论计算得到的联合测向误差与仿真得到的测向误差的趋势完全吻合，验证了理论分析的正确性。从图 3.17 中可以看出，随着信噪比的逐渐增大，联合测向误差逐渐减小。在相同信噪比条件下，增大半径波长比，测向误差也会随之减小。这就表明，如果保持天线盘的半径不变，入射信号的波长越短，测向误差越小。通常情况下，被动测向系统无法决定入射信号的波长，如果想减小系统的测向误差，可以在前期设计过程中适当增大天线盘的孔径。

实验 6　航向角和俯仰角测向误差定量分析的仿真验证

为了确保 3.4.1 节理论分析的正确性，下面首先对测向最小误差进行验证，也就是航向角 θ 的测向误差最小值 $\Delta\theta_{\min}$ 与俯仰角 φ 的测向误差最小值 $\Delta\varphi_{\min}$ 是否相等。由于要达到航向角 θ 的最小测向误差 $\Delta\theta_{\min}$ 是不可能的，所以天线阵元 2、3 分别摆放在位置 $\gamma_2=260°$和 $\gamma_3=280°$处，来逼近理想的阵元位置摆放。

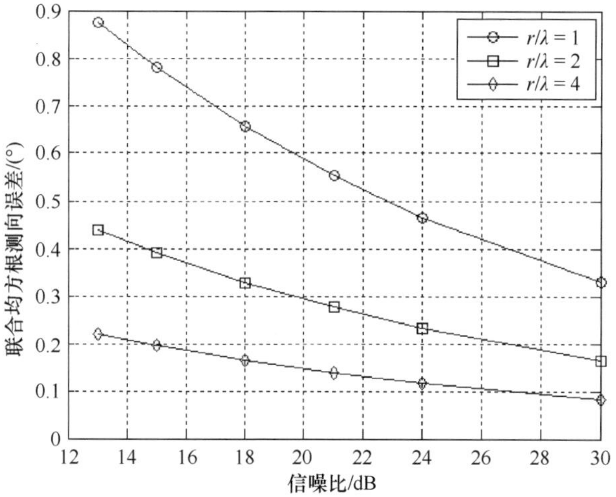

(a) 理论误差

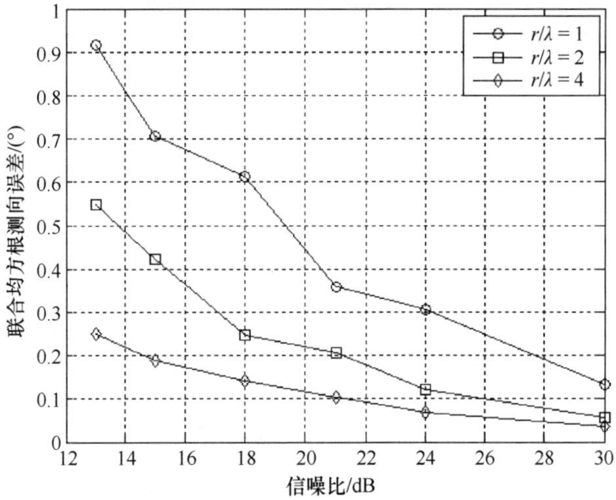

(b) 仿真误差

图 3.17　半径波长比对测向误差影响的分析

图 3.18 给出了在仰角为 $\beta=80°$时，在方位角范围 0°~360°的条件下，最小测向误差的比较情况。从图 3.18 可以看出，航向角 θ 的测向误差最小值 $\Delta\theta_{\min}$ 与俯仰角 φ 的测向误差最小值 $\Delta\varphi_{\min}$ 可以认为基本相等，从而验证了理论分析的正确性。

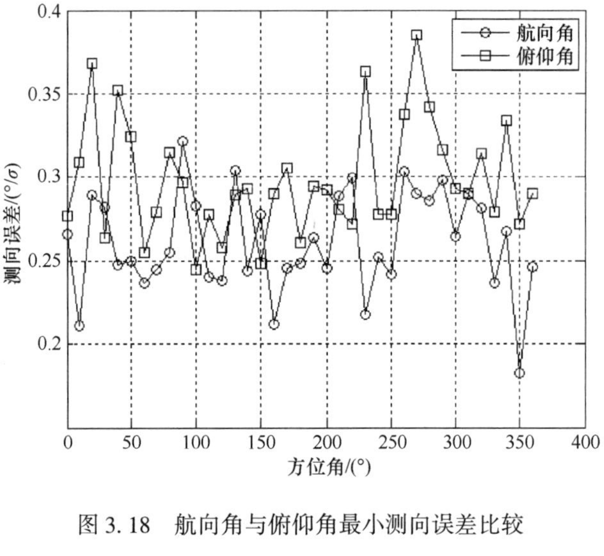

图 3.18　航向角与俯仰角最小测向误差比较

下面在几种特殊情况下，验证理论分析的正确性。

情况 1：航向角 θ 与俯仰角 φ 具有相同的测向误差，即 $\Delta\theta=\Delta\varphi$，通过简单的数学推导可得

$$\tan\varepsilon = 2 \quad |BE| = \frac{4}{5}r \tag{3-52}$$

情况 2：航向角 θ 的测向误差是 2 倍的俯仰角 φ 的测向误差，$\Delta\theta = 2\Delta\varphi$，同样得

$$\tan\varepsilon = 1 \quad |BE| = r \tag{3-53}$$

在情况 1 中，天线阵元 2 和 3 的位置分别在 $\gamma_2 = 216°$和 $\gamma_3 = -36°$处。仿真结果如图 3.19（a）所示，可以看出，方位角在 0°～360°范围内，航向角 θ 的测向误差 $\Delta\theta$ 与俯仰角 φ 的测向误差 $\Delta\varphi$ 是基本相等的。

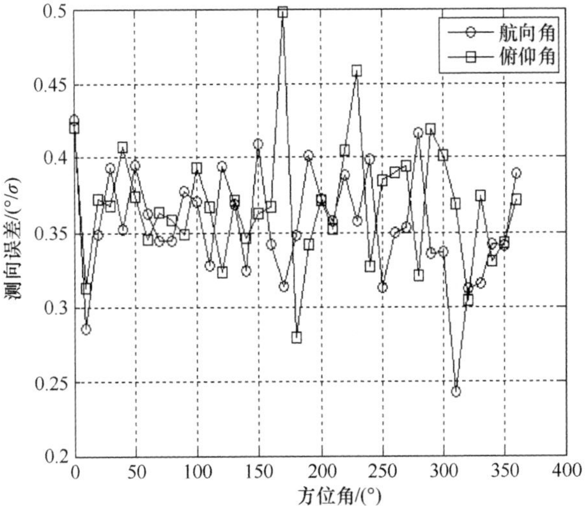

(a) 情况1下的测向误差比较图

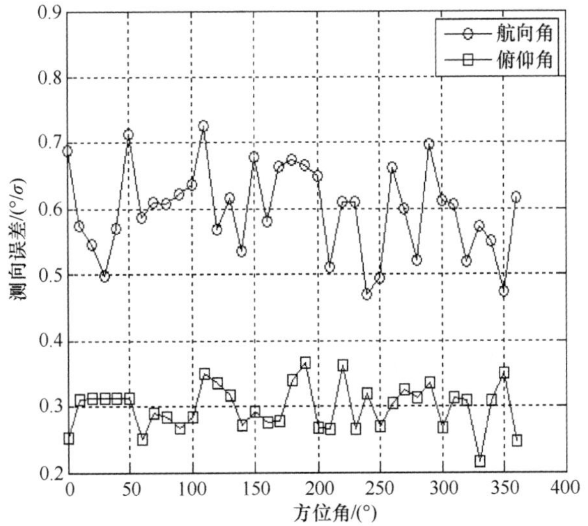

(b) 情况2下的测向误差比较图

图 3.19　航向角与俯仰角误差比较

在情况 2 中，天线阵元 2 和 3 的位置分别在 $\gamma_2=180°$和 $\gamma_3=0°$处。仿真结果如图 3.19（b）所示，可以看出，方位角在 0°～360°范围内，航向角 θ 的测向误差 $\Delta\theta$ 与俯仰角 φ 的测向误差 $\Delta\varphi$ 基本满足关系 $\Delta\theta=2\Delta\varphi$。

综上所述，定量地分析航向角和俯仰角的理论测向误差，并通过仿真验证了分析结果的正确性。可见，如果给出相应的测向技术指标，如误差角度之间的关系等，利用上述方法，通过简单的数学计算就可以将天线阵元的位置大致确定下来，为实际的工程应用提供参考。

3.5 共形天线超宽频带波达方向估计

干涉仪测向方法[227-230] 可以用于超宽频带测向[231-236]。文献［236］中所提的方法不需要网格搜索，除此之外，估计结果是一个闭式解，能够在要求较高实时性的地方发挥优势。文献［227-230］中所提算法要求天线在同一平面上。然而，当共形天线安装在飞行器表面时，天线阵元可能不在同一个平面上，因此上述干涉仪测向方法不能有效地工作。

平面和立体阵列的波场模型在文献［237］被构建，阵列的输出可以写成一个波场独立采样矩阵和一个阵列系数向量的乘积。然而，由于希尔伯特空间（Hibert Space）是无限维的，因此存在截断误差，阵列的内插误差也是存在的。在文献［238］中一个球面阵列的互耦影响被瞬时的电流密度影响。由于互耦的影响，所有其他偶极子阵元所产生的电流会反过来影响当前阵元中的电流分布。基于波场模型，一些计算有效的算法在文献［239］中被提出来。Root-MUSIC 算法被拓展到三维阵列和波场中，然而截断误差和阵列内插误差存在，会影响 DOA 估计的精度。阵列内插的精度与内插扇区的范围有关。

3.5.1 LDPA 在共形天线中的应用

作为共形在载体表面的共形天线，文献［2］中指出对数周期天线（Log-periodic DiPole Antenna，LDPA）是很好的选择。LDPA 的带宽非常宽，而且与一般的平面螺旋天线相比，它的增益要高出很多。LDPA 是具有频率不变性的超宽频带天线。一般来说，LDPA 可以在 10∶1 的带宽或者更大的频率范围内保持自身的电特性不变。除此之外，天线的安装也很大程度上得到简化，不会破坏载体的机械结构。LDPA 的结构示意图如图 3.20 所示。天线包含 N 个平行的线性振子。决定天线特性的定义式可表示为

$$\tau=\frac{d_p}{d_{p+1}}=\frac{L_p}{L_{p+1}}=\frac{R_p}{R_{p+1}},\ p=1,\ 2,\ \cdots,\ N \tag{3-54}$$

式中：d_p 为第 p 个振子和第 $p+1$ 个振子之间的距离；L_p 为第 p 个单元振子的长度；R_p 为第 p 个振子到天线虚拟顶点的距离。其中收缩因子 τ 和结构角度 η 决定

了 LDPA 的整个结构。当 τ 和 η 确定后，LDPA 的几何结构也就固定下来。间距长度比 σ 定义为 $\sigma = d_p/2L_{p+1}$。τ、η 和 σ 之间的关系为 $\eta = 2\arctan[(1-\tau)/4\sigma]$，只要其中两个参数已知，天线的几何结构就确定了。

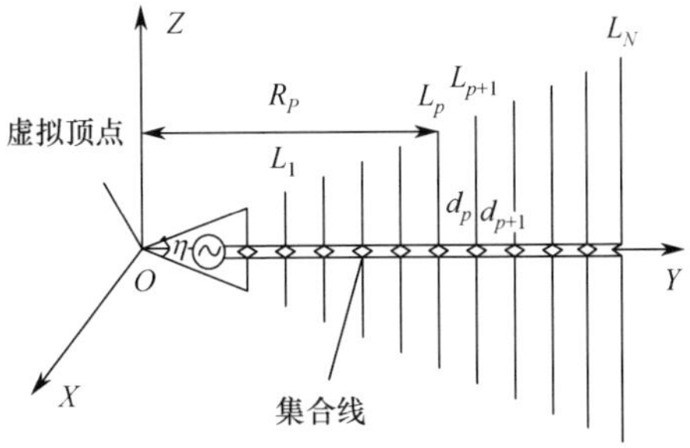

图 3.20　LDPA 的结构示意图

然而 LDPA 不存在真正的相位中心，但是存在一个虚拟的相位中心。相位中心位于活动区域，频率改变时，相位中心会沿着集合线移动。可以用数字接收机测量接收到入射信号的频率。天线在载体表面的安装位置确定之后，借助于 HFSS 仿真软件或者在微波暗室里面对天线进行实际测试，在不同的频率点处得到虚拟相位中心的位置，频率的步长可以根据技术指标的需要来设置，如 KHz、MHz、GHz 等。频率点和相应的虚拟相位中心的位置信息可以存储在数据管理中心内，虽然需要处理的数据量很大，但是它是一个不需要实时处理的“离线”处理过程，可以进行预处理，将数据进行存储，在需要时进行调用。图 3.21 给出了 LDPA 安装在飞行器载体表面的示意图。

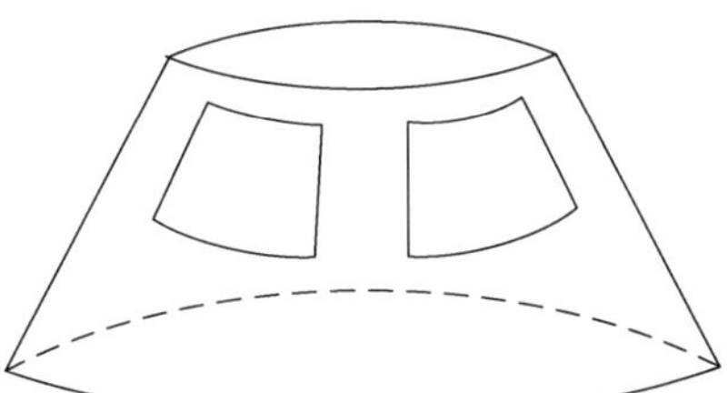

图 3.21　LDPA 安装在飞行器载体表面的示意图

基于平面阵列和立体阵列的立体基线测向方法已经在 3.3 节中进行了详细的介绍，这里不再赘述，下面主要介绍将其应用于共形阵列天线的方法。

3.5.2　虚拟基线方法构建虚拟阵元

虚拟阵元是通过真实阵元创建的。本质上，虚拟阵元是不存在的，它是通过不同相位差之间的差来构建的。虚拟阵元的思想是希望更多的信息可以被用来进行测向，阵元摆放也更加灵活。如果虚拟基线的长度很短，那么模糊值就会比使用真实基线要少很多，这样会很大程度上降低轮换比对法（3.3.4 节）的计算复杂度。

为了用一种简单的方式来解释如何构建虚拟阵元，天线阵元 E 和 F 分别摆放在 X 轴和 Y 轴上，M 是另外一个天线阵元。虚拟阵元 G 和 H 利用真实阵元 E 和 F 构建，如图 3.22 所示。其中真实阵元为 E、F 和 M，用黑点来表示；虚拟阵元为 G、H 和 N，用空心圆来表示。

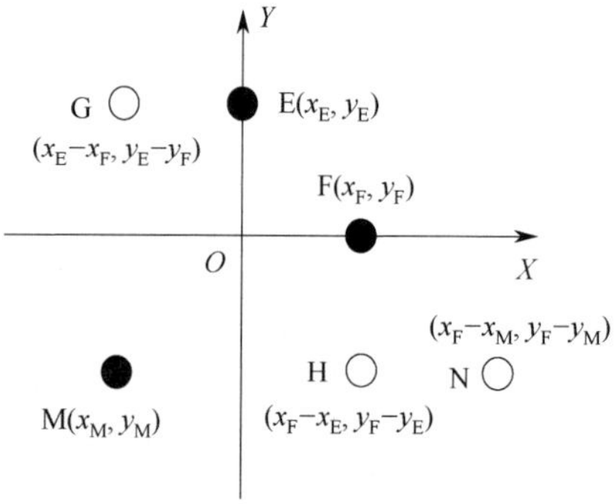

图 3.22　真实阵元和虚拟阵元的位置

根据基于平面阵列的立体基线测向方法的原理，阵元 E、F 之间和阵元 F、M 之间的相位差可以写为

$$\phi_{FE} + 2k_i\pi = \frac{2\pi}{\lambda}[(x_E - x_F)\cos\beta\cos\alpha + (y_E - y_F)\cos\beta\sin\alpha] \tag{3-55}$$

$$\phi_{MF} + 2k_i\pi = \frac{2\pi}{\lambda}[(x_F - x_M)\cos\beta\cos\alpha + (y_F - y_M)\cos\beta\sin\alpha] \tag{3-56}$$

式中：$k_i = 0, \pm1, \pm2\cdots$。将式（3-55）和式（3-56）左右两端同时相减，虚拟阵元 G 和 H 之间的相位差可以表示为

$$\begin{aligned}\phi_{GN} &= \phi_{FE} - \phi_{MF} + 2k_1\pi \\ &= \frac{2\pi}{\lambda}[(x_E + x_M - 2x_F)\cos\beta\cos\alpha + (y_E + y_M - 2y_F)\cos\beta\sin\alpha]\end{aligned} \tag{3-57}$$

式（3-23）中的方程可以用式（3-57）代替，进而求解方程组。通过虚拟基线方法的使用，天线阵元接收到的数据会得到充分而有效的应用。

3.5.3　共形天线立体基线测向方法

1. 预处理−子阵分割技术

由于金属的遮挡，会产生“阴影效应”，它主要是指从某些特殊角度入射的信号，由于金属载体的遮挡，会使部分天线阵元接收不到信号。子阵分割技术就是当信号入射的时候，要保证至少有1个子阵能接收到信号。为了对子阵分割技术有一个大致的了解，如图3.23所示，对于柱面的弹体表面，子阵分割技术应该能过保证每个子阵的覆盖范围至少大于等于 $\pi/2$。摆放在第一象限圆弧上的是4个真实的天线阵元，用黑点来表示；其余12个空心圆为虚拟阵元。如果有 n 个天线，利用虚拟基线方法可以构建 A_n^2 个虚拟阵元。真实阵元和虚拟阵元都可以用来进行测向。测向算法的细节可在3.3节找到。

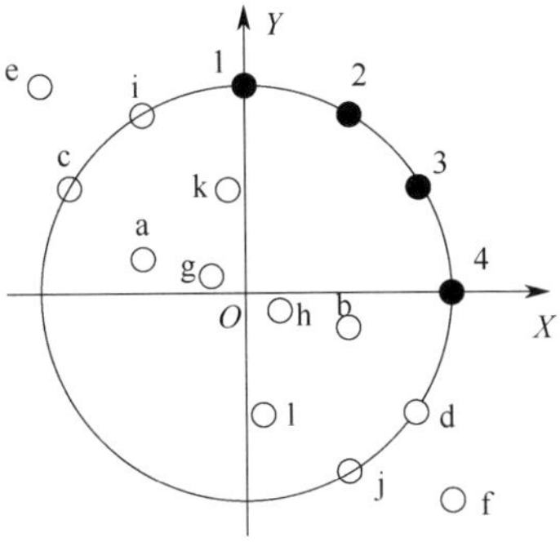

图3.23　扩展的虚拟阵元

2. 算法步骤

虚拟基线算法结合基于立体阵列的立体基线测向方法，二维的超宽频带测向算法步骤总结如下：

步骤1　根据复杂载体的实际情况，合理地在其表面安装共形天线阵元，在每个子阵测向过程中，2组基线组合构成1个子阵，1个基线组合由4个天线阵元（包括虚拟阵元）构成；

步骤2　在第1个基线组合中，通过求解式（3-28）的方程组，可以得到一组方位角 α 和仰角 β，镜像模糊可以通过判断 γ_1、γ_2 的正负来解决，这样会得到一组含有模糊值的方位角 α 和仰角 β 的解；

步骤3　对第2组基线组合，重复步骤2；

步骤4　根据式（3-33）计算两组基线的所有误差结果，将误差值最小的方位角 α 和仰角 β 值作为子阵1的入射信号的真实方向；

步骤5　对其他子阵，重复步骤2~步骤4；

步骤6　比较各个子阵得到的角度信息（由于“遮挡效应”的影响，各个子阵会出现得到错误角度的情况，这时错误角度和真实角度之间一般有较大区别）各个子阵之间角度值最接近的作为真实值，然后对得到真实角度信息的各个子阵取平均，得到最终的入射信号角度信息。

步骤7　通过式（3-10）、式（3-11），将方位角 α 和仰角 β 转换为航向角 θ、俯仰角 φ，即为最终入射信号角度信息。

3.5.4 计算机仿真实验分析

为了验证所提算法的有效性，比较了基于平面阵列和立体阵列的立体基线测向方法与 MUSIC 算法的测向性能，仿真结果和分析阐明如下。

1. 天线阵元摆放模型

如图 3.24（a）所示，为 1 个 12 元均匀圆阵，天线为平面螺旋天线。在图 3.24（b）中，在柱面载体表面的每个象限分别安装 4 个 LDPA 共形天线。虚拟相位中心不在同一个平面上，阵元之间的互耦忽略不计。第一象限中的阵元 $A_1 \sim A_4$ 包含 4 个真实阵元和 12 个虚拟阵元，它们被划分为第 1 个子阵。天线阵元 $A_2 \sim A_5$ 被划分为第 2 个子阵，按照这种划分方式，12 元均匀圆阵可以划分为 9 个子阵。

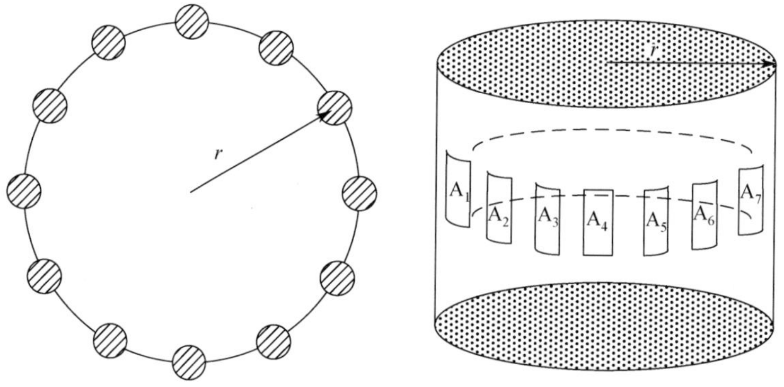

(a) 基于平面螺旋天线的平面阵列　　(b) 基于LDPA的立体阵列

图 3.24　天线位置摆放

2. 仿真结果

仿真条件如下：天线盘半径为 200mm；入射信号频率范围为 1～15GHz，在每次实验中，只考虑一个入射信号，入射信号的方位角和俯仰角分别为（45°，60°）和（45°，80°）。实验中的均方根误差为对航向角的测向误差统计结果，俯仰角与其类似，不再赘述。

实验 7　不同频率下两种算法解模糊概率比较

入射信号的仰角分别为 $\beta=80°$ 和 $\beta=60°$，信噪比固定为 14dB，相位差平均次数 N 为 20，进行 200 次蒙特卡罗实验。解模糊概率如图 3.25 所示。

从图中可以看出，在仰角 $\beta=80°$时，立体阵列和平面阵列的解模糊概率都要大于 86%。较高的解模糊概率证实了本节提出的方案可以在超宽频带内实现无模糊测向。如图 3.25 所示，随着频率的增高，解模糊概率有下降的趋势。这是因为在从模糊值中比较选取真实值时，在高频段模糊值的数量相对较多。因此处理过程更加复杂和困难，所以出现了上述的情况。从式（3-28）可以对此现象有更深入直观的理解。如果方程右边的波长 λ 变短，也就是频率增高，很明显，方程左边的 k 值会增大，模糊数也随之增加。比较图 3.25（a）和图 3.25（b），可以很明显地看出在 $\beta=60°$ 时的解模糊概率小于 $\beta=80°$，这是因为在 $\beta=60°$ 时入射信号到两个天线阵元之间的波程差要大于 $\beta=80°$，因此引起了相位差模糊值的增多。所以在 $\beta=60°$ 时，解模糊概率较低。

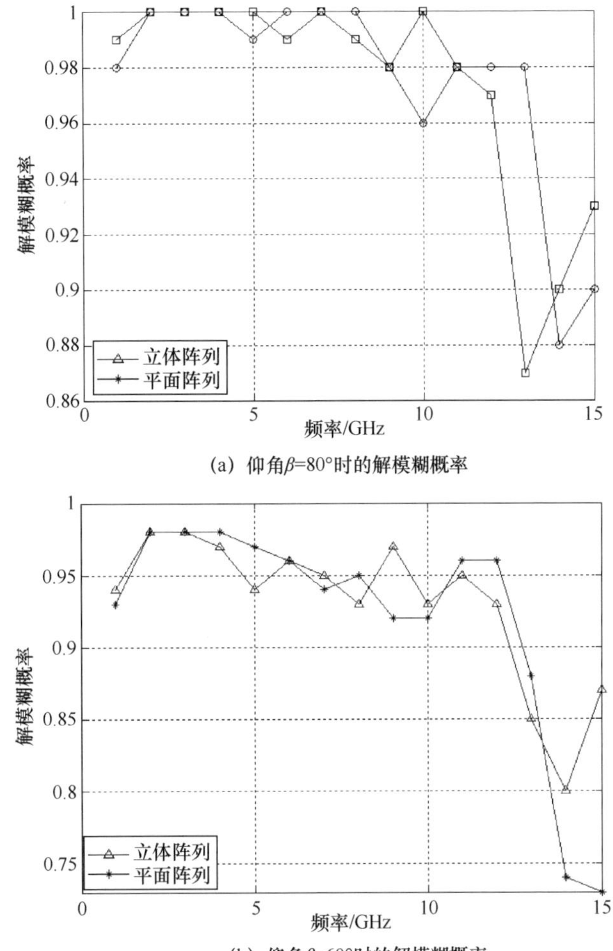

(a) 仰角 β=80°时的解模糊概率

(b) 仰角 β=60°时的解模糊概率

图 3.25 不同频率下解模糊概率比较

实验 8 不同频率和信噪比条件下两种算法均方根误差比较

入射信号仰角分别为 $\beta=80°$ 和 $\beta=60°$，入射信号频率范围为 1～15GHz，相位差平均次数为 $N=40$，200 次蒙特卡罗实验结果如图 3.26 所示。从图 3.26 可以看出，随着信噪比的增加，两种阵列的均方根误差都在减小，也就是说，提高信噪比可以提高两种阵列的测向精度。在相同的信噪比条件下立体阵列的均方根误差相比平面阵列要大。这主要是由于立体阵列中虚拟阵元进行了多次相位差加减操作所致。如式（3-57）所示，为了阐明这一点，假设 $\Delta\phi_{FE}$ 代表相位差 ϕ_{FE} 的测量误差；$\Delta\phi_{MF}$ 代表相位差 ϕ_{MF} 的测量误差。那么 $\Delta\phi_{GN}$ 就近似于 $\Delta\phi_{FE}$ 与 $\Delta\phi_{MF}$ 相加或者相减，即 $\phi_{GN}\approx\phi_{FE}\pm\phi_{MF}$。很显然，虚拟基线方法可能会影响测向精度。比较图 3. 26（a）和图 3. 26（b）可以看出，在 $\beta=80°$时的均方根误差要小于在 $\beta=60°$时的。主要原因就是入射信号在 $\beta=60°$时离视轴方向更远，太多的模糊值导致均方根误差增大。

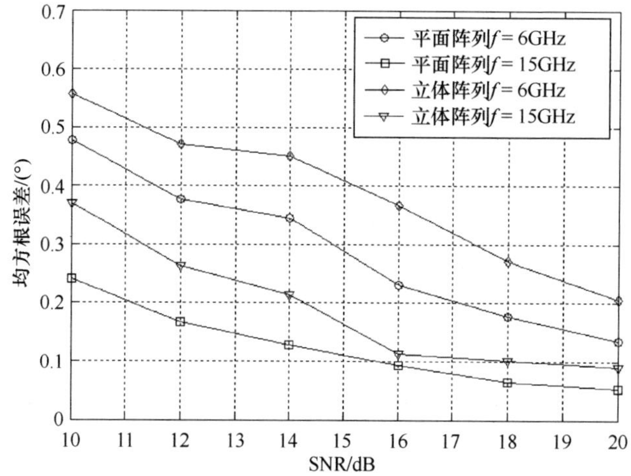

(a) β=80°时不同信噪比下均方根误差比较

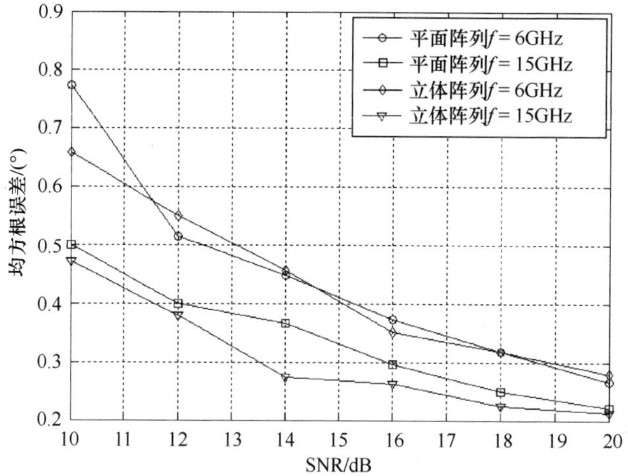

(b) β=60°时不同信噪比下均方根误差比较

图 3. 26　不同信噪比下均方根误差比较

实验 9　不同频率和方位角条件下两种算法均方根误差比较

入射信号仰角 $\beta=80^\circ$，频率分别为 6GHz 和 15GHz，信噪比为 20dB，相位差平均次数 $N=40$。200 次蒙特卡罗实验结果如图 3.27 所示。可以看出，在低频段的均方根误差要大于高频段的。频率越高，均方根误差越小，这与 3.4.2 节实验五的仿真分析相一致。立体阵列的均方根误差比平面阵列的要大一些，这主要是多次的相位差加减增大了测向的误差。

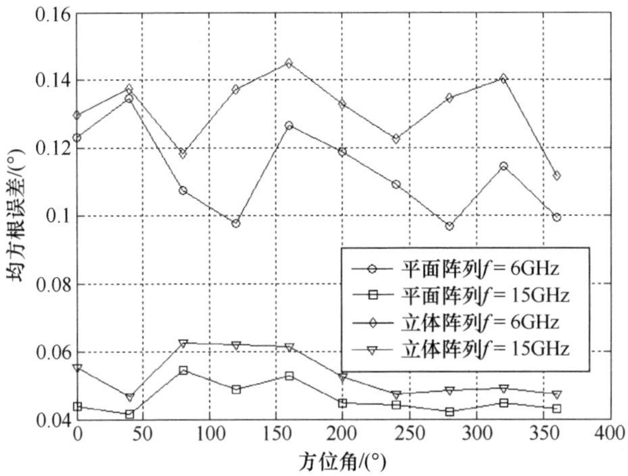

图 3.27　不同方位角下均方根误差比较

实验 10　不同仰角条件下两种算法均方根误差比较

入射信号方位角为 $\alpha=45^\circ$，频率为 6GHz。仰角 β 的变化范围为 $\pi/4\sim\pi/2$，其他仿真条件同实验 9。仿真结果如图 3.28 所示。当仰角增大的时候，测向误差

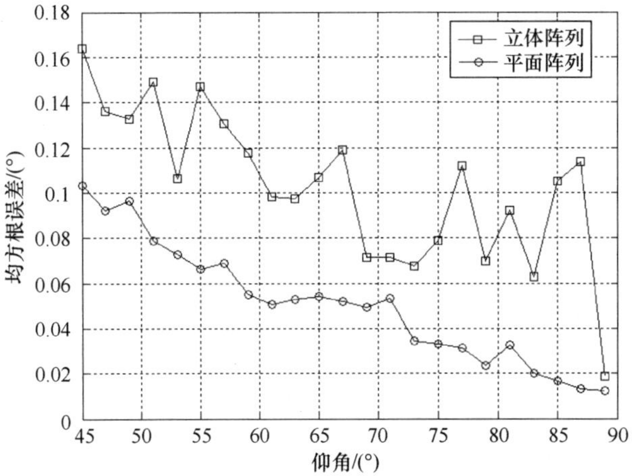

图 3.28　不同仰角下均方根误差比较

减小，同时立体阵列的测向误差比平面阵列的大一些，这样的结果与 3. 5. 4 节的误差分析相一致。

实验 11　两种算法与 MUSIC 算法 CPU 运算时间比较

入射信号方位角和仰角为（45°，80°），3 种算法的 CPU 运行时间如表 3. 4 所列。仿真过程中使用的 PC 是 Intel Core 3. 4GHz，16GB RAM，信噪比为 20dB，入射信号频率为 8GHz。对 3 种算法分别进行 100、200、500 次蒙特卡罗实验。可以看出，基于平面阵列的立体基线算法运行速度最快，MUSIC 算法最慢。基于立体阵列的立体基线算法运行速度在它们之间。这是因为立体阵列的算法在矩阵求逆上面花费较多时间。MUSIC 算法的特征分解和谱峰搜索的运算量相比另外两种算法要大得多。

表 3. 4　3 种算法的 CPU 运行时间

仿真次数	平面阵列	立体阵列	MUSIC 算法
100	0. 54s	4. 53s	20. 06s
200	0. 94s	9. 05s	41. 79s
500	2. 22s	22. 29s	108. 10s

假设测向系统的功率是 P_t。对于 100 次蒙特卡罗实验来说，平面阵列、立体阵列、MUSIC 算法的能量损耗分别为 $0.54P_t$、$4.53P_t$、$20.06P_t$。如果测向系统的能量是一定的，那么平面阵列和立体阵列算法的运行时间要比 MUSIC 算法长很多，因此本章所提算法表现得比 MUSIC 算法更加优异，具有更低的能量消耗。

3.6　小结

在现代的电子战中，电磁环境越来越复杂，对被动雷达导引头的制导精度提出了更高的要求，采用多模复合制导是一个合理的选择。因此要求天线的摆放更加灵活，同时不占用其他模式制导的孔径，这对现有的基于平面阵列的立体基线测向方法是一个巨大的挑战。本章首先对相位干涉仪测向过程中测角精度与测向模糊这一对矛盾的问题进行了分析。其次，介绍了现有的基于平面阵列的立体基线测向方法，为了进一步地放宽对天线摆放的限制提出了基于立体阵列的立体基线测向方法，利用矩阵求逆的思想，使得天线阵元在理论上可以实现真正在空间的任意摆放。计算机仿真和实际系统测试验证了所提算法的有效性。然后，对基于平面阵列的立体基线测向算法的测向误差进行了理论分析，并通过计算机仿真验证了理论分析的正确性，并且得到以下结论：天线摆放为等边三角形时，方位角和仰角具有最小的联合测向误差；定性地得到三个天线阵元构成三角形的周长与测向误差基本成反比关系；增大半径波长比可以减小测向误差，为实际工程的应用提供参考。最后，基于前面的立体阵列的立体基线测向方法，提出了基于共形天线的立体基线测向方法。结合虚拟基线方法，所提算法采用子阵分割技术获得航向角和俯仰角，计算机仿真表明，基于共形天线的立体基线测向方法和基于平面阵列的立体基线测向方法具有相似的解模糊概率和均方根误差。所提算法适合在利用共形天线的基础上进行超宽频带测向。如果测向系统的能量是有限的，那么所提算法相比 MUSIC 算法能耗低、具有更长的工作时间，适用于实时应用的场合。

第 4 章　任意阵列多目标波达方向估计

4.1　引言

特征子空间类（也称子空间分解类）算法是空间谱估计算法[240-243]中典型的一类算法，该类算法的一个共同的处理特点是通过对阵列接收数据进行数学分解（如特征值分解、奇异分解或 QR 分解等）得到两个相互正交的子空间——噪声子空间和信号子空间。根据算法所利用的子空间的不同可以分为两类：信号子空间类算法和噪声子空间类算法。ESPRIT 算法[243-245]是一种具有代表性的信号子空间类算法，该算法利用各子阵间的旋转不变性来估计信号的波达方向。在工程应用中，ESPRIT 算法的性能受到系统快拍数和信噪比的限制，因此在经典 ESPRIT 算法的基础上，相继出现了一些改进的 ESPRIT 算法。[244] 例如，文献［245］提出的 TLS-ESPRIT 算法，采用的是全局最小二乘技术来估计旋转不变子空间，在低信噪比条件下提高了 ESPRIT 算法的估计性能。文献［246-248］利用对阵列输出的共轭构造新的阵列输出，提出了 C-SPRIT（Conjugate ESPRIT）算法。噪声子空间类最具代表性的算法是 MUSIC 算法[60]，MUSIC 算法根据噪声子空间正交于信号子空间这一原理，通过构造空间谱函数进行信号波达方向估计。文献［249］指出测向系统的分辨力和测向精度受到快拍数和信噪比等因素的影响较大，而快拍数和信噪比等均受限于实际系统本身，故算法性能同样受限[250]。文献［251］将四阶累积量应用到空间谱估计算法中，提高了测角性能，但是四阶累积量本身的计算十分复杂，严重影响了算法的实时性。文献［252，253］通过引入交换矩阵来构造新的协方差矩阵，进而提高 MUSIC 算法的性能，该处理方法等效于对两个协方差矩阵取平均。文献［254］首先得到一个变换矩阵，然后通过阵列扩展构造虚拟的天线阵列，提高了算法性能，但是变换矩阵的计算复杂，并且其计算准确度对测向性能的影响较大。

上述子空间分解类算法都利用的是阵列接收数据的零延时相关构造的协方差矩阵，而在分析阵列接收数据的非零延时相关函数时发现，在非零延时相关函数中也蕴含了入射信号的角度信息，如果能利用这部分信息，那么就可以在一定程度上提高子空间分解类算法的性能。文献［255］提出了一种共轭增强的方法，但是进行预处理时用到的累积量方法运算比较复杂。刘剑等[256,257]提出了二阶预处理的 SO-CAM 算法，但是没有利用全部的延时相关函数的信息，而是仅利用了一部分。为了充分利用这部分信息，本章根据全部天线阵元间的延时相关函数对协方差矩阵进行重新构造，在一维均匀线阵条件下提出了基于延时相关处理的ESPRIT算法（DC-ESPRIT算法），在任意阵列条件下提出了基于延时相关处理的MUSIC算法（DC-MUSIC算法），算法的分辨力和测角精度得到了提高，且不损失阵列孔径。

常规的空间谱估计算法都是假定阵列接收数据中的噪声为统计独立的高斯白噪声。然而，在实际测向系统中，白噪声的假设通常是不成立的，这是由于阵元各通道幅度和相位的不一致、通道内部噪声不一致等因素的影响，会造成天线阵列输出数据的噪声功率不相等，此时阵列接收数据的噪声为非均匀噪声，是色噪声的一种。在非均匀噪声背景下，噪声是不均匀的，常规的空间谱估计算法的性能会出现恶化，甚至失效[258]。因此，色噪声背景下信号波达方向估计是空间谱估计算法中一个比较重要的问题[259,260]。针对阵列接收数据中的噪声是色噪声，空间谱估计算法性能下降的问题，国内外许多学者提出了一些适用于色噪声背景下的算法。常用的一类方法是首先对噪声进行某些特定的假设，然后在这些假设的前提下进行处理，文献［261］在大信噪比的情况下，把噪声方差的不稳定性看作平稳噪声的一个扰动分量，通过对扰动分量进行处理来提高算法的性能。另一类典型的处理方法[262]利用的是信号和噪声的时域特性，即假设信号是非高斯的信号，而噪声是高斯的，然后利用高阶累积量对高斯噪声的抑制作用来提高对非高斯信号的波达方向估计性能，但是高阶累积量的计算和处理都带来了较大的计算量，影响了算法的实时性。还有一些学者也提出了一些适用于色噪声背景下的波达方向估计方法，文献［263］利用已知的权矩阵模拟出噪声协方差矩阵，然后利用极大似然法估计信号波达方向，但是该算法需要高维搜索，计算变得复杂，算法的实时性较差；文献［264］通过阵列之间的协方差矩阵前向、后向平滑消除了色噪声的干扰，但是需要采用两个分置且相互垂直的均匀线性矢量阵列；文献［265］提出了未知非均匀噪声下的最大似然算法估计信号的波达方向，利用迭代循环算法改善了非均匀噪声环境，但是迭代循环使算法变得复杂；文献［266］提出了一种基于噪声子空间解析形式的快速波达方向估计算法，计算量远小于传统的超分辨波达方向估计，但是算法仅对于特殊阵列形式适用；文献［267］通过利用估计的噪声相关矩阵并进行预处理，消除了空间非平稳噪声对算法的影响，但是该方法需要已知信源数，并且在阵元数要大于三倍的信源数时算法适用。

本章提出了一种非均匀噪声背景下的波达方向估计方法，利用三个变换矩阵对数据协方差矩阵进行处理，得到两部分数据：一部分含有噪声，另一部分不含噪声。然后利用这两部分的关系得到噪声协方差矩阵的估计。最后利用噪声协方差矩阵的估计对接收数据进行标准化处理，使得接收数据包含的非均匀噪声变成了零均值并且各阵元之间功率相等的白噪声。这样就可以将非均匀噪声下的波达方向估计转变成白噪声下的波达方向估计，克服了非均匀噪声对算法性能的影响。

4.2 延时相关原理

下面对阵列接收数据的非零延时相关函数进行分析说明。

假设分布在空间的天线阵列由 M 个各向同性的天线组成，在远场有 D 窄带信号入射，信号之间相互独立，以参考阵元为坐标原点建立空间直角坐标系，噪声为均值为零、方差为 σ^2 的加性高斯白噪声。阵列接收数据可以写成矩阵矢量形式：

$$\boldsymbol{X}(t)=\boldsymbol{A}(\theta,\ \varphi)\boldsymbol{S}(t)+\boldsymbol{N}(t) \tag{4-1}$$

式中：$\boldsymbol{X}(t)$为 $M\times1$ 维的阵列接收数据矢量；$\boldsymbol{S}(t)$为 $D\times1$ 维的信号矢量；$\boldsymbol{N}(t)$为 $M\times1$ 维的噪声矢量；$\boldsymbol{A}(\theta,\varphi)=[\boldsymbol{a}_1,\boldsymbol{a}_2,\cdots,\boldsymbol{a}_D]$为 $M\times D$ 维的导向矢量阵，且$\boldsymbol{A}(\theta,\varphi)$的第 i 列$(i=1,2,\cdots,D)$为

$$\boldsymbol{a}_i=\begin{bmatrix}\exp(-\mathrm{j}\mu_{1i})\\ \exp(-\mathrm{j}\mu_{2i})\\ \vdots\\ \exp(-\mathrm{j}\mu_{Mi})\end{bmatrix} \tag{4-2}$$

式中：$\mu_{mi}=\dfrac{2\pi}{\lambda}(x_m\cos\theta_i\cos\varphi_i+y_m\sin\theta_i\cos\varphi_i+z_m\sin\varphi_i)$，$m=1,2,\cdots,M$，为第 m 个天线与原点之间的波程差。

如图 4.1 所示，在直角坐标系中，天线阵列中任意两个阵元，如第 m 和第 n 个阵元$(m,n=1,2,\cdots,M)$的坐标分别为(x_m,y_m,z_m)和(x_n,y_n,z_n)。第 i 个入射信号由 $\boldsymbol{OS}_i$ 方向入射到该天线阵，入射信号的方位角为 θ_i，俯仰角为 φ_i。第 m 和第 n 个$(m,n=1,2,\cdots,M)$阵元的接收数据为

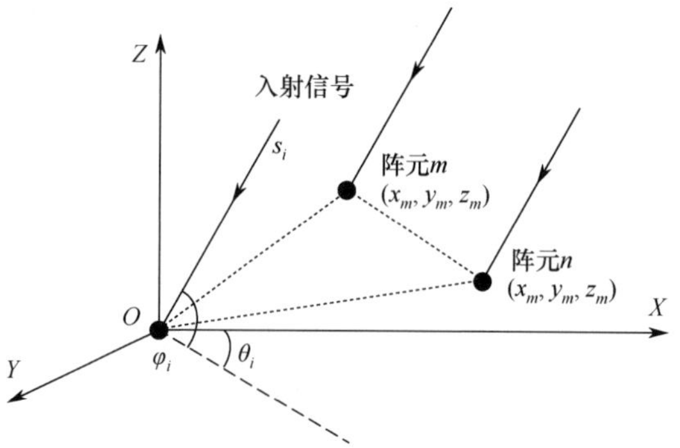

图 4.1　空间第 m 个和第 n 个阵元的位置示意图

$$\begin{cases} x_m(t) = \sum_{i=1}^{D} s_i(t)\exp(-j\mu_{mi}) + n_m(t) \\ x_n(t) = \sum_{i=1}^{D} s_i(t)\exp(-j\mu_{ni}) + n_n(t) \end{cases} \tag{4-3}$$

可以把式（4-3）写成以下形式：

$$\begin{cases} x_m(t) = \boldsymbol{A}_m\boldsymbol{S}(t) + n_m(t) \\ x_n(t) = \boldsymbol{A}_n\boldsymbol{S}(t) + n_n(t) \end{cases} \tag{4-4}$$

式中：矩阵 $\boldsymbol{A}_m$ 和 $\boldsymbol{A}_n$ 分别为导向矢量阵 $\boldsymbol{A}(\theta,\varphi)$ 的第 m 和 n 行，即

$$\begin{cases} \boldsymbol{A}_m = [\exp(-j\mu_{m1}),\ \exp(-j\mu_{m2}),\ \cdots,\ \exp(-j\mu_{mD})] \\ \boldsymbol{A}_n = [\exp(-j\mu_{n1}),\ \exp(-j\mu_{n2}),\ \cdots,\ \exp(-j\mu_{nD})] \end{cases} \tag{4-5}$$

构造第 m 和第 n 个阵元（$m,n=1,2,\cdots,M$）接收数据的延时相关函数为

$$\begin{aligned} f_{x_mx_n}(\tau) &= E[x_m(t)x_n^*(t-\tau)] \\ &= \sum_{i=1}^{D} E[s_i(t)s_i^*(t-\tau)]\exp[-j(\mu_{mi}-\mu_{ni})] + E[n_m(t)n_n^*(t-\tau)] \\ &= \sum_{i=1}^{D} R_{s_i}(\tau)\exp[-j(\mu_{mi}-\mu_{ni})] + R_{n_mn_n}(\tau),\quad \tau > 0 \end{aligned} \tag{4-6}$$

式中：$R_{s_i}(\tau)=E[s_i(t)s_i^*(t-\tau)]$ 和 $R_{n_mn_n}(\tau)=E[n_m(t)n_n^*(t-\tau)]$ 分别为入射信号 $s_i(t)$ 的自相关函数和噪声的互相关函数。

入射信号为窄带的远场信号，假设信号的带宽为 B 并且在时间上的相关长度充分长，故有 $R_{s_i}(\tau)=E[s_i(t)s_i^*(t-\tau)]\neq 0$。这里取时延 τ 远小于 $1/B$[257]（仿真中令 $\tau\geqslant 10T_s$，T_s 是采样周期），当存在一定的时延 τ 时，在 τ 时刻内，高斯白噪声之间不再相关，而信号包络的变化可以忽略，即噪声和信号是相互隔离的，即

$$\begin{aligned} R_{n_mn_n}(\tau) &= E[n_m(t)n_n^*(t-\tau)] \\ &= \sigma^2\delta(\tau)\delta(m-n) = 0 \end{aligned} \tag{4-7}$$

在实际测向系统中，对于较宽带宽的接收机，相对于信号的功率谱，噪声功率谱波动很小，可看作直线，因此对于时间上的相关长度，噪声远远小于信号。当 τ 远小于 $1/B$ 时，信号包络的变化很小，可以忽略，而噪声不相关，即式（4-7）成立。因此式（4-6）可以写为

$$\begin{aligned} f_{x_mx_n}(\tau) &= \sum_{i=1}^{D} R_{s_i}(\tau)\exp[-j(\mu_{mi}-\mu_{ni})] \\ &= \boldsymbol{C}_{m,n}\boldsymbol{R}_S(\tau) \end{aligned} \tag{4-8}$$

式中：$\boldsymbol{C}_{m,n}=[\exp\{-j(\mu_{m1}-\mu_{n1})\};\exp\{-j(\mu_{m2}-\mu_{n2})\},\cdots,\exp\{-j(\mu_{mD}-\mu_{nD})\}]$；$\boldsymbol{R}_S(\tau)=[R_{s_1}^T(\tau)\quad R_{s_2}^T(\tau)\quad\cdots\quad R_{s_D}^T(\tau)]^T$ 为经过延时相关处理的信号自相关

函数。

式（4-8）是第 m 与第 n 个阵元接收数据的延时相关函数，相当于是以 $\boldsymbol{R}_{\mathrm{S}}(\tau)$ 为入射信号、导向矢量为 $\boldsymbol{C}_{m,n}$ 的阵元输出，而 $\boldsymbol{C}_{m,n}$ 包含了信号的入射角度信息。所以式（4-8）可以认为是经过延时相关处理得到的新的阵列接收数据，而原来阵列接收数据为式（4-4），对比式（4-8）和式（4-4）可以看出，新的阵列接收数据没有了噪声项，也就是说延时相关处理起到了抑制噪声的作用。

可以将 $\boldsymbol{C}_{m,n}$ 写成两个矩阵相乘的形式，即

$$\boldsymbol{C}_{mn}=[\mathrm{e}^{-\mathrm{j}\mu_{m1}},\ \mathrm{e}^{-\mathrm{j}\mu_{m2}},\ \cdots,\ \mathrm{e}^{-\mathrm{j}\mu_{mD}}]\begin{bmatrix}\mathrm{e}^{\mathrm{j}\mu_{n1}} & & & \\ & \mathrm{e}^{\mathrm{j}\mu_{n2}} & & \\ & & \ddots & \\ & & & \mathrm{e}^{\mathrm{j}\mu_{nD}}\end{bmatrix}=\boldsymbol{A}_m\boldsymbol{B}_n \tag{4-9}$$

式中：$\boldsymbol{B}_n=\mathrm{diag}[\exp(\mathrm{j}\mu_{n1}),\exp(\mathrm{j}\mu_{n2}),\cdots,\exp(\mathrm{j}\mu_{nD})]$ 为对角矩阵；$\boldsymbol{A}_m$ 为导向矢量阵 $\boldsymbol{A}$ 的第 m 行，$\boldsymbol{A}_m=[\exp(-\mathrm{j}\mu_{m1}),\exp(-\mathrm{j}\mu_{m2}),\cdots,\exp(-\mathrm{j}\mu_{mD})]$。

上面构造的延时相关函数是第 m 与第 n 个阵元接收数据的延时相关函数，同样可以构造天线阵列任意两个阵元之间的延时相关函数，由此可得任意阵元间的延时相关函数：

$$\begin{aligned}\boldsymbol{f}(\tau)&=\begin{bmatrix}f_{x_1x_1}(\tau) & f_{x_1x_2}(\tau) & \cdots & f_{x_1x_M}(\tau)\\ f_{x_2x_1}(\tau) & f_{x_2x_2}(\tau) & \cdots & f_{x_2x_M}(\tau)\\ \vdots & \vdots & & \vdots\\ f_{x_Mx_1}(\tau) & f_{x_Mx_2}(\tau) & \cdots & f_{x_Mx_M}(\tau)\end{bmatrix}\\ &=[\boldsymbol{f}_1(\tau),\ \boldsymbol{f}_2(\tau),\ \cdots,\ \boldsymbol{f}_M(\tau)]\end{aligned} \tag{4-10}$$

式中：$\boldsymbol{f}_m(\tau)$ 为 $\boldsymbol{f}(\tau)$ 的第 m 列$(m=1,2,\cdots,M)$数据，结合式（4-7）可得

$$\boldsymbol{f}_m(\tau)=\boldsymbol{A}\boldsymbol{B}_m\boldsymbol{R}_{\mathrm{S}}(\tau) \tag{4-11}$$

式（4-11）是所有阵元与第 m 个阵元之间的延时相关函数，同样可以认为 $\boldsymbol{f}_m(\tau)$ 是以 $\boldsymbol{R}_{\mathrm{S}}(\tau)$ 为入射信号、新的导向矢量为 $\boldsymbol{A}\boldsymbol{B}_m$ 的阵列输出，而新的导向矢量中包含了入射信号的角度信息，因此可以考虑利用经过延时相关处理后得到的数据进行信号角度估计。同样，对比式（4-11）和式（4-1）可以看出，相比于原阵列接收数据，经过延时相关处理后的数据没有了噪声项，因此，在利用经过延时相关处理后的数据进行信号角度估计时，可以减小噪声对算法的影响，从而起到提高算法性能的作用。

4.3 任意阵列延时相关 MUSIC 方法

在实际测向系统中，阵列的摆放形式通常不是均匀线阵，此时阵元之间的延

时相关函数不再具有旋转不变性，因此无法再利用 ESPRIT 算法的原理进行波达方向估计。并且在实际测向系统中，空间信号的入射角度包含了方位角和俯仰角两个角度信息，仅仅一维角是不够用的，所以本节在空间阵列的基础上，推导了适用于空间任意阵列的基于延时相关处理的波达方向估计算法。

4.3.1 任意阵列延时相关函数构造

假设有空间任意摆放的天线阵列，该阵列共有 M 个各向同性的阵元组成，以原点为参考点，有 D 个窄带的信号从远场入射到空间该天线阵列上，第 i 个 $(i=1,2,\cdots,D)$ 信号的入射角度为 (θ_i,φ_i)，信号之间是相互独立的，噪声为均值为零、方差为 σ^2 的加性高斯白噪声，噪声之间不相关。

在任意阵列形式下，所有阵元之间的延时相关函数为

$$\boldsymbol{f}(\tau)=\begin{bmatrix} f_{x_1x_1}(\tau) & f_{x_1x_2}(\tau) & \cdots & f_{x_1x_M}(\tau) \\ f_{x_2x_1}(\tau) & f_{x_2x_2}(\tau) & \cdots & f_{x_2x_M}(\tau) \\ \vdots & \vdots & & \vdots \\ f_{x_Mx_1}(\tau) & f_{x_Mx_2}(\tau) & \cdots & f_{x_Mx_M}(\tau) \end{bmatrix} = [\boldsymbol{f}_1(\tau),\ \boldsymbol{f}_2(\tau),\ \cdots,\ \boldsymbol{f}_M(\tau)] \tag{4-12}$$

式中：$\boldsymbol{f}_m(\tau)=\boldsymbol{A}\boldsymbol{B}_m\boldsymbol{R}_{\mathrm{S}}(\tau)$ 为 $\boldsymbol{f}(\tau)$ 的第 m 列 $(m=1,2,\cdots,M)$ 数据，为所有阵元与第 m 个阵元之间的延时相关函数。式（4-1）的 $\boldsymbol{X}(t)=\boldsymbol{A}(\theta,\varphi)\boldsymbol{S}(t)+\boldsymbol{N}(t)$ 是以 $\boldsymbol{S}(t)$ 为入射信号、$\boldsymbol{A}(\theta,\varphi)$ 为导向矢量、$\boldsymbol{N}(t)$ 为阵列噪声的阵列接收数据，对比式（4-36）和式（4-1）可以看出，$\boldsymbol{f}_m(\tau)$ 与原阵列接收数据具有相同的形式，因此可以认为 $\boldsymbol{f}_m(\tau)$ 是以 $\boldsymbol{R}_{\mathrm{S}}(\tau)$ 为入射信号、新的导向矢量为 $\boldsymbol{A}\boldsymbol{B}_m$ 的阵列输出，而新的导向矢量 $\boldsymbol{A}\boldsymbol{B}_m$ 中包含了入射信号的角度信息，因此可以考虑利用经过这部分数据进行信号角度估计。

4.3.2 任意阵列延时相关二维 MUSIC 方法

将式（4-12）的延时相关函数作为新的阵列接收数据，构造协方差矩阵为

$$\begin{aligned} \boldsymbol{R}_f &= E[\boldsymbol{f}(\tau)\boldsymbol{f}^{\mathrm{H}}(\tau)] = \frac{1}{M}\sum_{k=1}^{M}\boldsymbol{f}_k(\tau)\boldsymbol{f}_k^{\mathrm{H}}(\tau) \\ &= \boldsymbol{A}[\frac{1}{M}\sum_{k=1}^{M}\boldsymbol{B}_k(\tau)\boldsymbol{R}_{\mathrm{SS}}(\tau)\boldsymbol{B}_k^{\mathrm{H}}(\tau)]\boldsymbol{A}^{\mathrm{H}} \\ &= \boldsymbol{A}\boldsymbol{R}'_{\mathrm{SS}}(\tau)\boldsymbol{A}^{\mathrm{H}} \end{aligned} \tag{4-13}$$

式中：$\boldsymbol{R}_{\mathrm{SS}}=E[\boldsymbol{R}_{\mathrm{S}}(\tau)\boldsymbol{R}_{\mathrm{S}}^{\mathrm{H}}(\tau)]$ 为信号的协方差矩阵；$\boldsymbol{R}'_{\mathrm{SS}}(\tau)=\frac{1}{M}\sum_{k=1}^{M}\boldsymbol{B}_k(\tau)\boldsymbol{R}_{\mathrm{SS}}(\tau)\boldsymbol{B}_k^{\mathrm{H}}(\tau)$ 为经过延时相关处理后的信号协方差矩阵。

由 2.3.1 节 MUSIC 算法的基本原理可知，在经典的 MUSIC 算法中，直接利

用阵列接收数据构造的协方差矩阵，即

$$\boldsymbol{R}_X = E[\boldsymbol{X}(t)\boldsymbol{X}^{\mathrm{H}}(t)] = \boldsymbol{A}\boldsymbol{R}_{\mathrm{S}}\boldsymbol{A}^{\mathrm{H}} + \boldsymbol{R}_{\mathrm{N}} \tag{4-14}$$

式（4-14）是经典 MUSIC 算法利用零延时相关函数构造的协方差矩阵 $\boldsymbol{R}_X$，式（4-13）是经过延时相关处理的协方差矩阵 $\boldsymbol{R}_f$，由 $\boldsymbol{R}_f$ 和 $\boldsymbol{R}_X$ 的表达式可以看出，两者的导向矢量阵都是 $\boldsymbol{A}$。和 $\boldsymbol{R}_X$ 相比，$\boldsymbol{R}_f$ 并且没有噪声项，也就是说不受加性高斯白噪声的影响，虽然 $\boldsymbol{R}_f$ 的信号协方差矩阵有所变化，但是由 2.2.2 节的性质 1 可知，这对信号子空间的划分没有影响，即可以利用 MUSIC 算法进行波达方向估计。延时相关函数中蕴含了信号的角度信息，其构造的协方差矩阵的信息量更大，因此可以提高波达方向估计的性能。

上述推导都是利用无限长的接收数据，而在实际测向系统中，天线接收数据无法做到无限长，而是得到有限长的数据，此时计算得到的是估计的协方差矩阵，因此式（4-13）右侧近似为零矢量。假设快拍数为 N，则可以得到：

$$\hat{\boldsymbol{R}}_f = \frac{1}{N}\sum_{l=1}^{N}\boldsymbol{f}(l)\boldsymbol{f}^{\mathrm{H}}(l) \tag{4-15}$$

式中：$\hat{\boldsymbol{R}}_f$ 是 $\boldsymbol{R}_f$ 的最大似然估计。

将 $\hat{\boldsymbol{R}}_f$ 进行特征值分解，得到：

$$\hat{\boldsymbol{R}}_f = \sum_{i=1}^{M}\hat{\lambda}_i\hat{\boldsymbol{u}}_i\hat{\boldsymbol{u}}_i^{\mathrm{H}} = \hat{\boldsymbol{U}}_{\mathrm{S}}\hat{\boldsymbol{\Sigma}}_{\mathrm{S}}\hat{\boldsymbol{U}}_{\mathrm{S}}^{H} + \hat{\boldsymbol{U}}_{\mathrm{N}}\hat{\boldsymbol{\Sigma}}_{\mathrm{N}}\hat{\boldsymbol{U}}_{\mathrm{N}}^{\mathrm{H}} \tag{4-16}$$

式中：特征值分解后得到了特征值 $\hat{\lambda}_i(i=1,2,\cdots,M)$ 和对应的特征矢量 $\hat{\boldsymbol{u}}_i$。将特征值进行降序排列 $\hat{\lambda}_1>\hat{\lambda}_2>\cdots>\hat{\lambda}_M$。利用第 4 章的信源数估计方法可以得到入射信号的数目 D，在得到信源数的基础上，对信号子空间和噪声子空间进行划分。前 D 个大特征值对应于 D 个入射信号，令它们组成的对角阵为 $\hat{\boldsymbol{\Sigma}}_{\mathrm{S}}$，信号子空间为 $\hat{\boldsymbol{U}}_{\mathrm{S}}=[\hat{\boldsymbol{u}}_1,\hat{\boldsymbol{u}}_2,\cdots,\hat{\boldsymbol{u}}_D]$。后 $M-D$ 小特征值对应于噪声，令它们组成的对角阵为 $\hat{\boldsymbol{\Sigma}}_N$，噪声子空间为 $\hat{\boldsymbol{U}}_{\mathrm{N}}=[\hat{\boldsymbol{u}}_{D+1},\hat{\boldsymbol{u}}_{D+1},\cdots,\hat{\boldsymbol{u}}_M]$。

利用 MUSIC 算法的原理，构造下面的空间谱估计函数：

$$\boldsymbol{P}_{\text{DC-MUSIC}}(\theta) = \frac{1}{\boldsymbol{a}^{\mathrm{H}}(\theta)\hat{\boldsymbol{U}}_{\mathrm{N}}\hat{\boldsymbol{U}}_{\mathrm{N}}^{\mathrm{H}}\boldsymbol{a}(\theta)} \tag{4-17}$$

最后对空间谱图进行谱峰搜索即可得到入射信号的角度。

式（4-16）$\boldsymbol{P}_{\text{DC-MUSIC}}$ 的计算和谱峰搜索比较复杂，并且对波达方向估计的测角精度和实时处理能力影响较大。混沌不代表混乱，而是内部构造非常精致的一种状态，同时这种状态是在不断变化的，其变化是规律、随机并且遍历的[269]。为了提高空间谱函数的计算和谱函数峰值搜索的实时处理能力，本节利用文献［270］的变尺度混沌优化算法简化空间谱函数的构造和搜寻极大值的过程。

首先要生成混沌遍历，根据的原理是 Logistic 映射，即

$$x_{n+1}=4x_n\ (1-x_n),\ n=0,\ 1,\ 2,\ \cdots$$

第 1 步 初始化。

设置循环数 L 和 N，搜索到较优值的次数 K，令 $k=0$。

在 $[0,1]$ 区间内随机生成 i 个 $(i=1,2,\cdots)$ 初始值 $x_{i,0}$，并且保证它们之间的差异较小；令 $x_i^*=x_{i,0}$，优化变量区间 $[c_i,b_i]$；取 $p^*(x)$ 作为优化函数的初值，$p^*(x)$ 值较小。

第 2 步 令 $x'_{i,n}=c_i+x_{i,n}(b_i-c_i)$，并将其代入式（4-42）中，计算得到优化函数，对优化函数值进行以下的比较：

若 $p(x'_{i,n})>p^*(x)$，则令 $p^*(x)=p(x'_{i,n})$，$x_i^*=x'_{i,n}$，$k=k+1$；

若 $k\geqslant K$，则跳入第 4 步，否则进入第 3 步。

这里的优化函数由空间谱估计的公式来计算，即优化函数为

$$p(x)=\frac{1}{\boldsymbol{a}^{\mathrm{H}}(x)\hat{\boldsymbol{U}}_{\mathrm{N}}\hat{\boldsymbol{U}}_{\mathrm{N}}^{\mathrm{H}}\boldsymbol{a}(x)} \tag{4-18}$$

第 3 步 将 $x_{i,n}$ 代入 Logistic 式中得到：

$$x''_{i,n}=4x_{i,n}\ (1-x_{i,n})$$

令 $x_{i,n}=x''_{i,n}$，$n=n+1$。

如果 $n<N$ 则返回第二步，否则继续。

第 4 步 将 x_i^* 看作全局最优值的一个近似值，利用 x_i^* 缩小优化变量区间：

$$c'_i=x_i^*-\frac{b_i-c_i}{m+1}$$

$$b'_i=x_i^*+\frac{b_i-c_i}{m+1}$$

第 5 步 $m=m+1$。如果 $m<L$，则令 $c_i=c'_i$，$b_i=b'_i$，并且返回第 2 步，否则继续。

第 6 步 当满足搜索停止的条件时停止搜索，得到了一系列的 $p^*(x)$，其中较小的 $p^*(x)$ 所对应的 x_i^* 就是搜索到的最优参数值。

MUSIC 算法的空间谱函数的构造和谱峰搜索过程比较复杂，耗时较大，严重影响了算法的实时性，尤其是对空间的二维信号测向时，信号入射角度包含方位和俯仰两个方向，计算得到的空间谱图同样包含两个方向，需要在方位和俯仰进行极大值搜索，即通过将每一个空间谱的值与其相邻的四个值进行比较并最终确定极大值。在二维谱峰搜索过程中，角度搜索步长的选择至关重要，角度搜索步长的大小与搜索时间存在反比的关系，并且影响了算法的测向性能。设置较小的搜索步长可以获得较高的测向精度和角度分辨力，但是计算时间长，运算效率低；设置较大的步长可以提高算法的运算效率，但是测向性能相应也会下降。DC-MUSIC 算法避免了空间谱的计算和复杂耗时的谱峰搜索过程，而是通过利用

混沌优化算法来代替，降低了运算复杂度。

将混沌寻优算法应用到空间谱函数中，通过生成混沌状态，并根据变尺度的混沌优化算法简化了空间谱估计函数的计算和谱峰搜索的过程，提高了运算效率。

最后，总结算法的具体计算步骤如下：

步骤 1 利用式（4-12）计算矩阵 $\boldsymbol{f}(\tau)$。

步骤 2 按式（4-13）计算得到新的协方差矩阵 $\hat{\boldsymbol{R}}_{\mathrm{f}}$。

步骤 3 对 $\hat{\boldsymbol{R}}_{\mathrm{f}}$ 进行特征值分解，得到噪声子空间 $\hat{\boldsymbol{U}}_{\mathrm{N}}$。

步骤 4 根据上述混沌优化算法得到信号的波达方向。

4.3.3 计算复杂度分析

简便起见，这里只对在计算中占较大部分的运算操作进行分析。在计算协方差矩阵时所需的计算复杂度为 $M\times M^2D=M^3D$。对合成的新互相关协方差矩阵 $\boldsymbol{R}(\tau)$ 进行奇异值分解所需的计算复杂度为 $O(M^3)+O(LM^3)$，因此本章算法总的计算复杂度约为 $O(M^3)+O(LM^2)$。假设二维谱峰搜索的网格点分别为 J_1 和 J_2，谱峰搜索的计算复杂度为 $J_1J_2(M+1)(M-D)$，通常为 J_1 和 J_2 远大于 M。因此本章算法总得计算复杂度约为 $O(J_1J_2M^2)$。而传统 MUSIC 算法的计算复杂度主要集中在特征值分解与谱峰搜索。与传统 MUSIC 算法相比，本章算法只是在计算协方差矩阵处多花了 M 倍的计算时间，计算复杂度略有增加。

4.3.4 计算机仿真实验分析

计算机仿真中采用均匀五阵元圆阵，圆阵半径为 150mm，两个入射信号入射到该五元均匀圆阵，信号之间相互独立，噪声为加性高斯白噪声。分别利用经典的 MUSIC 算法、文献［256，257］提出的 SO-CAM 算法和本章提出的基于延时相关处理的 MUSIC 算法（以下简称为 DC-MUSIC 算法）进行波达方向估计，比较并分析三种算法的测向性能。

实验 1 正确分辨概率

首先令快拍数取 300，信噪比的范围为 0～30dB，在不同的信噪比下利用 3 种算法分别进行 100 次蒙特卡罗实验，统计在不同信噪比下 3 种算法的正确分辨概率，结果如图 4.2 所示。然后令信噪比取 14dB，快拍数的取值范围是 100～1000，在不同快拍数下分别进行 100 次蒙特卡罗实验，统计不同快拍数下的正确分辨概率，结果如图 4.3 所示。定义正确分辨概率为正确估计波达方向的次数与实验次数之比。

由图 4.2 的结果可知，随着信噪比的增大，MUSIC 算法、SO-CAM 算法和 DC-MUSIC 算法的正确分辨概率也增大，在信噪比大于 20dB 时，3 种算法的正确分辨概率都能达到 100%。在信噪比小于 20dB 时，在相同的信噪比条件下，DC-MUSIC 算法的正确分辨概率最高，SO-CAM 算法次之，MUSIC 算法最差。由图 4.3 的结果可知，随着使用的快拍数的增多，3 种算法的正确分辨概率也增大，DC-MUSIC 算法、SO-CAM 算法和 MUSIC 算法的正确分辨概率达到 100% 时的最小快拍数分别为 500、500 和 600。在相同的快拍数条件下，DC-MUSIC 算法的正确分辨概率最高，性能最好，SO-CAM 算法次之，MUSIC 算法最差。

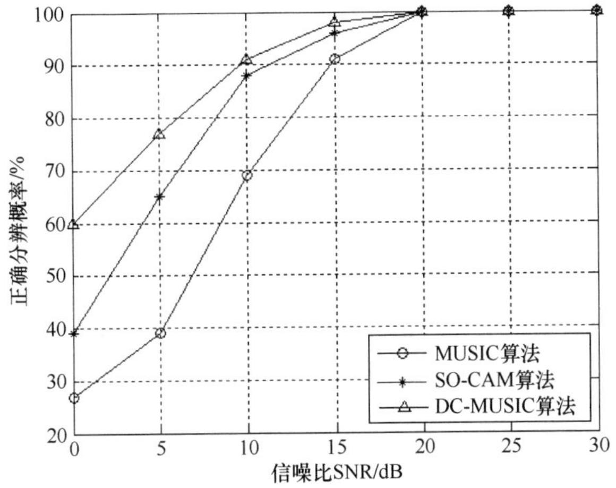

图 4.2　正确分辨概率和信噪比的关系

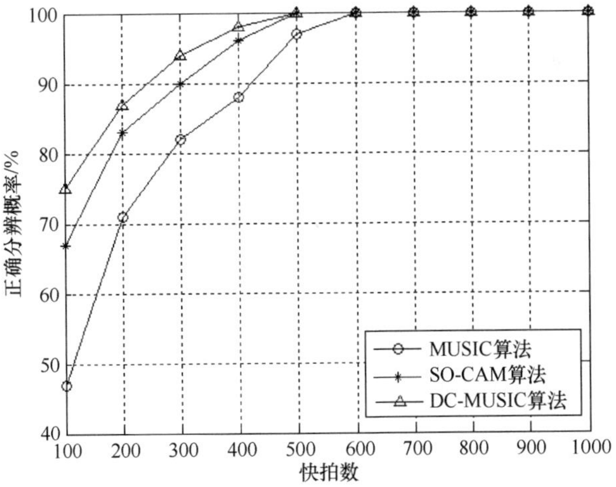

图 4.3　正确分辨概率与快拍数的关系

实验 2　测角精度

首先令快拍数取 300，信噪比的范围为 0 ~30dB，在每个信噪比下分别如进行 100 次蒙特卡罗实验，得到不同信噪比下 3 种算法的估计角度的均方根误差，如图 4.4 所示。然后令信噪比等于 14dB，快拍数的范围为 100~1000，在每个快拍数下分别进行 100 次蒙特卡罗实验，得到 3 种算法的均方根误差，如图 4.5 所示。

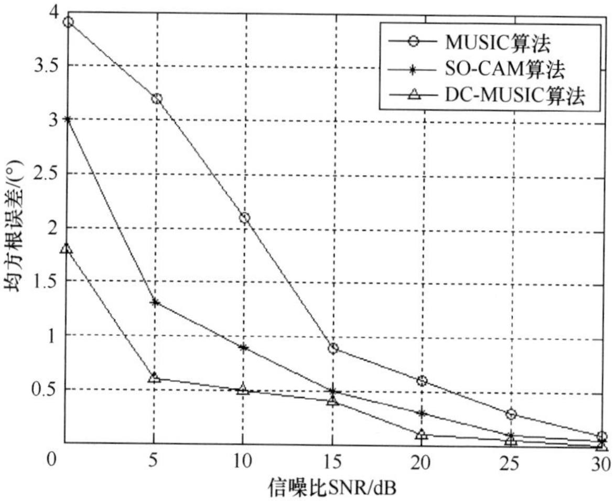

图 4.4　均方根误差与信噪比的关系

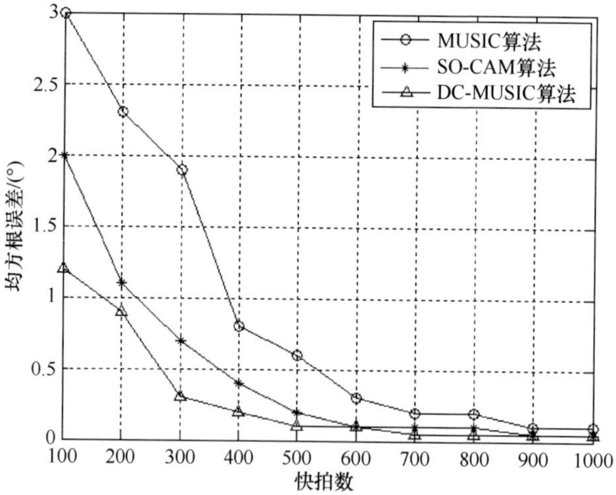

图 4.5　均方根误差与快拍数的关系

均方根误差 RMSE 定义为

$$\mathrm{RMSE}=\sqrt{\frac{1}{D}\sum_{i=1}^{D}E[(\hat{\theta}_i-\theta_i)^2+(\hat{\varphi}_i-\varphi_i)^2]} \tag{4-19}$$

式中：$(\hat{\theta}_i,\hat{\varphi}_i)$和$(\theta_i,\varphi_i)$分别为第 i 个信号入射角的估计值与理论值。

由图 4.4 可知，当信噪比增大时，MUSIC 算法、SO-CAM 算法和 DC-MUSIC 算法的均方根误差均减小，即算法的估计精度提高。在相同的信噪比下，均方根误差大小关系为：DC-MUSIC 算法<SO-CAM 算法<MUSIC 算法，即 DC-MUSIC 算法估计精度最高，SO-CAM 算法次之，MUSIC 算法最差。同样，由图 4.5 可知，当估计所用快拍数增多时，3 种算法的估计精度提高，并且相比于其他两种算法，DC-MUSIC 算法的均方根误差最小，性能最优。

由实验 1 和实验 2 可知，算法的正确分辨概率和测角精度与信噪比、快拍数有密切的关系，当信噪比增大或快拍数变多时，正确分辨概率和测角精度均会提高。在同样的信噪比和快拍数下，相比于经典 MUSIC 算法和 SC-CAM 算法，DC-MUSIC 算法的正确分辨概率和测角精度最高，这是因为 DC-MUSIC 算法所进行的延时相关处理使得信息的利用率提高，并且生成的延时相关函数抑制了噪声的影响。

实验 3　计算时间

在计算机上利用 MATLAB R2008a 软件进行仿真，计算机处理器为 Intel Core2 Duo CPU T7300，单核的主频为 2GHz，电脑内存为 2GB。信噪比取 14dB，分别在不同的快拍数下进行 100 次计算机仿真实验，统计 3 种算法单次运算的平均时间，如表 4.1 所列。

表 4.1　不同快拍数的计算时间

快拍数	DC-MUSIC 算法	SC-CAM 算法	MUSIC 算法
300	4.98ms	14.36ms	3.33ms
500	8.38ms	26.95ms	5.71ms
800	13.21ms	34.68ms	8.57ms
1000	17.68ms	48.12ms	11.26ms

由表 4.1 可知，随着快拍数的增多，3 种算法的运算时间也随之增加；在同样的快拍数下 MUSIC 算法的计算时间最短，DC-MUSIC 算法次之，SC-CAM 算法运算时间最长。这是因为 DC-MUSIC 算法需要构造 M 个 $M\times M$ 协方差矩阵，SC-CAM 算法需要构造一个 $2M\times2M$ 维的矩阵并且需要进行谱峰搜索，空间谱的计算和谱峰搜索会耗费大量时间，而 MUSIC 算法需构造一个 $M\times M$ 维的矩阵，因此计算时间最短。

4.4　任意阵列非均匀噪声下波达方向估计

假设有 D 个窄带信号由远场入射，第 i 个$(i=1,2,\cdots,D)$信号的入射角度信息为(θ_i,φ_i)，噪声为各阵元之间相互独立的色噪声，噪声与信号相互独立。天

线阵列由 M 个各向同性的阵元组成，以参考阵元为原点建立空间直角坐标系，第 m 个($m=1,2,\cdots,M$)阵元的位置为(x_m,y_m,z_m)，其接收数据为

$$x_m(t)=\sum_{i=1}^{D}s_i(t)\exp(-\mathrm{j}\mu_{mi})+n_m(t) \tag{4-20}$$

式中：$\mu_{mi}=\dfrac{2\pi}{\lambda}(x_m\cos\theta_i\cos\varphi_i+y_m\sin\theta_i\cos\varphi_i+y_z\sin\varphi_i)$。

则阵列接收数据矢量为

$$\boldsymbol{X}(t)=\boldsymbol{A}(\theta,\ \varphi)\boldsymbol{S}(t)+\boldsymbol{N}(t) \tag{4-21}$$

式中：$\boldsymbol{X}(t)=[\boldsymbol{x}_1(t),\boldsymbol{x}_2(t),\cdots,\boldsymbol{x}_M(t)]^{\mathrm{T}}$ 为阵列的 $M\times1$ 维接收数据矢量；$\boldsymbol{S}(t)=[\boldsymbol{s}_1(t),\boldsymbol{s}_2(t),\cdots,\boldsymbol{s}_D(t)]^{\mathrm{T}}$ 为信号的 $D\times1$ 维矢量；$\boldsymbol{N}(t)=[\boldsymbol{n}_1(t),\boldsymbol{n}_2(t),\cdots,\boldsymbol{n}_M(t)]^{\mathrm{T}}$ 为 $M\times1$ 维的噪声数据矢量；$\boldsymbol{A}(\theta,\varphi)=[\boldsymbol{a}(\theta_1,\varphi_1),\boldsymbol{a}(\theta_2,\varphi_2),\cdots,\boldsymbol{a}(\theta_D,\varphi_D)]$为阵列的 $M\times D$ 维导向矢量阵，$\boldsymbol{a}(\theta_i,\varphi_i)$表示第 i 个($i=1,2,\cdots,D$)信号的导向矢量，且

$$\boldsymbol{A}(\theta,\ \varphi)=\begin{bmatrix}\exp(-\mathrm{j}\mu_{11}) & \exp(-\mathrm{j}\mu_{12}) & \cdots & \exp(-\mathrm{j}\mu_{1D})\\ \exp(-\mathrm{j}\mu_{21}) & \exp(-\mathrm{j}\mu_{22}) & \cdots & \exp(-\mathrm{j}\mu_{2D})\\ \vdots & \vdots & & \vdots\\ \exp(-\mathrm{j}\mu_{M1}) & \exp(-\mathrm{j}\mu_{M2}) & \cdots & \exp(-\mathrm{j}\mu_{MD})\end{bmatrix} \tag{4-22}$$

$$\boldsymbol{a}(\theta_i,\ \varphi_i)=\begin{bmatrix}\exp(-\mathrm{j}\mu_{1i})\\ \exp(-\mathrm{j}\mu_{2i})\\ \vdots\\ \exp(-\mathrm{j}\mu_{Mi})\end{bmatrix} \tag{4-23}$$

阵列输出的数据协方差矩阵为

$$\boldsymbol{R}_X=E[\boldsymbol{X}(t)\boldsymbol{X}^{\mathrm{H}}(t)]=\boldsymbol{A}\boldsymbol{R}_{\mathrm{S}}\boldsymbol{A}^{\mathrm{H}}+\boldsymbol{R}_{\mathrm{N}} \tag{4-24}$$

式中：$\boldsymbol{R}_{\mathrm{S}}=E[\boldsymbol{S}(t)\boldsymbol{S}^{\mathrm{H}}(t)]$，$\boldsymbol{R}_{\mathrm{N}}=E[\boldsymbol{N}(t)\boldsymbol{N}^{\mathrm{H}}(t)]$分别为信号和噪声协方差矩阵。

在功率为 σ^2 的高斯白噪声的背景下：$\boldsymbol{R}_{\mathrm{N}}=\sigma^2\boldsymbol{I}$。但是在实际测向系统中，白噪声的假设通常是不成立的，这是由于阵元各通道幅度和相位的不一致、通道内部噪声不一致等因素的影响，会造成天线阵列输出数据的噪声功率不相等，此时都认为天线阵列接收的是色噪声。在色噪声背景下，噪声在时间和空间上都是不平稳的，本章研究的色噪声协方差矩阵满足 $\boldsymbol{R}_{\mathrm{N}}=\mathrm{diag}(\sigma_1^2,\sigma_2^2,\cdots,\sigma_M^2)$，即各阵元之间的噪声相互独立且功率不相等。

常规的空间谱估计算法都假定背景噪声为统计独立的高斯白噪声。在非均匀噪声背景下，噪声在时间和空间上都是不平稳的，常规的空间谱估计算法性能会出现恶化甚至于失效，下面讨论非均匀噪声下信号的波达方向估计方法。

4.4.1 噪声白化预处理

当各阵元之间的噪声是相互独立且功率不相等的非均匀噪声时，噪声协方差

矩阵满足 $\boldsymbol{R}_{\mathrm{N}}=\mathrm{diag}(\sigma_1^2,\sigma_2^2,\cdots,\sigma_M^2)$。首先假设噪声协方差矩阵 $\boldsymbol{R}_{\mathrm{N}}$ 是已知的，然后观察利用 $\boldsymbol{R}_{\mathrm{N}}$ 对接收数据矢量 $\boldsymbol{X}(t)$ 进行标准化处理后的结果，即

$$\begin{aligned}\tilde{\boldsymbol{X}}(t)&=\boldsymbol{R}_{\mathrm{N}}^{-\frac{1}{2}}\boldsymbol{X}(t)=\boldsymbol{R}_{\mathrm{N}}^{-\frac{1}{2}}[\boldsymbol{A}(\theta,\ \varphi)\boldsymbol{S}(t)+\boldsymbol{N}(t)]\\&=\tilde{\boldsymbol{A}}\boldsymbol{S}(t)+\tilde{\boldsymbol{N}}(t)\end{aligned}\tag{4-25}$$

式中：$\tilde{\boldsymbol{A}}=\boldsymbol{R}_{\mathrm{N}}^{-\frac{1}{2}}\boldsymbol{A}(\theta,\varphi)$ 为经过标准化处理的导向矢量阵；$\tilde{\boldsymbol{N}}(t)=\boldsymbol{R}_{\mathrm{N}}^{-\frac{1}{2}}\boldsymbol{N}(t)$ 为经过标准化处理的噪声矢量。

经过标准化处理的噪声矢量 $\tilde{\boldsymbol{N}}(t)$ 服从正态高斯分布，也就是说接收数据矢量 $\boldsymbol{X}(t)$ 经过标准化处理后得到的新的接收数据矢量 $\tilde{\boldsymbol{X}}(t)$ 所包含的非平稳不相关的色噪声变成了零均值并且各阵元之间功率相等的白噪声，并且经过标准化处理的导向矢量阵仍然保留了原导向矢量阵的结构。这样就可以将非均匀噪声下的波达方向估计转变成白噪声下的波达方向估计。

4.4.2 噪声协方差矩阵估计

由 4.4.1 节的推导可知，利用 $\boldsymbol{R}_{\mathrm{N}}$ 对接收数据矢量 $\boldsymbol{X}(t)$ 进行标准化处理后，得到的新的阵列接收数据矢量的噪声由原来的非均匀色噪声变成了零均值且各阵元之间功率相等的白噪声，因此可以考虑利用噪声协方差矩阵对阵列接收数据进行标准化处理。利用式（4-25）对 $\boldsymbol{X}(t)$ 进行标准化处理是以已知噪声协方差矩阵 $\boldsymbol{R}_{\mathrm{N}}$ 为前提的，此节将给出 $\boldsymbol{R}_{\mathrm{N}}$ 的一个估计。

对协方差矩阵 $\boldsymbol{R}_X$ 进行以下处理，令

$$\begin{cases}\boldsymbol{R}_{11}=\boldsymbol{P}_1\boldsymbol{R}_X\boldsymbol{P}_1^{\mathrm{H}}\\\boldsymbol{R}_{22}=\boldsymbol{P}_2\boldsymbol{R}_X\boldsymbol{P}_2^{H}\\\boldsymbol{R}_{33}=\boldsymbol{P}_3\boldsymbol{R}_X\boldsymbol{P}_3^{\mathrm{H}}\end{cases}\tag{4-26}$$

式中：$\boldsymbol{P}_1$、$\boldsymbol{P}_2$ 和 $\boldsymbol{P}_3$ 分别是变为矩阵，并且变换矩阵 $\boldsymbol{P}_1=[\boldsymbol{I}_{M_1}\quad \boldsymbol{0}_{M_1\times(M-M_1)}]$，$\boldsymbol{P}_2=[\boldsymbol{0}_{M_2\times M_1}\quad \boldsymbol{I}_{M_2}\quad \boldsymbol{0}_{M_2\times M_3}]$，$\boldsymbol{P}_3=[\boldsymbol{0}_{M_3\times(M_1+M_2)}\quad \boldsymbol{I}_{M_3}]$。$\boldsymbol{I}_{M_i}(i=1,2,3)$ 表示 $M_i\times M_i$ 维的单位阵，$\boldsymbol{0}_{M_k\times M_l}(k,l=1,2,3)$ 表示 $M_k\times M_l$ 维的零阵，并且有 $M_1+M_2+M_3=M$。这样可以通过将协方差矩阵 $\boldsymbol{R}_X$ 分块实现对噪声协方差矩阵 $\boldsymbol{R}_{\mathrm{N}}$ 的估计。

通过构造式（4-26）可以得到主对角线上的块矩阵，同样利用上述变换矩阵，可以计算得到其他位置的块矩阵：

$$\begin{cases}\boldsymbol{R}_{12}=\boldsymbol{R}_{21}^{\mathrm{H}}=\boldsymbol{P}_1\boldsymbol{R}_X\boldsymbol{P}_2^{\mathrm{H}}\\\boldsymbol{R}_{13}=\boldsymbol{R}_{31}^{\mathrm{H}}=\boldsymbol{P}_1\boldsymbol{R}_X\boldsymbol{P}_3^{\mathrm{H}}\\\boldsymbol{R}_{23}=\boldsymbol{R}_{32}^{\mathrm{H}}=\boldsymbol{P}_2\boldsymbol{R}_X\boldsymbol{P}_3^{\mathrm{H}}\end{cases}\tag{4-27}$$

分析式（4-26）和式（4-27）可知，通过变换矩阵对接收数据的协方差矩阵

进行处理后，得到的矩阵中包含了协方差矩阵 $\boldsymbol{R}_X$ 中的所有元素，即

$$\boldsymbol{R}_X = \begin{bmatrix} \boldsymbol{R}_{11} & \boldsymbol{R}_{12} & \boldsymbol{R}_{13} \\ \boldsymbol{R}_{21} & \boldsymbol{R}_{22} & \boldsymbol{R}_{23} \\ \boldsymbol{R}_{31} & \boldsymbol{R}_{32} & \boldsymbol{R}_{33} \end{bmatrix} \tag{4-28}$$

结合式（4-26）和式（4-28）可得

$$\begin{cases} \boldsymbol{R}_{11} = \boldsymbol{A}_1 \boldsymbol{R}_{\mathrm{S}} \boldsymbol{A}_1^{\mathrm{H}} + \boldsymbol{R}_{\mathrm{N1}} \\ \boldsymbol{R}_{22} = \boldsymbol{A}_2 \boldsymbol{R}_{\mathrm{S}} \boldsymbol{A}_2^{\mathrm{H}} + \boldsymbol{R}_{\mathrm{N2}} \\ \boldsymbol{R}_{33} = \boldsymbol{A}_3 \boldsymbol{R}_{\mathrm{S}} \boldsymbol{A}_3^{\mathrm{H}} + \boldsymbol{R}_{\mathrm{N3}} \end{cases} \tag{4-29}$$

式中：$\boldsymbol{A}_1, \boldsymbol{A}_2, \boldsymbol{A}_3$ 分别是 $M_1 \times D$ 维、$M_2 \times D$ 维，$M_3 \times D$ 维的矩阵，并且有

$$\boldsymbol{A}_1 = \begin{bmatrix} \exp(-\mathrm{j}\mu_{11}) & \exp(-\mathrm{j}\mu_{12}) & \cdots & \exp(-\mathrm{j}\mu_{1D}) \\ \exp(-\mathrm{j}\mu_{21}) & \exp(-\mathrm{j}\mu_{22}) & \cdots & \exp(-\mathrm{j}\mu_{2D}) \\ \vdots & \vdots & & \vdots \\ \exp(-\mathrm{j}\mu_{M_1 1}) & \exp(-\mathrm{j}\mu_{M_1 2}) & \cdots & \exp(-\mathrm{j}\mu_{M_1 D}) \end{bmatrix} \tag{4-30}$$

$$\boldsymbol{A}_2 = \begin{bmatrix} \exp(-\mathrm{j}\mu_{(M_1+1)1}) & \exp(-\mathrm{j}\mu_{(M_1+1)2}) & \cdots & \exp(-\mathrm{j}\mu_{(M_1+1)D}) \\ \exp(-\mathrm{j}\mu_{(M_1+2)1}) & \exp(-\mathrm{j}\mu_{(M_1+2)2}) & \cdots & \exp(-\mathrm{j}\mu_{(M_1+2)D}) \\ \vdots & \vdots & & \vdots \\ \exp(-\mathrm{j}\mu_{(M_1+M_2)1}) & \exp(-\mathrm{j}\mu_{(M_1+M_2)2}) & \cdots & \exp(-\mathrm{j}\mu_{(M_1+M_2)D}) \end{bmatrix} \tag{4-31}$$

$$\boldsymbol{A}_3 = \begin{bmatrix} \exp(-\mathrm{j}\mu_{(M_1+M_2+1)1}) & \exp(-\mathrm{j}\mu_{(M_1+M_2+1)2}) & \cdots & \exp(-\mathrm{j}\mu_{(M_1+M_2+1)D}) \\ \exp(-\mathrm{j}\mu_{(M_1+M_2+2)1}) & \exp(-\mathrm{j}\mu_{(M_1+M_2+2)2}) & \cdots & \exp(-\mathrm{j}\mu_{(M_1+M_2+2)D}) \\ \vdots & \vdots & & \vdots \\ \exp(-\mathrm{j}\mu_{M1}) & \exp(-\mathrm{j}\mu_{M2}) & \cdots & \exp(-\mathrm{j}\mu_{MD}) \end{bmatrix} \tag{4-32}$$

由 $\boldsymbol{A}_1, \boldsymbol{A}_2, \boldsymbol{A}_3$ 的表达式可以看出，$\boldsymbol{A}_1, \boldsymbol{A}_2, \boldsymbol{A}_3$ 分别为导向矢量 $\boldsymbol{A}$ 的第 $1 \sim M_1$ 行，第 $(M_1+1) \sim (M_1+M_2)$ 行，第 $(M_1+M_2+1) \sim M$ 行。导向矢量 $\boldsymbol{A}$ 由 3 个子导向矢量 $\boldsymbol{A}_1, \boldsymbol{A}_2, \boldsymbol{A}_3$ 构成，即

$$\boldsymbol{A} = \begin{bmatrix} \boldsymbol{A}_1 \\ \boldsymbol{A}_2 \\ \boldsymbol{A}_3 \end{bmatrix} \tag{4-33}$$

同样，噪声协方差矩阵 $\boldsymbol{R}_{\mathrm{N}}$ 可以由以下 3 个子噪声协方差矩阵构成：

$$\boldsymbol{R}_{\mathrm{N}} = \begin{bmatrix} \boldsymbol{R}_{\mathrm{N1}} & & \\ & \boldsymbol{R}_{\mathrm{N2}} & \\ & & \boldsymbol{R}_{\mathrm{N3}} \end{bmatrix} \tag{4-34}$$

观察式（4-30）和式（4-33）可知，式（4-34）还原了噪声协方差矩阵 $\boldsymbol{R}_{\mathrm{N}}$，并且相当于进行了分块处理，即 $\boldsymbol{R}_{\mathrm{N1}}$ 为 $\boldsymbol{R}_{\mathrm{N}}$ 的第 $1\sim M_1$ 行和 $1\sim M_1$ 列组成的方阵，$\boldsymbol{R}_{\mathrm{N2}}$ 为 $\boldsymbol{R}_{\mathrm{N}}$ 的第$(M_1+1)\sim(M_1+M_2)$行和第$(M_1+1)\sim(M_1+M_2)$列组成的方阵，$\boldsymbol{R}_{\mathrm{N2}}$ 为 $\boldsymbol{R}_{\mathrm{N}}$ 的第$(M_1+M_2+1)\sim M$ 行和第$(M_1+M_2+1)\sim M$ 列组成的方阵。

由于各阵元之间的噪声是相互独立，所以阵元之间噪声的互协方差矩阵为 $\mathbf{0}$，因此阵元之间的互协方差矩阵可以写为

$$\begin{cases}\boldsymbol{R}_{12}=\boldsymbol{R}_{21}^{\mathrm{H}}=\boldsymbol{A}_1\boldsymbol{R}_{\mathrm{S}}\boldsymbol{A}_2^{\mathrm{H}}\\ \boldsymbol{R}_{13}=\boldsymbol{R}_{31}^{\mathrm{H}}=\boldsymbol{A}_1\boldsymbol{R}_{\mathrm{S}}\boldsymbol{A}_3^{\mathrm{H}}\\ \boldsymbol{R}_{23}=\boldsymbol{R}_{32}^{\mathrm{H}}=\boldsymbol{A}_2\boldsymbol{R}_{\mathrm{S}}\boldsymbol{A}_3^{\mathrm{H}}\end{cases}\tag{4-35}$$

导向矢量 $\boldsymbol{A}$ 是列满秩的，因此式（4-35）是存在广义逆矩阵的。由式（4-29）和式（4-35）之间的关系可以对噪声协方差矩阵进行估计：

$$\begin{cases}\hat{\boldsymbol{R}}_{\mathrm{N1}}=\boldsymbol{R}_{11}-\boldsymbol{A}_1\boldsymbol{R}_{\mathrm{S}}\boldsymbol{A}_1^{\mathrm{H}}=\boldsymbol{R}_{11}-\boldsymbol{R}_{13}\boldsymbol{R}_{23}^{-1}\boldsymbol{R}_{31}\\ \hat{\boldsymbol{R}}_{\mathrm{N2}}=\boldsymbol{R}_{22}-\boldsymbol{A}_2\boldsymbol{R}_{\mathrm{S}}\boldsymbol{A}_2^{\mathrm{H}}=\boldsymbol{R}_{22}-\boldsymbol{R}_{21}\boldsymbol{R}_{31}^{-1}\boldsymbol{R}_{32}\\ \hat{\boldsymbol{R}}_{\mathrm{N3}}=\boldsymbol{R}_{33}-\boldsymbol{A}_3\boldsymbol{R}_{\mathrm{S}}\boldsymbol{A}_3^{\mathrm{H}}=\boldsymbol{R}_{33}-\boldsymbol{R}_{31}\boldsymbol{R}_{21}^{-1}\boldsymbol{R}_{23}\end{cases}\tag{4-36}$$

也就是说噪声协方差矩阵的估计可以由式（4-36）构造，即

$$\hat{\boldsymbol{R}}_{\mathrm{N}}=\begin{bmatrix}\hat{\boldsymbol{R}}_{\mathrm{N1}} & \mathbf{0}_{M_1\times M_2} & \mathbf{0}_{M_1\times M_3}\\ \mathbf{0}_{M_2\times M_1} & \hat{\boldsymbol{R}}_{\mathrm{N2}} & \mathbf{0}_{M_2\times M_3}\\ \mathbf{0}_{M_3\times M_1} & \mathbf{0}_{M_3\times M_2} & \hat{\boldsymbol{R}}_{\mathrm{N3}}\end{bmatrix}\tag{4-37}$$

式中：$\hat{\boldsymbol{R}}_{\mathrm{N1}}$，$\hat{\boldsymbol{R}}_{\mathrm{N2}}$，$\hat{\boldsymbol{R}}_{\mathrm{N3}}$ 分别为 $M_1\times M_1$ 维、$M_2\times M_2$ 维、$M_3\times M_3$ 维的矩阵。并且 M_1，M_2，M_3 之和等于阵元数 M。这里涉及 M_1，M_2，M_3 值的选取问题，为了使得 $\hat{\boldsymbol{R}}_{\mathrm{N1}}$，$\hat{\boldsymbol{R}}_{\mathrm{N2}}$，$\hat{\boldsymbol{R}}_{\mathrm{N3}}$ 之间维数趋于均衡，下面分为 3 种情况选取 M_1，M_2，M_3 值：

（1）当 $M=3k$ 时，令 $M_1=M_2=M_3=k$；

（2）当 $M=3k+1$ 时，令 $M_1=M_2=k$，$M_3=k+1$；

（3）当 $M=3k+2$ 时，令 $M_1=k$，$M_2=M_3=k+1$。

其中，$k=1$，2，…。

4.4.3 DOA 估计方法

由 4.4.2 节得到了噪声协方差矩阵的估计 $\hat{\boldsymbol{R}}_{\mathrm{N}}$，利用 4.4.1 节的方法，对阵列接收数据矩阵进行标准化处理，得

$$\tilde{\boldsymbol{X}}(t)=\hat{\boldsymbol{R}}_{\mathrm{N}}^{-\frac{1}{2}}\boldsymbol{X}(t)=\tilde{\boldsymbol{A}}\boldsymbol{S}(t)+\tilde{\boldsymbol{N}}(t)\tag{4-38}$$

求得 $\tilde{\boldsymbol{X}}(t)$ 的协方差矩阵：

$$\begin{aligned}\tilde{\boldsymbol{R}}_X &= E[\tilde{\boldsymbol{X}}(t)\tilde{\boldsymbol{X}}^{\mathrm{H}}(t)] = \tilde{\boldsymbol{A}}\boldsymbol{R}_{\mathrm{S}}\tilde{\boldsymbol{A}}^{\mathrm{H}} + \tilde{\boldsymbol{R}}_{\mathrm{N}} \\ &= \left(\hat{\boldsymbol{R}}_{\mathrm{N}}^{-\frac{1}{2}}\right)\boldsymbol{R}_X\left(\hat{\boldsymbol{R}}_{\mathrm{N}}^{-\frac{1}{2}}\right)^{\mathrm{H}}\end{aligned} \tag{4-39}$$

接收数据矢量 $\tilde{\boldsymbol{X}}(t)$ 经过标准化处理后，色噪声变成了白噪声，因此可以利用传统的空间谱估计算法进行波达方向估计。

这里利用 MUSIC 算法进行波达方向估计。首先，对 $\tilde{\boldsymbol{R}}_X$ 进行特征值分解，得

$$\tilde{\boldsymbol{R}}_X = \sum_{i=1}^{D}\tilde{\lambda}_i\tilde{u}_i\tilde{u}_i^{\mathrm{H}} = \tilde{\boldsymbol{U}}\tilde{\boldsymbol{\Sigma}}\tilde{\boldsymbol{U}} \tag{4-40}$$

式中：$\tilde{\lambda}_i(i=1,2,\cdots,M)$ 为特征值，对 M 个特征值进行由大到小排序有 $\tilde{\lambda}_1 \geqslant \tilde{\lambda}_2 \geqslant \cdots \geqslant \tilde{\lambda}_M$，对角阵 $\tilde{\Sigma}=\mathrm{diag}(\tilde{\lambda}_1,\tilde{\lambda}_2,\cdots,\tilde{\lambda}_M)$；$\tilde{u}_i$ 为特征值 $\tilde{\lambda}_i$ 对应的特征矢量，特征矢量为 $\tilde{\boldsymbol{U}}=[\tilde{u}_1,\tilde{u}_2,\cdots,\tilde{u}_M]$。

然后确定信号子空间和噪声子空间，信号子空间 $\tilde{\boldsymbol{U}}_{\mathrm{S}}=[\tilde{u}_1,\tilde{u}_2,\cdots,\tilde{u}_D]$ 是由前 D 个大特征值对应的特征矢量张成的子空间，$\tilde{\boldsymbol{U}}_{\mathrm{N}}=[\tilde{u}_{D+1},\cdots,\tilde{u}_M]$ 是由后 $M-D$ 小特征值对应的特征矢量张成的子空间。

对信号子空间与噪声子空间的划分涉及正确估计信源数的问题。由式（4-29）可知，当未对接收数据进行处理时，由于色噪声的存在，对 $\boldsymbol{R}_X$ 进行特征值分解后得到的噪声特征值变得发散，此时 AIC 和 MDL 准则等基于信息论准则的信源数估计方法失效。如果不能准确地估计信源数，就不能正确对信号子空间与噪声子空间进行划分，利用空间谱估计信号的波达方向时性能就会变差甚至失效。但是通过对接收数据矢量 $\tilde{\boldsymbol{X}}(t)$ 经过标准化处理后，其阵列接收数据的非均匀噪声变成了零均值并且各阵元之间功率相等的白噪声，因此可以根据 $\tilde{\boldsymbol{R}}_X$ 的特征值进行信源数 D 判断，即利用信息论准则得到准确的信源数估计。

利用式（4-40）计算 MUSIC 算法的空间谱，并对谱峰值进行搜索便可知信号角度。

$$f(\theta,\ \varphi) = \frac{1}{\left\|\tilde{\boldsymbol{a}}^{\mathrm{H}}(\theta,\ \varphi)\cdot\tilde{\boldsymbol{U}}_{\mathrm{N}}\right\|^2} = \frac{1}{\left\|(\tilde{\boldsymbol{R}}_{\mathrm{N}}^{\frac{1}{2}}\cdot\boldsymbol{a}(\theta,\ \varphi))^{\mathrm{H}}\cdot\tilde{\boldsymbol{U}}_{\mathrm{N}}\right\|^2} \tag{4-41}$$

最后，将算法的计算过程进行总结：

步骤 1　由式（4-24）得到阵列输出的数据协方差矩阵 $\boldsymbol{R}_X$；

步骤 2　由 4.4.2 节的规则选取 M_1，M_2，M_3 值，得到变换矩阵 $\boldsymbol{P}_1$，$\boldsymbol{P}_2$，$\boldsymbol{P}_3$，利用变换矩阵构造式（4-25）和式（4-26）的矩阵；

步骤 3　通过式（4-36）和式（4-37）得到噪声协方差矩阵的估计 $\hat{\boldsymbol{R}}_{\mathrm{N}}$；

步骤 4　利用式（4-38）对接收数据进行标准化处理，并由式（4-39）得到

标准化的协方差矩阵 $\hat{\boldsymbol{R}}_X$；

步骤 5 对 $\hat{\boldsymbol{R}}_X$ 进行特征值分解，选取合适的信源数估计方法进行信源数判断，根据信源数确定噪声子空间 $\tilde{\boldsymbol{U}}_{\mathrm{N}}$；

步骤 6 由式（4-41）构造空间谱并通过谱峰搜索得到信号的波达方向。

4.4.4 计算复杂度分析

简便起见，这里只对在计算中占较大部分的运算操作进行分析。对矩阵 $\boldsymbol{R}_{23}^{-1}$ 等三个矩阵进行求逆需要的计算复杂度为 $O(M^3)$。对合成的新互相关协方差矩阵 $\boldsymbol{R}(\tau)$ 进行奇异值分解所需的计算复杂度为 $O(M^3)+O(LM^3)$。假设二维谱峰搜索的网格点分别为 J_1 和 J_2，谱峰搜索的计算复杂度为 $J_1J_2(M+1)(M-D)$，通常为 J_1 和 J_2 远大于 M。因此算法总的计算复杂度约为 $O(J_1J_2M^2)$。而传统 MUSIC 算法的计算复杂度主要集中在特征值分解与谱峰搜索。与传统 MUSIC 算法相比，本节算法在矩阵求逆以及矩阵相乘处花费了大量时间，计算复杂度较高。

4.4.5 计算机仿真实验分析

分别在均匀线阵和二维圆阵的条件下通过以下的计算机仿真实验证本章提出的标准化处理的 MUSIC 算法（Normalization Processing MUSIC，NP-MUSIC）的性能，并与经典的 MUSIC 算法和文献［84］提出的 Whitening-MUSIC 算法（以下简称为 W-MUSIC 算法）进行比较。

信噪比定义为

$$\mathrm{SNR} = 10\lg\left(\frac{\sigma_{\mathrm{S}}^2}{\sigma_{\mathrm{N}}^2}\right) \tag{4-42}$$

式中：σ_{N}^2 为第一个阵元接收噪声的功率；σ_{S}^2 为信号的功率。

1. 一维均匀线阵算法的性能仿真分析

采用一维均匀线阵，阵元数为 9，阵元间距等于信号波长的一半，噪声的协方差矩阵取 $\boldsymbol{R}_{\mathrm{N}}=\sigma_{\mathrm{N}}^2\mathrm{diag}$（1，2.1，1.5，7，0.4，1.2，10，1.9，0.8）。

实验 3 正确分辨概率

两个信号入射到天线阵列，入射角度分别为 10°和 20°，分别利用 MUSIC 算法，W-MUSIC 算法和 NP-MUSIC 算法进行波达方向估计。

首先对信噪比对正确分辨概率的影响进行仿真，快拍数取 100，信噪比取 −10dB～15dB，利用 3 种方法在每个信噪比条件下分别进行 100 次蒙特卡罗实验，统计正确分辨概率，如图 4.6 所示。然后对快拍数对正确分辨概率的影响进行仿真，信噪比取 5dB，快拍数取 10～150，在每个快拍数条件下进行 100 次蒙特卡罗实验，统计正确分辨概率如图 4.7 所示。

图 4.6 是在快拍数取 100 时，在不同信噪比下的 3 种算法的分辨概率，可以

看出，随着信噪比的增大，3 种算法的正确分辨概率逐渐提高并且趋近于 100%，MUSIC 算法、W-MUSIC 算法和 NP-MUSIC 算法的正确分辨概率达到 100% 的信噪比分别是 3dB、-2dB 和-5dB。

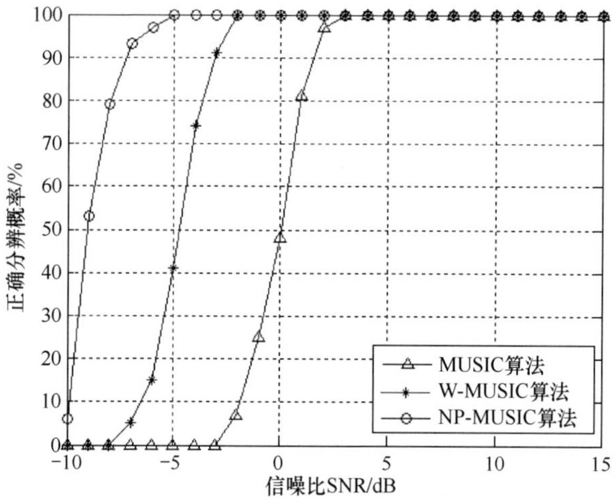

图 4.6　正确分辨概率与信噪比的关系

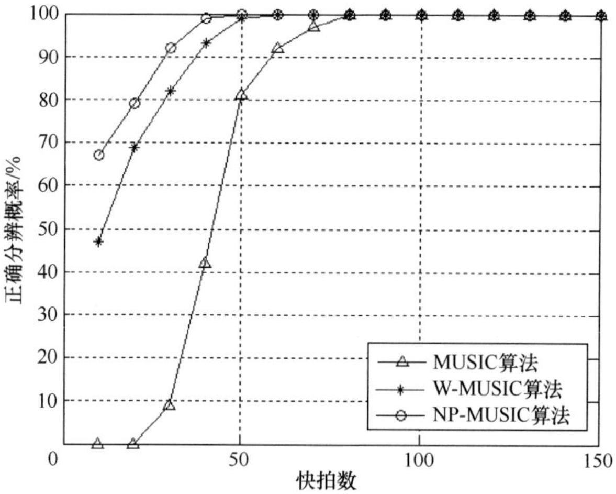

图 4.7　正确分辨概率与快拍数的关系

图 4.7 是在信噪比为 5dB 时不同快拍数下的分辨概率，可以看出，随着快拍数的增多，3 种算法的正确分辨概率提高，在快拍数分别为 80、60、50 时，MUSIC 算法、W-MUSIC 算法和 NP-MUSIC 算法的正确分辨概率可以达到 100%。

从图 4.6 和图 4.7 可以看出，随着信噪比的增大、快拍数的增多，3 种算法的正确分辨概率提高。在不同信噪比和快拍数条件下，本章提出算法的正确分辨概率最高。

实验 4　均方根误差

两个信号入射到天线阵列，入射角度分别为 10°和 20°，分别利用 MUSIC 算法、W-MUSIC 算法和 NP-MUSIC 算法进行波达方向估计。

首先对信噪比和均方根误差之间的关系进行仿真，信噪比的取值范围为-5dB~15dB，快拍数取 100，在每个信噪比下分别进行 100 次蒙特卡罗实验，得到不同信噪比条件下的均方根误差，结果如图 4.8 所示；然后信噪比取 5dB，快拍数取 10~150，对快拍数与均方根误差之间的关系进行仿真，在每个快拍数条件下进行 100 次蒙特卡罗实验，结果如图 4.9 所示。

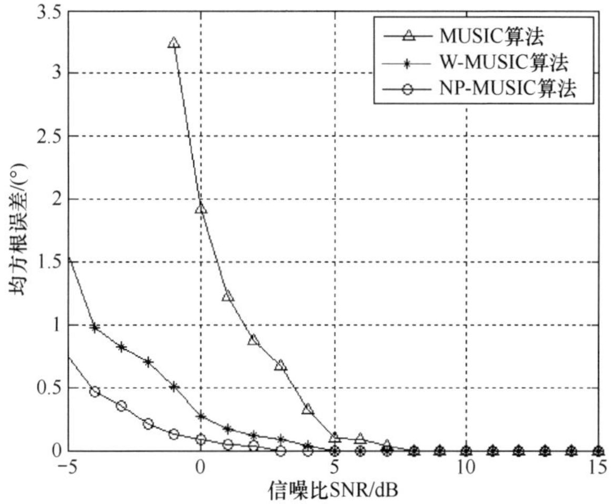

图 4.8　均方误差与信噪比的关系

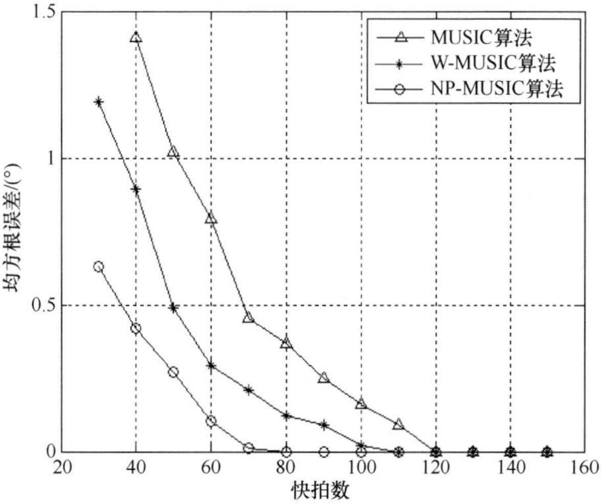

图 4.9　均方误差与快拍数的关系

图 4.8 是快拍数取 100 时不同信噪比下的 3 种算法的均方根误差，由图 4.8 可知，随着信噪比的增大，3 种算法的均方根误差减小，并且在相同信噪比下，算法的均方根误差最小。图 4.9 是在信噪比为 5dB 时不同快拍数下 3 种算法的均方根误差，随着快拍数增大，3 种算法的均方根误差减小。从图 4.8 和图 4.9 可以看出，随着信噪比的增大、快拍数的增多，3 种算法的均方根误差减小，在不同信噪比和快拍数条件下，本章算法的精度最高。

由图 4.8 和图 4.9 可知，在相同的信噪比和快拍数条件下，本章方法的测角精度最高，W-MUSIC 其次，经典的 MUSIC 算法测角精度最低。

实验 5　不同角间距的估计性能

首先设置两个入射信号，入射角度分别为−1°和 1°，在信噪比为 0dB，快拍数为 100 的条件下得到 3 种算法的空间谱图。由于得到的空间谱图的最大值的数量级可达 10^{10}，为便于观察，对空间谱值进行取对数处理，即取 $f_{\mathrm{dB}}=10\lg f(\theta)$，得到空间谱图如图 4.10 所示。

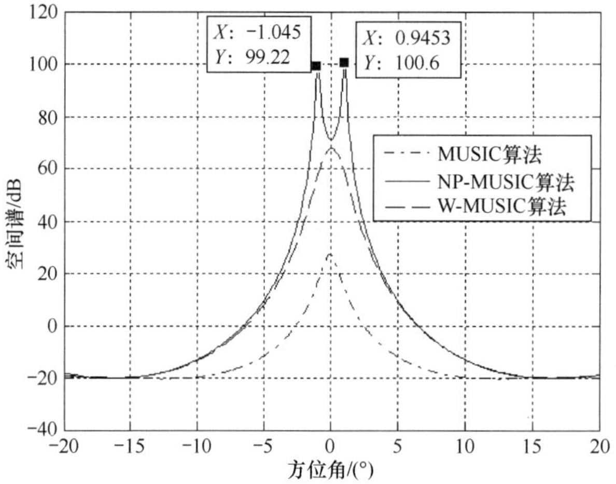

图 4.10　3 种方法的空间谱图

然后同样设置两个信号入射，其中一个信号由 0°入射并固定此角度，第二个信号的角度由 2°增大到 16°，步长设置为 1°，信噪比取 0dB，快拍数取 100，进行 100 次蒙特卡罗实验，对不同角间距下的 3 种算法的正确分辨概率和均方根误差进行统计，如图 4-11 和图 4-12 所示。

由图 4.10 可以看出，在信噪比为 0dB、快拍数为 100 时，MUSIC 算法和 W-MUSIC 算法已经不能分辨出角度间隔为 2°的两个入射信号，而是在两个信号角度中间形成了一个谱峰。而 NP-MUSIC 算法的空间谱曲线形成了两个谱峰，即可以分辨出角度间隔为 2°的两个信号。通过对曲线进行极值点搜索，得到了 NP-MUSIC 算法估计的两个入射信号的角度为−1.05°和 0.95°，即两个入射信号。

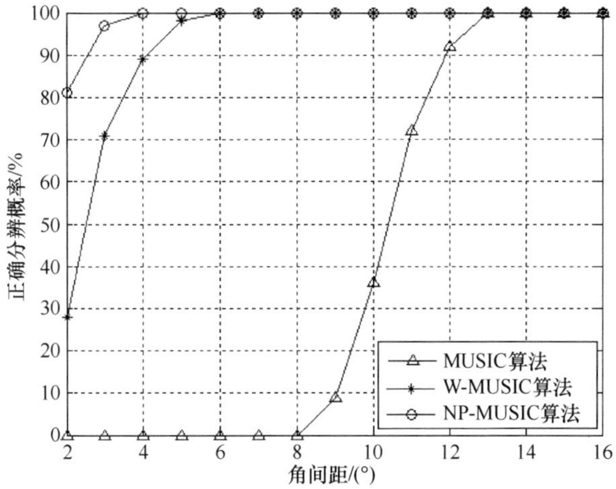

图 4.11　不同角间距下的正确分辨概率

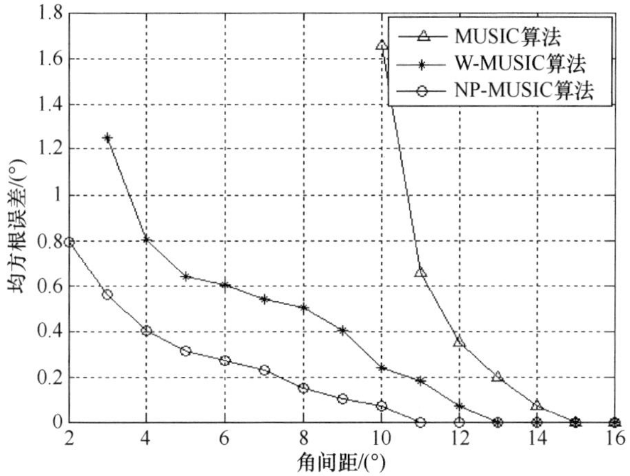

图 4.12　不同角间距下的均方误差

由图 4.11 可以看出，MUSIC 算法、W-MUSIC 算法和 NP-MUSIC 算法分别在两个信号的角间距大于 13°、6°、4°时正确分辨概率可以达到 100%，在小角度间距下，W-MUSIC 算法和 NP-MUSIC 算法的正确分辨概率明显高于经典的 MUSIC 算法。

由图 4.12 可以看出，在相同的角间距下，NP-MUSIC 算法和 W-MUSIC 算法的均方根误差明显小于 MUSIC 算法，尤其是在两个入射信号的角度间隔小于 10°时，MUSIC 算法的均方根误差大于 1.5°，已经不能正确分辨两个信号。

从图 4.11 和图 4.12 可以看出，随着两个信号入射角度的间隔逐渐增大，三种算法的正确分辨概率逐渐提高并且趋近于 100%，均方根误差逐渐减小，测角精度逐渐提高。在相同的信号角度间隔下，NP-MUSIC 算法的正确分辨概率最高，均方根误差最小，估计精度最高。

2. 二维圆阵算法的性能仿真分析

天线阵列采用五阵元的均匀圆阵，圆阵的半径为 150mm。两个频率为 3GHz 的窄带信号由远场入射到该天线阵列，两个信号入射角度分别为（80°，30°）和（53°，42°），噪声协方差矩阵取 $\boldsymbol{R}_{\mathrm{N}}=\sigma_{\mathrm{N}}^{2}\mathrm{diag}$（1，2.1，1.5，13，0.4）。分别利用 MUSIC 算法、W-MUSIC 算法和 NP-MUSIC 算法进行入射信号的波达方向估计。

实验 6　三种算法的空间谱图

首先通过 MUSIC 算法、W-MUSIC 算法和 NP-MUSIC 算法的空间谱图观察 3 种算法对两个入射信号的分辨能力。计算机仿真中，信噪比取 20dB，快拍数取 200。为了便于观察，同样要对空间谱值进行取对数处理，即 $f_{\mathrm{dB}}=10\lg f(\theta,\varphi)$，得到 3 种算法的空间谱图如图 4.13 所示。最后通过对 3 种算法的空间谱图进行极值点搜索可以得到入射信号的角度信息。

在图 4.13 中，3 种算法均能形成两个信号的空间谱图，NP-MUSIC 算法的谱峰值最大，其次是 W-MUSIC 算法，MUSIC 算法的谱峰值最小，并且可以看出 W-MUSIC 算法和 NP-MUSIC 算法的谱峰比 MUSIC 算法的谱峰尖锐，估计的角度较 MUSIC 算法精确。通过对图 4.13 中 3 种算法的空间谱图进行极大值搜索，得到利用 MUSIC 算法估计的两个信号角度分别为（82.0°, 28.1°）和（51.9°, 42.6°），W-MUSIC 算法估计的两个信号的角度为（80.7°, 27.0°）和（52.3°, 42.6°），NP-MUSIC 算法估计的两个信号的角度为（79.8°，28.5°）和（53.2°，42.0°），W-MUSIC 算法和 NP-MUSIC 算法估计的入射信号角度比 MUSIC 算法精确。

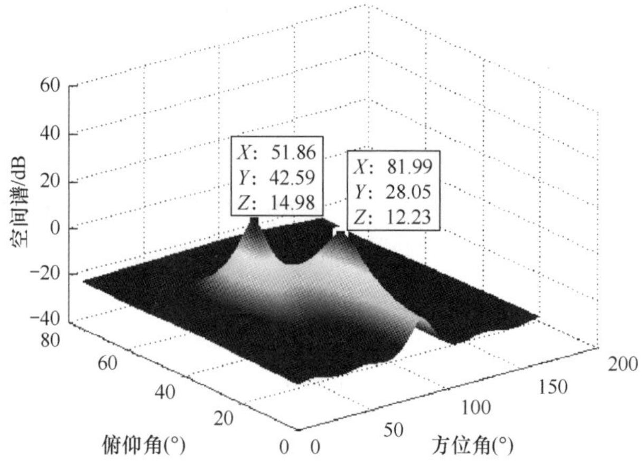

(a) MUSIC算法

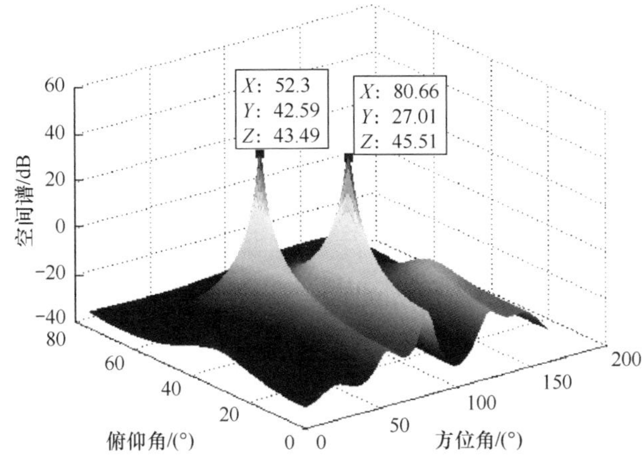

(b) W-MUSIC算法

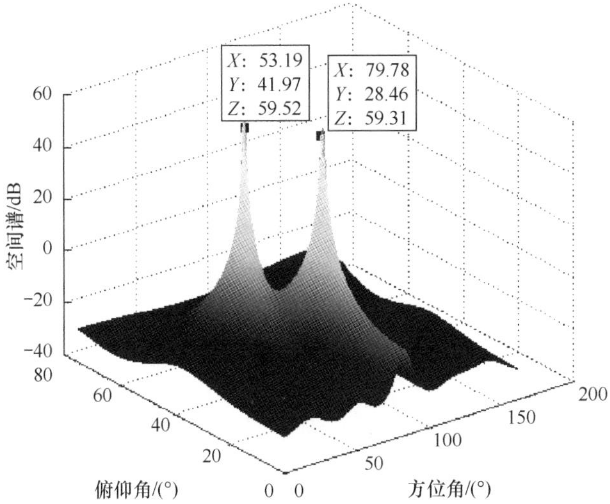

(c) NP-MUSIC算法

图 4.13　三种算法的空间谱图

实验 7　正确分辨概率

首先仿真信噪比对正确分辨概率的影响，信噪比取−5dB ~ 20dB，快拍数取200，分别利用 MUSIC 算法、W-MUSIC 算法和 NP-MUSIC 算法进行波达方向估计，在每个信噪比条件下分别进行 100 次蒙特卡罗实验，统计不同信噪比下 3 种算法的正确分辨概率，结果如图 4.14 所示。

然后仿真快拍数对正确分辨概率的影响，快拍数的范围为 50~600，信噪比取 5dB，分别利用 MUSIC 算法、W-MUSIC 算法和 NP-MUSIC 算法进行波达方向估计，在每个快拍数条件下进行 100 次蒙特卡罗实验，统计不同快拍数下 3 种算法的正确分辨概率，如图 4. 15 所示。

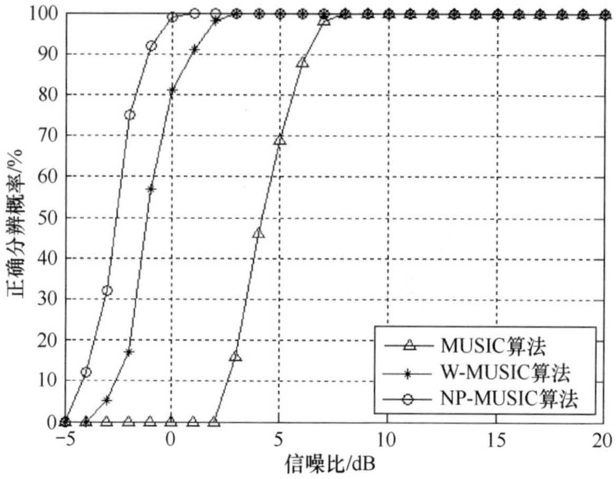

图 4. 14　正确分辨概率与信噪比的关系

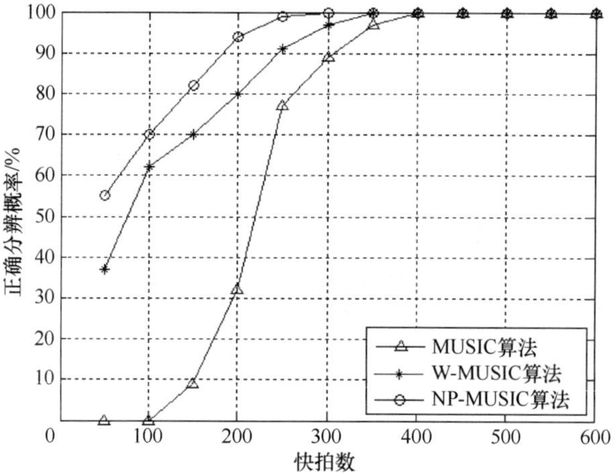

图 4. 15　正确分辨概率与快拍数的关系

由图 4. 14 可以看出，随着信噪比的增大，3 种算法的正确分辨概率逐渐提高并且趋近于 100%，MUSIC 算法、W-MUSIC 算法和 NP-MUSIC 算法的正确分辨概率达到 100% 的信噪比门限分别是 8dB、3dB 和 1dB。

由图 4. 15 可以看出，随着快拍数的增多，3 种算法的正确分辨概率提高，并且在快拍数分别为 400、350、300 时，MUSIC 算法、W-MUSIC 算法和 NP-MUSIC 算法的正确分辨概率可以达到 100%。

从图 4. 14 和图 4. 15 可以看出，随着信噪比的增大、快拍数的增多，3 种算法的正确分辨概率提高，在不同信噪比和快拍数条件下，NP-MUSIC 算法的正确分辨概率最高，W-MUSIC 算法次之，经典 MUSIC 算法的正确分辨概率最低。

实验 8　均方根误差

对不同信噪比下的均方根误差进行统计，快拍数取 200，信噪比范围为-5dB～25dB，在每个信噪比下分别进行 100 次蒙特卡罗实验，结果如图 4.16 所示；对不同快拍数下的均方根误差进行统计，信噪比取 5dB，快拍数取值为 50～600，在每个快拍数条件下进行 100 次蒙特卡罗实验，结果如图 4.17 所示。

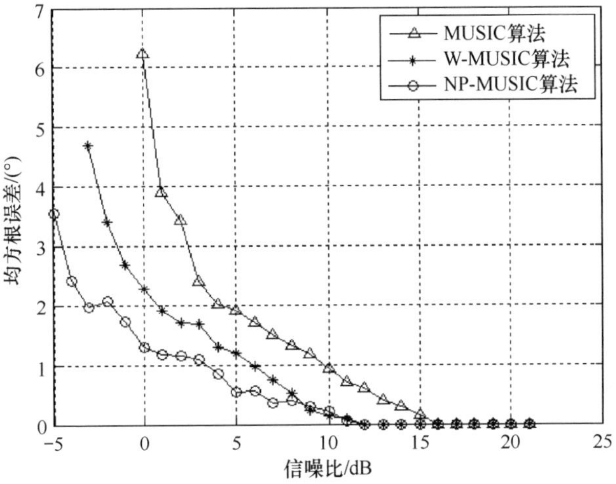

图 4.16　均方根误差与信噪比的关系

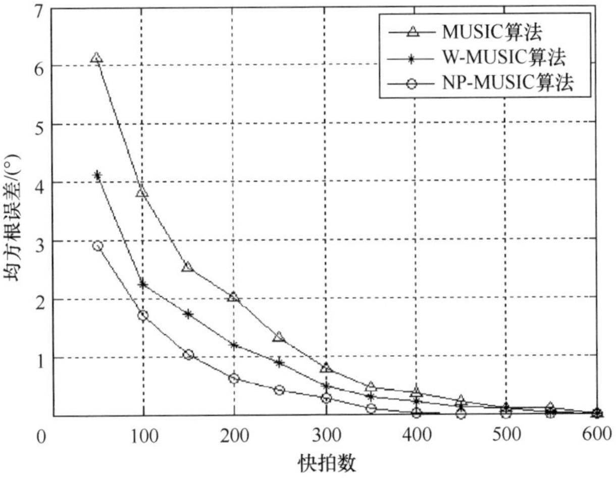

图 4.17　均方误差与快拍数的关系

图 4.16 是快拍数取 200 时不同信噪比下的 3 种算法的均方根误差，随着信噪比的增大，3 种算法的均方根误差减小，并且在相同信噪比下本章算法的均方

根误差最小。图 4.17 是在信噪比为 5dB 时不同快拍数下 3 种算法的均方根误差，随着快拍数增大，3 种算法的均方根误差减小。从图 4.16 和图 4.17 可以看出，在不同信噪比和快拍数条件下，本章算法的精度最高。

由实验 1~实验 8 的计算机仿真实验可以看出，在一维均匀线阵条件下和二维均匀圆阵条件下，NP-MUSIC 算法的信号角度估计性能优于 W-MUSIC 算法和经典的 MUSIC 算法。

实验 9　计算时间

在计算机上利用 MATLAB R2008a 软件进行仿真，计算机处理器为 Intel Core2 Duo CPU T7300，单核的主频为 2GHz，电脑内存为 2GB。信噪比取 14dB，分别在不同的快拍数下进行 100 次计算机仿真实验，统计 3 种算法单次运算的平均时间，见表 4.1。

由表 4.2 可知，随着快拍数的增多，3 种算法的运算时间也随之增加；在同样的快拍数下 MUSIC 算法的计算时间最短，NP-MUSIC 算法与 W-MUSIC 算法运算时间较长。这是因为 DC-MUSIC 算法与 W-MUSIC 算法均需要对 3 个新构造的协方差矩阵进行求逆，计算量较大。

表 4.2　不同快拍数的计算时间

快拍数	NP-MUSIC 算法	W-MUSIC 算法	MUSIC 算法
300	5.84ms	5.34ms	3.43ms
500	9.88ms	9.85ms	5.76ms
800	15.27ms	15.88ms	8.77ms
1000	19.65ms	19.32ms	11.46ms

4.4.6　实测数据分析

1. 测试环境

实验在尺寸为 18m×10m×5.5m 的微波暗室中进行，辐射源与接收信号天线间距最大为 10m，实验室宽（不包括吸波材料）大约为 8.5m。利用 3 台电源，分别提供±12V，+5V，-5V 的电压；信号源 3 台，分别作为辐射信号源与频综调谐使用；系统组成包括辐射天线、微波接收机、测向信号处理器；利用 Tektronix TDS2024 示波器（2 路）1 台、PC 机 3 台、ADSP 开发器一个、Xilinix 开发器一个。系统采用的天线阵列是五元均匀圆阵，圆阵半径为 150mm，实验测试设备摆放和天线盘模型如图 3.10 和图 3.11（a）所示。

2. 信号摆放关系

信号形式为常规脉冲信号，辐射天线为喇叭天线，与接收天线最大间距为 10m，固定测向处理器的位置，设置两个信号源，摆放形式如图 4.18 所示。固定测向处理器的位置，将两个信号源摆放在实验室右端，信号源与测向系统的距离

L 可以在 8 ~10m 之间进行调节，信号源之间距离 d 可以在 0 ~4.5m 之间进行调节。

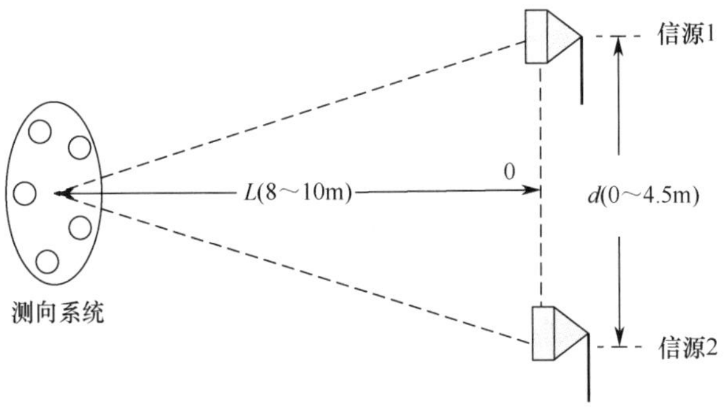

图 4.18　两个信号源摆放位置示意图

3. 实验测试

分别利用经典 MUSIC 算法、W-MUSIC 算法和 NP-MUSIC 算法进行信号波达方向估计，得到 3 种算法的空间谱图。

实验 10　入射信号频率为 6GHz

首先在两个辐射源信号频率为 6GHz 时采集数据，并进行入射信号角度估计实验。分别对 3 种算法进行信号入射角度估计，得到空间谱图，如图 4.19 所示。由于实际环境中空间谱图较小，故不进行取对数处理，直接取空间谱值并进行做图。

由于实验室不具备对入射信号角度进行精确测量的条件，所以在本实验中以分别对每个辐射信号的角度的估计作为入射信号的真实的入射角度。在频率为 6GHz 时，两个入射信号的角度分别为（341.6°，86.2°）和（206.2°，87.2°）。

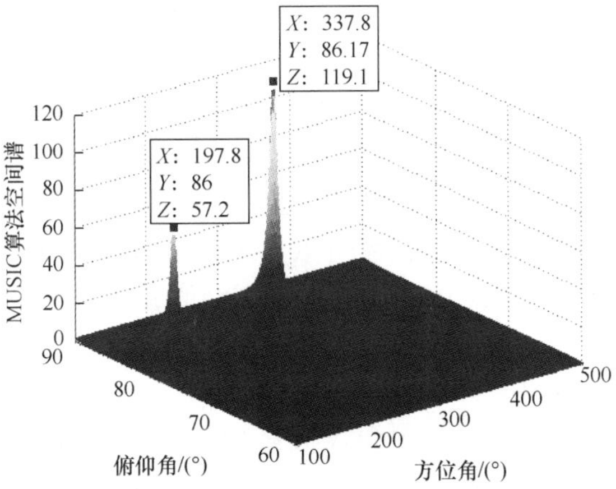

(a) MUSIC算法

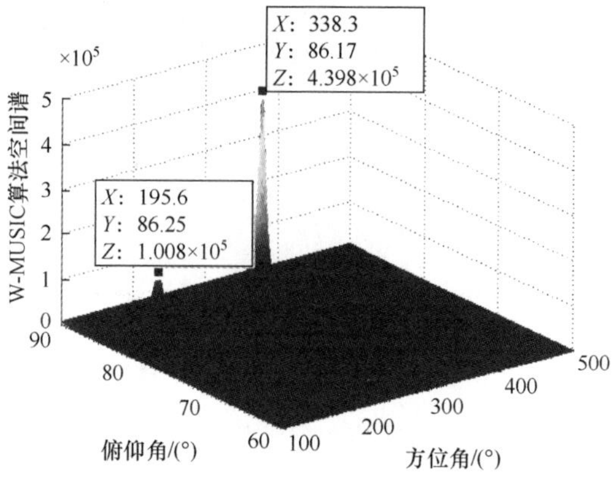

(b) W-MUSIC算法

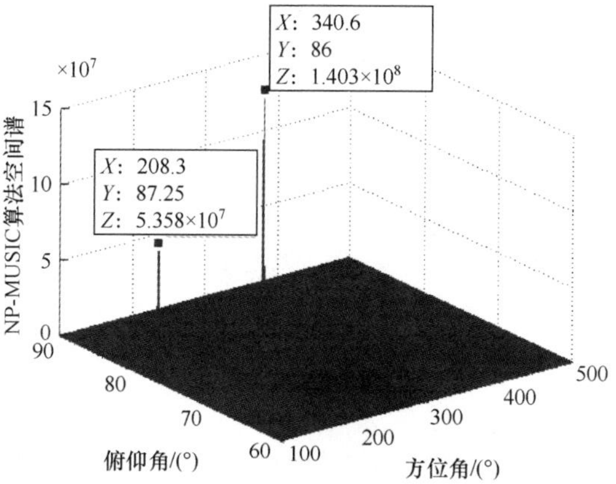

(c) NP-MUSIC算法

图 4.19 频率为 6GHz 时 3 种算法的空间谱图

在图 4.19 中，通过对 3 种算法的空间谱图中的极值点进行搜索，可以得到空间谱图中最大的两个极值点对应的入射信号的角度。MUSIC 算法估计的两个信号的角度分别为（337.8°，86.2°）和（197.8°，86.0°），W-MUSIC 算法为（338.3°，86.2°）和（195.6°，86.3°），NP-MUSIC 算法为（340.6°，86.0°）和（208.3°，87.3°），可以看出，3 种算法都能较准确地估计出两个入射信号的角度，但是观察 3 种算法的空间谱图可以看出，NP-MUSIC 算法的谱峰值最大，W-MUSIC 算法的谱峰值其次，MUSIC 算法的谱峰值最小。NP-MUSIC 算法的谱峰最尖锐，分辨性能较好。

实验 10　入射信号频率为 3GHz

设置两个 3GHz 的信号，入射角度分别为（385.2°，85.4°）和（217.0°，82.1°），快拍数为 100。分别采用 MUSIC 算法和 W-MUSIC 算法和 NP-MUSIC 算法进行信号入射角度估计，得到空间谱图，如图 4.20 所示。同样不对空间谱图进行取对数处理，直接做图。

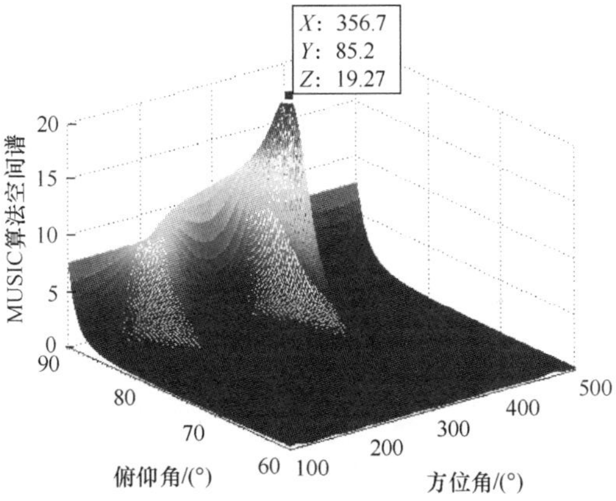

(a) MUSIC算法

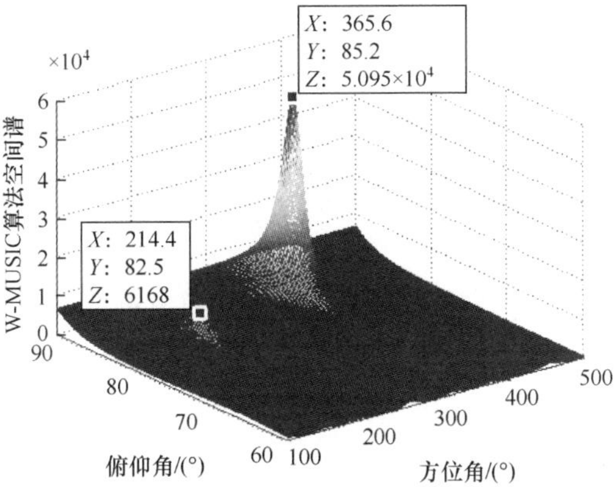

(b) W-MUSIC算法

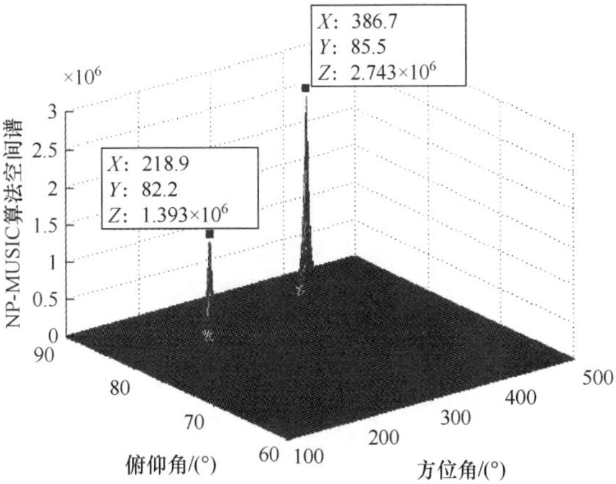

(c) NP-MUSIC算法

图 4.20　频率为 3GHz 时 3 种算法的空间谱图

在图 4.20（a）中可以看出，在入射信号为 3GHz 时，MUSIC 算法的谱峰不再尖锐，两个信号的谱峰重叠在一起，此时 MUSIC 算法已经不能分辨出两个信号，其估计的两个信号角度为（356.7°，85.2°）和（356.7°，85.2°），也就是说，此时 MUSIC 算法将伪峰错误地判断为入射信号，只能分辨出其中一个入射信号。对图 4.20（b）和图 4.20（c）的空间谱图进行极值点搜索，得到 W-MUSIC 算法估计得到的两个信号的入射角度分别为（365.6°，85.2°）和（214.4°，82.5°），NP-MUSIC 算法估计的信号角度为（386.7°，85.5°）和（218.9°，82.2°），NP-MUSIC 算法估计得到的信号角度比 W-MUSIC 算法精确。由图 4.20（b）和图 4.20（c）可以看出，W-MUSIC 算法的谱峰已经变得非常平缓，而 NP-MUSIC 算法依然可以得到尖锐的谱峰，所以具有较高的估计精度。

根据上述在实际测向系统中的实验可以看出，在实际测向系统中，测向环境变得复杂，由于受到各阵元之间在空间上的相关性、信号之间的相关性、各通道内噪声的不一致性以及各通道之间的增益不一致性等因素的影响，使得经典的 MUSIC 算法的分辨性能受到影响。

由实验 9 和实验 10 得到的空间谱图可以看出，在实际测向系统中，MUSIC 算法空间谱图的谱峰并不尖锐，测角精度下降甚至不能进行角度估计，而 NP-MUSIC 算法仍能形成尖锐的谱峰，估计精度较高，具有较好的角度分辨性能。这是因为，虽然实际测向系统的测向环境变得复杂，但是本章算法通过估计的噪声协方差矩阵对接收数据进行处理，极大可能地使得色噪声变成了白噪声，从而提高了算法性能。

4.5 小结

本章首先研究了阵列接收数据的非零延时相关函数，发现在非零延时相关函数中蕴含了信号的波达方向信息，并对高斯白噪声具有一定的抑制作用，如果在波达方向估计中能利用延时相关函数的这些性质，那么就可以在一定程度上提高波达方向估计的性能。为了充分利用延时相关函数的特性，本章利用所有阵元之间的延时相关函数对阵列接收数据的协方差矩阵进行重新构造，在任意阵列形式下，提出了基于延时相关处理的 MUSIC 算法，并且将变尺度混沌优化算法引入空间谱的计算和谱峰搜索的过程中，减小了计算量，算法的分辨力和测角精度得到了提高且不损失阵列孔径。计算机仿真实验验证了两种算法的性能。

本章随后对非均匀噪声背景下的信号模型进行分析，在实际测向系统中，由于阵元各通道幅度和相位的不一致、通道内部噪声不一致等因素的影响，会造成天线阵列输出数据的噪声功率不相等，此时阵列接收的噪声是非均匀的色噪声。在非均匀噪声背景下，噪声在时间和空间上都是不平稳的，经典的 MUSIC 算法的测向性能会出现恶化甚至失效。针对这个问题本章提出了一种适用于非均匀噪声背景下的波达方向估计方法，首先利用 3 个变换矩阵对数据协方差矩阵进行处理，得到两部分数据：一部分含有噪声，另一部分不含噪声；然后利用这两部分的关系得到噪声协方差矩阵的估计，最后利用噪声协方差矩阵的估计对接收数据进行标准化处理，使得接收数据包含的色噪声变成了零均值并且各阵元之间功率相等的白噪声。这样就可以将非均匀噪声下的波达方向估计转变成白噪声下的波达方向估计，克服了色噪声对算法性能的影响。通过计算机仿真实验验证了算法的有效性，仿真结果也证明了 NP-MUSIC 算法的分辨性能优于 MUSIC 算法和 W-MUSIC 算法，最后，在实际测向系统中测试了 NP-MUSIC 算法的性能，验证了算法性能的优越性和工程实用性。

第5章　非圆信号波达方向估计

5.1　引言

通信、雷达系统中常用的二进制相移键控（BPSK）和幅度调制（MASK）等调制信号都具有非圆特性[256,257]。近年来的一些研究表明[271,272]，同时利用非圆信号的协方差矩阵和伪协方差矩阵，可以提高非圆信号的波达方向估计性能。

典型的非圆信号波达方向估计算法有 NC-MUSIC 算法[273] 和 NC-ESPRIT 算法[274]。NC-MUSIC 算法同时利用了阵列的协方差矩阵和伪协方差矩阵，令阵列的导向矢量得到了扩展，使得可测信号数为 MUSIC 算法的两倍，提高了分辨性能。郑春弟等[273,274] 对 NC-MUSIC 算法和 NC-ESPRIT 算法进行简化，提出了这两种算法的实值算法。文献［247］提出针对最大非圆率信号的 C-SPRIT（Conjugate ESPRIT）算法，通过对接收数据进行共轭重排巧妙地生成了一对具有旋转不变关系的子阵，利用 ESPRIT 算法的原理进行波达方向估计，提高了波达方向估计的性能。文献［275，276］将 C-SPRIT 算法的原理推广到 MUSIC 算法中，但是 MUSIC 算法需要进行谱峰搜索，需要耗费大量的时间。C-SPRIT 算法在不损失阵列孔径的基础上提高了非圆信号波达方向估计的性能，但是对共轭重排后的信号入射角度信息的利用并不充分，本章根据 C-SPRIT 算法的原理，通过对所有阵列接收数据进行共轭重排，构造了与阵元个数相同的多个具有旋转不变关系的子阵，相比于 C-SPRIT 算法对信息的利用更充分；然后通过延时相关处理抑制了高斯白噪声对算法影响，提高了非圆信号波达方向估计的测角精度和正确分辨概率。基于四阶累积量（Forth Order Cumulant，FOC）的波达方向估计算法[277] 具有虚拟阵列扩展性能，并且对数据中的高斯分量具有不敏感性，可以有效抑制高斯噪声并提取出信号的非高斯成分。根据 BPSK 等最大非圆率信号的非高斯特性和非圆特性，本章引入了四阶累积量方法，提出了基于四阶累积量的非圆信号波达方向估计算法。首先，构造两个四阶累积量矩阵，这两个矩阵包含了信号的非圆信息并且具有旋转不变性；然后利用这两个四阶累积量矩阵的旋转不变性进行信号的波达方向估计；最后在通道幅相误差模型下对算法的稳健性进行分析，并推导出只要接收通道中任意两个通道保持一致，算法就能进行准确的波达方向估计，即算法对通道幅相误差具有稳健性。

5.2 非圆信号模型

在实际系统中，接收信号下变频到基带后，由同相分量和正交分量得到复信号，而对于非圆信号和圆信号的划分正是基于得到的复信号的统计特性。“圆”是指绕圆心任意旋转是不变的，圆信号的统计特性具有旋转不变特性，而非圆信号不具备旋转不变特性。

5.2.1 接收数据模型

假设一个由 M 个阵元组成的均匀线阵，有 D 个不相关的远场窄带非圆信号由方向 θ_1，θ_2，…，θ_D 入射到该天线阵列，阵元间距为半波长。若以第一个阵元为参考阵元，则第 m 个（$m=1,2,\cdots,M$）阵元的接收信号为

$$x_m(t)=\sum_{i=1}^{D}a_m(\theta_i)s_i(t)+n_m(t) \tag{5-1}$$

式中：$a_m(\theta_i)=\exp(-\mathrm{j}\omega_0\tau_{mi})$。其中：$i=1,2,\cdots,D;\omega_0=2\pi f=2\pi c/\lambda$，$c$ 为光速，λ 为波长；$\tau_{mi}=(m-1)d\sin\theta_i/c$，表示第 i 个($i=1,2,\cdots,D$)信号到达第 m 个($m=1,2,\cdots,M$)阵元相对于参考阵元的时延。

通常情况下的阵列接收数据的矩阵形式为

$$\boldsymbol{X}(t)=\boldsymbol{AS}(t)+\boldsymbol{N}(t) \tag{5-2}$$

式中：$\boldsymbol{X}(t)=[\boldsymbol{x}_1(t),\boldsymbol{x}_2(t),\cdots,\boldsymbol{x}_M(t)]^{\mathrm{T}}$ 为阵列的 $M\times1$ 维接收数据矢量；$\boldsymbol{S}(t)=[s_1(t),s_2(t),\cdots,s_D(t)]^{\mathrm{T}}$ 为信号的 $D\times1$ 维矢量；$\boldsymbol{N}(t)=[n_1(t),n_2(t),\cdots,n_M(t)]^{\mathrm{T}}$ 为 $M\times1$ 维的噪声数据矢量；$\boldsymbol{A}=[\boldsymbol{a}(\theta_1),\boldsymbol{a}(\theta_2),\cdots,\boldsymbol{a}(\theta_D)]$为阵列的 $M\times D$ 维导向矢量阵，$\boldsymbol{a}(\theta_i)=[\boldsymbol{a}_1(\theta_i),\boldsymbol{a}_2(\theta_i),\cdots,\boldsymbol{a}_M(\theta_i)]^{\mathrm{T}}$ 为阵列在 θ_i 方向的导向矢量。

阵列接收数据的协方差矩阵为

$$\boldsymbol{R}_X=E[\boldsymbol{X}(t)\boldsymbol{X}^{\mathrm{H}}(t)]=\boldsymbol{AR}_{\mathrm{S}}\boldsymbol{A}^{\mathrm{H}}+\boldsymbol{R}_{\mathrm{N}} \tag{5-3}$$

式中：$\boldsymbol{R}_{\mathrm{S}}=E[\boldsymbol{S}(t)\boldsymbol{S}^{\mathrm{H}}(t)]$，$\boldsymbol{R}_{\mathrm{N}}=E[\boldsymbol{N}(t)\boldsymbol{N}^{\mathrm{H}}(t)]$分别为信号和噪声协方差矩阵。

由第 2 章可知，非圆信号矢量 $\boldsymbol{S}=[s_1,s_2,\cdots,s_D]^{\mathrm{T}}$ 可以写为

$$\boldsymbol{S}=\boldsymbol{\Phi}^{\frac{1}{2}}\boldsymbol{S}_0 \tag{5-4}$$

式中：$\boldsymbol{S}_0=[s_{0,1},s_{0,2},\cdots,s_{0,D}]^{\mathrm{T}}$，$\boldsymbol{\Phi}=\mathrm{diag}[\exp(\mathrm{j}\phi_1),\exp(\mathrm{j}\phi_2),\cdots,\exp(\mathrm{j}\phi_D)]$是只与非圆相位有关的对角阵。并且有 $s_i=s_{0,i}\exp$（$\mathrm{j}\phi_i/2$），$\phi_i/2$ 是信号的初相，$s_{0,i}$ 为信号 s_i 的零初相实信号。

因此，非圆信号的阵列接收数据模型为

$$\boldsymbol{X}(t)=\boldsymbol{AS}(t)+\boldsymbol{N}(t)=\boldsymbol{A\Phi}^{\frac{1}{2}}\boldsymbol{S}_0(t)+\boldsymbol{N}(t) \tag{5-5}$$

5.2.2 非圆信号 ESPRIT 方法

对于相互独立的信号 $\boldsymbol{S}=[s_1,s_2,\cdots,s_D]^{\mathrm{T}}$，其协方差矩阵和伪协方差矩阵分别由式（5-6）和式（5-7）定义：

$$\boldsymbol{R}_{\mathrm{S}}=E[\boldsymbol{S}(t)\boldsymbol{S}^{\mathrm{H}}(t)]=\mathrm{diag}(\sigma_{s_1}^2,\ \sigma_{s_2}^2,\ \cdots,\ \sigma_{s_D}^2) \tag{5-6}$$

$$\boldsymbol{R}'_{\mathrm{S}}=E[\boldsymbol{S}(t)S^{\mathrm{T}}(t)] \tag{5-7}$$

式中：$\sigma_{s_1}^2$，$\sigma_{s_2}^2$，…，$\sigma_{s_D}^2$ 为信号 s_1，s_2，…，s_D 的功率。

对于协方差矩阵，非圆信号和圆信号都有式（5-6）成立。但是，对于式（5-7）的伪协方差矩阵，圆信号的 $\boldsymbol{R}'_{\mathrm{S}}=\boldsymbol{0}$，而非圆信号的 $\boldsymbol{R}'_{\mathrm{S}}\neq\boldsymbol{0}$，并且有

$$\boldsymbol{R}'_{\mathrm{S}}=E[\boldsymbol{S}(t)\boldsymbol{S}^{\mathrm{T}}(t)]=\begin{bmatrix}\exp(\mathrm{j}\phi_1)\sigma_{s_1}^2 & & & \\ & \exp(\mathrm{j}\phi_2)\sigma_{s_2}^2 & & \\ & & \ddots & \\ & & & \exp(\mathrm{j}\phi_D)\sigma_{s_D}^2\end{bmatrix}$$

$$=\begin{bmatrix}\exp(\mathrm{j}\phi_1) & & & \\ & \exp(\mathrm{j}\phi_2) & & \\ & & \ddots & \\ & & & \exp(\mathrm{j}\phi_D)\end{bmatrix}\begin{bmatrix}\sigma_{s_1}^2 & & & \\ & \sigma_{s_2}^2 & & \\ & & \ddots & \\ & & & \sigma_{s_D}^2\end{bmatrix}=\boldsymbol{\Phi}\boldsymbol{R}_{\mathrm{S}} \tag{5-8}$$

在空间谱估计算法中，圆信号因其伪协方差矩阵为零，因此只能利用它的协方差矩阵进行波达方向估计；而非圆信号的伪协方差矩阵不为零，并且也包含了入射信号的角度信息，因此可以同时利用非圆信号的协方差矩阵和伪协方差矩阵，进而提高对非圆信号的波达方向估计性能。

假设阵列接收信号都是非圆信号，为了充分利用信号的非圆特性，同时利用阵列接收数据和其共轭数据，组成扩展阵列输出：

$$\boldsymbol{Y}(t)=\begin{bmatrix}\boldsymbol{X}(t)\\ \boldsymbol{X}^*(t)\end{bmatrix}=\begin{bmatrix}\boldsymbol{A} & \boldsymbol{0}\\ \boldsymbol{0} & \boldsymbol{A}^*\end{bmatrix}\begin{bmatrix}\boldsymbol{S}(t)\\ \boldsymbol{S}^*(t)\end{bmatrix}+\begin{bmatrix}\boldsymbol{N}(t)\\ \boldsymbol{N}^*(t)\end{bmatrix} \tag{5-9}$$

扩展阵列输出的协方差矩阵为

$$\begin{aligned}\boldsymbol{R}_Y&=E[\boldsymbol{Y}(t)\boldsymbol{Y}^{\mathrm{H}}(t)]=\begin{bmatrix}\boldsymbol{R} & \boldsymbol{R}'\\ \boldsymbol{R}'^* & \boldsymbol{R}^*\end{bmatrix}\\ &=\begin{bmatrix}\boldsymbol{A} & \boldsymbol{0}\\ \boldsymbol{0} & \boldsymbol{A}^*\end{bmatrix}\begin{bmatrix}\boldsymbol{R}_{\mathrm{S}} & \boldsymbol{R}_{\mathrm{S}}'\\ \boldsymbol{R}'^*_{\mathrm{S}} & \boldsymbol{R}_{\mathrm{S}}^*\end{bmatrix}\begin{bmatrix}\boldsymbol{A} & \boldsymbol{0}\\ \boldsymbol{0} & \boldsymbol{A}^*\end{bmatrix}^{\mathrm{H}}+\sigma_N^2\boldsymbol{I}_{2M}\end{aligned} \tag{5-10}$$

式中：$\boldsymbol{R}=E[\boldsymbol{X}(t)\boldsymbol{X}^{\mathrm{H}}(t)]$ 和 $\boldsymbol{R}'=E[\boldsymbol{X}(t)\boldsymbol{X}^{\mathrm{T}}(t)]$ 分别为接收数据的协方差矩阵和

伪协方差矩阵；$\boldsymbol{R}_{\mathrm{S}}=E[\boldsymbol{S}(t)\boldsymbol{S}^{\mathrm{H}}(t)]$ 和 $\boldsymbol{R}'_{\mathrm{S}}=E[\boldsymbol{S}(t)\boldsymbol{S}^{\mathrm{T}}(t)]$ 分别为信号的协方差矩阵和伪协方差矩阵。

阵列接收信号是不相关的最大非圆率信号，因此有：

$$\boldsymbol{R}_{Y}=\begin{bmatrix}\boldsymbol{A}\\ \boldsymbol{A}^{*}\boldsymbol{\Phi}^{*}\end{bmatrix}\boldsymbol{R}_{\mathrm{S}}\begin{bmatrix}\boldsymbol{A}\\ \boldsymbol{A}^{*}\boldsymbol{\Phi}^{*}\end{bmatrix}^{\mathrm{H}}+\sigma_{N}^{2}\boldsymbol{I}_{2M}=\overline{\boldsymbol{A}}\boldsymbol{R}_{\mathrm{S}}\overline{\boldsymbol{A}}^{\mathrm{H}}+\sigma_{N}^{2}\boldsymbol{I}_{2M} \tag{5-11}$$

式中：$\boldsymbol{R}_{\mathrm{S}}=E[\boldsymbol{S}(t)\boldsymbol{S}^{\mathrm{H}}(t)]=E[\boldsymbol{S}_{0}(t)\boldsymbol{S}_{0}^{\mathrm{T}}(t)]$；$\boldsymbol{S}=\boldsymbol{\Phi}^{\frac{1}{2}}\boldsymbol{S}_{0}$；$\overline{\boldsymbol{A}}=\begin{bmatrix}\boldsymbol{A}\\ \boldsymbol{A}^{*}\boldsymbol{\Phi}^{*}\end{bmatrix}$。

显然，式（5-3）和式（5-11）具有相同的形式，即扩展阵列的协方差矩阵 $\boldsymbol{R}_{Y}$ 与原阵列的协方差矩阵 $\boldsymbol{R}_{X}$ 具有相同的性质。所以，可以利用 $\boldsymbol{R}_{Y}$ 进行波达方向估计，即通过对 $\boldsymbol{R}_{Y}$ 进行特征分解，得到扩展阵列的噪声子空间，然后利用 $\boldsymbol{R}_{Y}$ 的导向矢量 $\overline{\boldsymbol{A}}$ 与噪声子空间之间的正交性进行波达方向估计。

经典的空间谱估计算法仅利用了阵列接收数据的协方差矩阵 $\boldsymbol{R}$，而基于非圆信号的空间谱估计算法同时利用了协方差矩阵 $\boldsymbol{R}$ 和伪协方差矩阵 $\boldsymbol{R}'$，信息的利用率得到了提高，因此也提高了算法的性能。

5.3 非圆信号矩阵重构 ESPRIT 方法

C-SPRIT（Conjugate ESPRIT）算法[247] 通过对接收数据进行共轭重排生成了一对具有旋转不变关系的子阵，然后利用 ESPRIT 算法的原理进行波达方向估计，提高了波达方向估计的性能，但是只利用了一对具有旋转不变关系的子阵。最大非圆率信号可以由实信号进行移相得到，根据非圆信号的特点，本章利用 C-SPRIT 算法的原理，构造了与阵元个数相同的多个具有旋转不变关系的子阵，比 C-SPRIT 算法对信息的利用更充分；然后，通过延时相关处理抑制了高斯白噪声对算法影响，提高了非圆信号波达方向估计的测角精度和正确分辨概率。

5.3.1 旋转不变关系构造

C-SPRIT 算法[247] 通过对接收数据矩阵进行共轭重排来获得一个新的子阵，新的子阵与原来的子阵之间具有旋转不变关系，然后利用 ESPRIT 算法的原理进行波达方向估计。假设有一个 M 阵元组成的均匀线阵，阵元间距等于入射信号的半波长，空间有 D 个窄带信号由远场入射到该天线阵列，入射角度为 $\boldsymbol{\theta}=[\theta_{1},\theta_{2},\cdots,\theta_{D}]$，如图 5.1 所示。

在时刻 t，子阵 1 的第 m 个（$m=1,2,\cdots,M$）阵元的接收数据为

$$x_{m}(t)=\sum_{i=1}^{D}\boldsymbol{a}_{m}(\theta_{i})s_{i}(t)+n_{m}(t) \tag{5-12}$$

式中：$\boldsymbol{a}_{m}(\theta_{i})=\mu_{i}^{(m-1)}$ 为第 m 个（$m=1,2,\cdots,M$）阵元在第 i 个（$i=1,2,\cdots,D$）

信号的入射方向 θ_i 上的导向矢量，$\mu_i = \exp(-j2\pi d\sin\theta_i/\lambda)$，$\lambda$ 为信号波长。

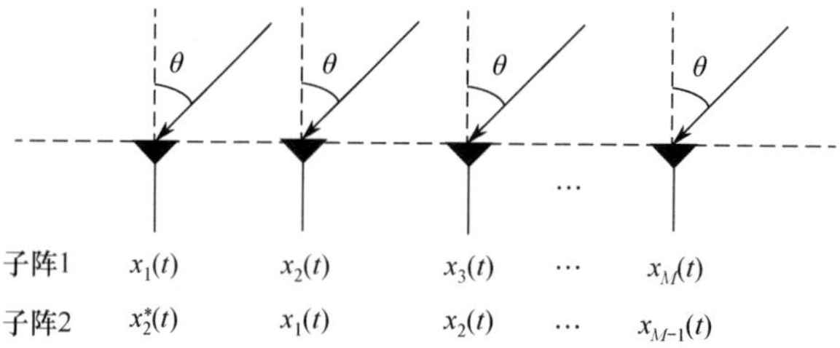

图 5.1　C-SPRIT 算法的数据输出

因此，子阵 1 的阵列输出为

$$\begin{aligned} \boldsymbol{Y}_1(t) &= [x_1(t),\ x_2(t),\ \cdots,\ x_M(t)]^{\mathrm{T}} \\ &= \boldsymbol{AS}(t) + \boldsymbol{N}_1(t) \end{aligned} \tag{5-13}$$

子阵 2 相当于依据图 5.1 对子阵 1 的接收数据进行共轭重排，因此子阵 2 的阵列输出为

$$\begin{aligned} \boldsymbol{Y}_2(t) &= [x_2^*(t),\ x_1(t),\ x_2(t),\ \cdots,\ x_{M-1}(t)]^{\mathrm{T}} \\ &= \left[\sum_{i=1}^{D} s_i(t)\mu_i^*,\ \sum_{i=1}^{D} s_i(t),\ \sum_{i=1}^{D} s_i(t)\mu_i,\ \cdots,\ \sum_{i=1}^{D} s_i(t)\mu_i^{(M-1)}\right]^{\mathrm{T}} + \\ &\quad [n_2^*(t),\ n_1(t),\ n_2(t),\ \cdots,\ n_{M-1}(t)]^{\mathrm{T}} \\ &= \boldsymbol{A\Omega S}(t) + \boldsymbol{N}_2(t) \end{aligned} \tag{5-14}$$

式中：$\boldsymbol{\Omega} = \mathrm{diag}(\mu_1^*, \mu_2^*, \cdots, \mu_M^*)$ 为对角阵；$\boldsymbol{N}_2(t) = [n_2^*(t), n_1(t), n_2(t), \cdots, n_{M-1}(t)]^{\mathrm{T}}$ 为经过共轭重排处理后的噪声矢量矩阵。这里信号为非圆信号，假设信号包络为实包络，对于像 BPSK 和 MASK 这样的信号有 $s_i^*(t) = s_i(t)$。

经过对数据进行共轭重排后得到了子阵 $\boldsymbol{Y}_1(t)$ 和 $\boldsymbol{Y}_2(t)$，两者的阵列结构相同且存在着阵列间距 $\boldsymbol{\Omega}$，$\boldsymbol{\Omega}$ 包含了入射角度信息。也就是说，子阵 $\boldsymbol{Y}_1(t)$ 和 $\boldsymbol{Y}_2(t)$ 构成了移动不变矩阵对，因此可以利用 ESPRIT 算法的原理对 $\boldsymbol{Y}_1(t)$ 和 $\boldsymbol{Y}_2(t)$ 进行处理得到包含入射信号角度信息的对角阵 $\boldsymbol{\Omega}$。这就是 C-SPRIT 算法的原理。

5.3.2　共轭 ESPRIT 方法

1. 数据共轭重构

C-SPRIT 算法将数据进行一次共轭重排后得到子阵 $\boldsymbol{Y}_1(t)$ 和 $\boldsymbol{Y}_2(t)$，仅构造了一个旋转不变阵，为了更加充分地利用共轭重排的数据，这里将所有阵元的接收数据依此进行共轭重排，可以得到 M 个子阵，如图 5.2 所示。

因此，子阵 3 的阵列输出 $\boldsymbol{Y}_3(t)$ 为

$$
\begin{aligned}
\boldsymbol{Y}_3(t) &= [x_3^*(t),\ x_2^*(t),\ x_1(t),\ \cdots,\ x_{M-2}(t)]^{\mathrm{T}} \\
&= \boldsymbol{A}\boldsymbol{\Omega}^{(2)}\boldsymbol{S}(t) + \boldsymbol{N}_3(t)
\end{aligned} \tag{5-15}
$$

式中：$\boldsymbol{N}_3(t)=[n_3^*(t),n_2^*(t),n_1(t),\cdots,n_{M-1}(t)]^{\mathrm{T}}$。

依此类推，子阵 m（$m=1,2,\cdots,M$）的阵列输出 $\boldsymbol{Y}_m(t)$ 为

$$
\begin{aligned}
\boldsymbol{Y}_m(t) &= [x_m^*(t),\ \cdots,\ x_2^*(t),\ x_1(t),\ \cdots,\ x_{M-m+1}(t)]^{\mathrm{T}} \\
&= \boldsymbol{A}\boldsymbol{\Omega}^{(m-1)}\boldsymbol{S}(t) + \boldsymbol{N}_m(t)
\end{aligned} \tag{5-16}
$$

式中：$\boldsymbol{N}_m(t)=[n_m^*(t),\cdots,n_2^*(t),n_1(t),\cdots,n_{M\text{-}m+1}(t)]^{\mathrm{T}}$。

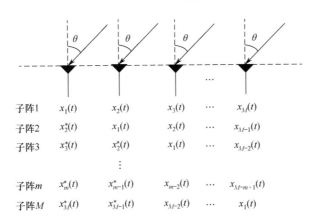

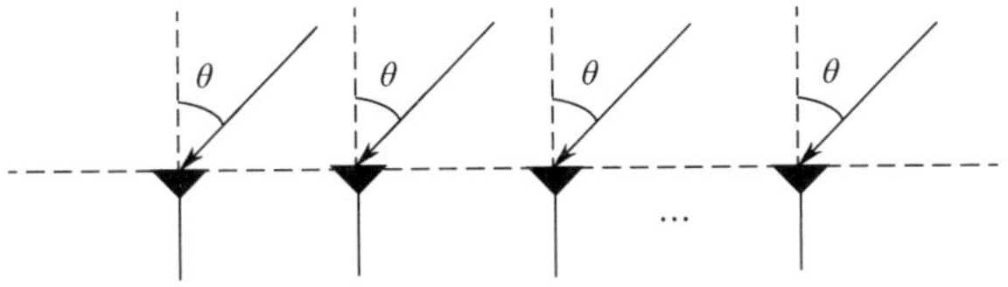

子阵1	$x_1(t)$	$x_2(t)$	$x_3(t)$	…	$x_M(t)$
子阵2	$x_2^*(t)$	$x_1(t)$	$x_2(t)$	…	$x_{M-1}(t)$
子阵3	$x_3^*(t)$	$x_2^*(t)$	$x_1(t)$	…	$x_{M-2}(t)$
		⋮			
子阵m	$x_m^*(t)$	$x_{m-1}^*(t)$	$x_{m-2}(t)$	…	$x_{M-m+1}(t)$
子阵M	$x_M^*(t)$	$x_{M-1}^*(t)$	$x_{M-2}(t)$	…	$x_1(t)$

图 5.2　阵列接收数据的共轭重排

2. 噪声的抑制

非零延时相关函数中蕴含了信号角度信息，并且对噪声具有抑制作用。传统的空间谱估计算法利用的是阵列接收数据的零延迟相关函数来构造协方差矩阵，没有利用非零延时相关函数。本节利用延时相关函数的性质，构造阵列接收数据 $\boldsymbol{X}(t)$ 的第 k 个阵元 $x_k(t)$ 和的第 l 个阵元 $x_l(t)$ 之间的延迟相关函数为

$$
\begin{aligned}
R_{x_kx_l}(\tau) &= E[x_k(t)x_l^*(t-\tau)] \\
&= E\left[\sum_{i=1}^{M} s_i(t)s_i^*(t-\tau)\mu_i^{(k-l)}\right] + E[n_k(t)n_l^*(t-\tau)] \\
&= \sum_{i=1}^{M} R_{s_i}(\tau)\mu_i^{(k-l)} + R_{n_kn_l}(\tau)
\end{aligned} \tag{5-17}
$$

式中：延迟 $\tau>0$，$R_{s_i}(\tau)=E[s_i(t)s_i^*(t-\tau)]$ 为入射信号 $s_i(t)$ 的延迟自相关函数；$R_{n_kn_l}(\tau)=E[n_k(t)n_l^*(t-\tau)]$ 为第 k 个与第 l 个阵元接收噪声之间的延迟互相关函数。

假设噪声之间的时间相关长度远小于信号之间的时间相关长度，通过合理地选取延迟，由第 4 章对延时相关函数的分析可知 $R_{n_kn_l}(\tau)=0$，因此式（5-17）可

写为

$$R_{x_k x_l}(\tau) = \sum_{i=1}^{M} R_{s_i}(\tau)\mu_i^{(k-l)} \tag{5-18}$$

因此，可以通过对数据进行延迟相关处理来有效地抑制噪声。

3. 波达方向估计

将子阵 1 的接收数据 $\boldsymbol{Y}_1(t)$ 进行延迟 τ：

$$\boldsymbol{\varphi}(t) = \boldsymbol{Y}_1(t-\tau) \tag{5-19}$$

根据式（5-18）构造 $\boldsymbol{\varphi}(t)$ 与子阵输出 $\boldsymbol{Y}_1(t),\boldsymbol{Y}_2(t),\cdots,\boldsymbol{Y}_M(t)$ 的延时相关矩阵：

$$\begin{cases}\boldsymbol{R}_1(\tau) = E[\boldsymbol{Y}_1(t)\boldsymbol{\varphi}^{\mathrm{H}}(t)] = \boldsymbol{A}\boldsymbol{R}_{\mathrm{S}}(\tau)\boldsymbol{A}^{\mathrm{H}} \\ \boldsymbol{R}_2(\tau) = E[\boldsymbol{Y}_2(t)\boldsymbol{\varphi}^{\mathrm{H}}(t)] = \boldsymbol{A\Omega}\boldsymbol{R}_{\mathrm{S}}(\tau)\boldsymbol{A} \\ \quad\vdots \\ \boldsymbol{R}_M(\tau) = E[\boldsymbol{Y}_M(t)\boldsymbol{\varphi}^{\mathrm{H}}(t)] = \boldsymbol{A\Omega}^{(M-1)}\boldsymbol{R}_{\mathrm{S}}(\tau)\boldsymbol{A}^{\mathrm{H}}\end{cases} \tag{5-20}$$

由 5. 3. 2 节对延时相关函数的分析可知，延时相关矩阵 $\boldsymbol{R}_1(\tau),\boldsymbol{R}_2(\tau),\cdots,\boldsymbol{R}_M(\tau)$ 对噪声起到了抑制作用。观察式（5-20）的可知，各延迟相关矩阵之间的结构相同，差异在于对角阵 $\boldsymbol{\Omega}$，而 $\boldsymbol{\Omega}$ 中蕴含了信号的入射角度信息，也就是说 $\boldsymbol{R}_1(\tau),\boldsymbol{R}_2(\tau),\cdots,\boldsymbol{R}_M(\tau)$ 之间具有旋转不变关系，因此可以利用 ESPRIT 算法的原理估计入射信号的波达方向。即令 $\boldsymbol{R}(\tau) = [\boldsymbol{R}_1(\tau),\boldsymbol{R}_2(\tau),\cdots,\boldsymbol{R}_M(\tau)]^{\mathrm{T}}$，对 $\boldsymbol{R}(\tau)$ 进行奇异值分解，得到奇异值构成的对角阵及对应的左奇异矢量 $\boldsymbol{U}$ 和右奇异矢量 $\boldsymbol{V}$。将奇异值由大到小进行排序，前 D 个大的奇异值对应的左奇异矢量构成的矩阵为信号子空间 $\boldsymbol{U}_{\mathrm{S}}$，并且有：

$$\boldsymbol{U}_{\mathrm{S}} = \begin{bmatrix}\boldsymbol{U}_{\mathrm{S}_1} \\ \boldsymbol{U}_{\mathrm{S}_2} \\ \vdots \\ \boldsymbol{U}_{\mathrm{S}_M}\end{bmatrix} \tag{5-21}$$

式中：$\boldsymbol{U}_{\mathrm{S}_1},\boldsymbol{U}_{\mathrm{S}_2},\cdots,\boldsymbol{U}_{\mathrm{S}_M}$ 都是 $M\times D$ 维矩阵，它们和矩阵 $\boldsymbol{R}_1(\tau),\boldsymbol{R}_2(\tau),\cdots,\boldsymbol{R}_M(\tau)$ 的导向矢量阵张成的空间为同一个空间，因此存在一个非奇异矩阵 $\boldsymbol{T}$，使得

$$\boldsymbol{U}_{\mathrm{S}} = \begin{bmatrix}\boldsymbol{U}_{\mathrm{S}_1} \\ \boldsymbol{U}_{\mathrm{S}_2} \\ \vdots \\ \boldsymbol{U}_{\mathrm{S}_M}\end{bmatrix} = \begin{bmatrix}\boldsymbol{A} \\ \boldsymbol{A\Omega} \\ \vdots \\ \boldsymbol{A\Omega}^{(M-1)}\end{bmatrix}\boldsymbol{T} \tag{5-22}$$

由式（5-22）可以推得

$$\boldsymbol{J}_{(k)} = (\boldsymbol{U}_{\mathrm{S}_k}^{\mathrm{H}}\boldsymbol{U}_{\mathrm{S}_k})^{-1}\boldsymbol{U}_{\mathrm{S}_k}^{\mathrm{H}}\boldsymbol{U}_{\mathrm{S}_{k+1}} = \boldsymbol{T}^{-1}\boldsymbol{\Omega}\boldsymbol{T},\ k = 1,\ 2,\ \cdots,\ M-1 \tag{5-23}$$

对 $\boldsymbol{J}_{(k)}$ 进行特征值分解即可得到对角矩阵 $\boldsymbol{\Omega}$，进而得到 $\mu_i(i=1,2,\cdots,D)$，因此入射信号的角度为

$$\boldsymbol{\theta}(k)=[\theta_1(k),\ \theta_2(k),\ \cdots,\ \theta_D(k)] \tag{5-24}$$

式中：$\theta_i(k)=\arcsin\left(\mathrm{j}\dfrac{\mathrm{angle}(\mu_i)\lambda}{2\pi d}\right)$，$i=1,2,\cdots,D$。

$\boldsymbol{\theta}(k)$ 为通过对第 k 个信号子空间 $\boldsymbol{U}_{\mathrm{S}_k}$ 与第 $k+1$ 个信号子空间 $\boldsymbol{U}_{\mathrm{S}_{k+1}}$ 进行处理得到的信号的波达方向，利用平均的思想，对 $M-1$ 对相邻的信号子空间进行处理得到的入射信号波达方向求取平均，得

$$\bar{\boldsymbol{\theta}}=[\bar{\theta}_1,\ \bar{\theta}_2,\ \cdots,\ \bar{\theta}_D] \tag{5-25}$$

式中：$\bar{\theta}_i=\dfrac{1}{M-1}\sum\limits_{i=1}^{M-1}\theta_i(k)$。

本章算法估计入射信号的波达方向，首先通过对阵列接收数据进行 M 次共轭重排，得到 M 个子阵输出 $\boldsymbol{Y}_1(t),\boldsymbol{Y}_2(t),\cdots,\boldsymbol{Y}_M(t)$，这 M 个子阵的阵列结构相同并且相邻子阵间存在一个旋转不变关系。然后对 $\boldsymbol{X}(t)$ 进行延迟得到 $\boldsymbol{\varphi}(t)=\boldsymbol{X}(t-\tau)$，最后构造 $\boldsymbol{\varphi}(t)$ 与子阵 $\boldsymbol{Y}_1(t),\boldsymbol{Y}_2(t),\cdots,\boldsymbol{Y}_M(t)$ 之间的相关矩阵 $\boldsymbol{R}_1(\tau)$，$\boldsymbol{R}_2(\tau),\cdots,\boldsymbol{R}_M(\tau)$，这样处理得到的相关矩阵很好地抑制了噪声的影响，进而可以提高算法的估计性能。

5.3.3 计算复杂度分析

简便起见，这里只对在计算中占较大部分的运算操作进行分析。在计算协方差矩阵时所需的计算复杂度为 $M\times M^2D=M^3D$。对合成的新互相关协方差矩阵 $\boldsymbol{R}(\tau)$ 进行奇异值分解所需的计算复杂度为 $O(M^6)+O(LM^4)$，因此本节算法总的计算复杂度约为 $O(M^6)+O(LM^4)$。传统 ESPRIT 算法的计算复杂度主要集中在对协方差矩阵 $\boldsymbol{R}_M(\tau)$，即 $\boldsymbol{R}(\tau)$ 中的某一个协方差矩阵进行特征分解，所需的计算复杂度约为 $O(M^3)+O(LM^2)$，其中 L 代表快拍数。相比于传统 ESPRIT 算法，本节算法具有较高的计算复杂度。

5.3.4 计算机仿真实验分析

为了提出基于矩阵重构的非圆信号 ESPRIT（Noncircular-CSPRIT，NC-CSPRIT）算法的性能，将 NC-CSPRIT 与传统的 ESPRIT 算法和文献［247］提出的 C-SPRIT 算法的性能进行比较。仿真实验采用七元均匀线阵，阵元间距为半波长，采用不相关的 BPSK 信号，系统噪声为加性高斯白噪声。

实验 1　正确分辨概率

三个非圆信号入射到该天线阵列，快拍数取 100，信噪比的取值范围为 −5～20dB，在每个信噪比条件下进行 100 次蒙特卡罗实验，对不同信噪比条件下的正

确估计概率进行统计，结果如图 5.3 所示；同样设置 3 个非圆信号入射，信噪比取 14dB，快拍数取值范围为 0～500，在每个快拍数条件下进行 100 次蒙特卡罗实验，对不同快拍数条件下的正确估计概率进行统计，结果如图 5.4 所示。

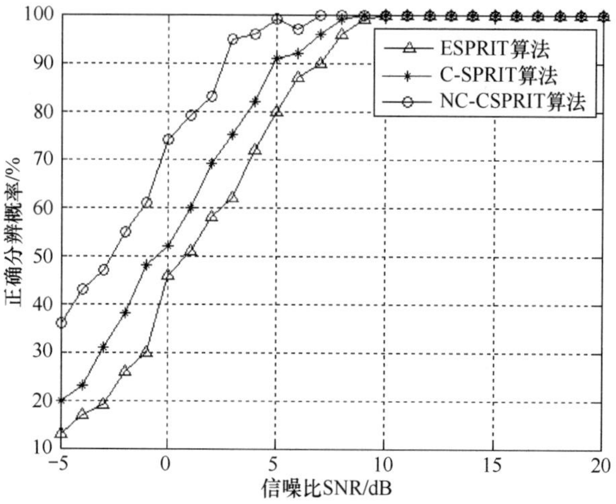

图 5.3　正确分辨概率与信噪比的关系

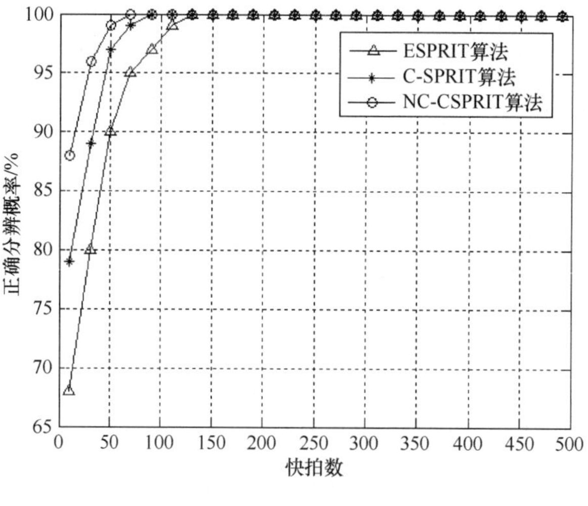

图 5.4　正确分辨概率与快拍数的关系

从图 5.3 和图 5.4 可以看出，随着信噪比的增大、快拍数的增多，3 种算法的正确分辨概率提高；在不同信噪比和快拍数条件下，NC-CSPRIT 算法的正确分辨概率最高，C-SPRIT 算法次之，ESPRIT 算法的最低。

实验 2　测角精度

对不同信噪比下的均方根误差进行统计，快拍数取 100，信噪比的范围为

-5~20dB，在每个信噪比下分别进行 100 次蒙特卡罗实验，计算三种算法估计角度的均方根误差，如图 5.5 所示。对不同快拍数下的均方根误差进行统计，信噪比取 14dB，快拍数的范围为 0~500，在每个快拍数下分别进行 100 次蒙特卡罗实验，得到三种算法估计角度的均方根误差，如图 5.6 所示。

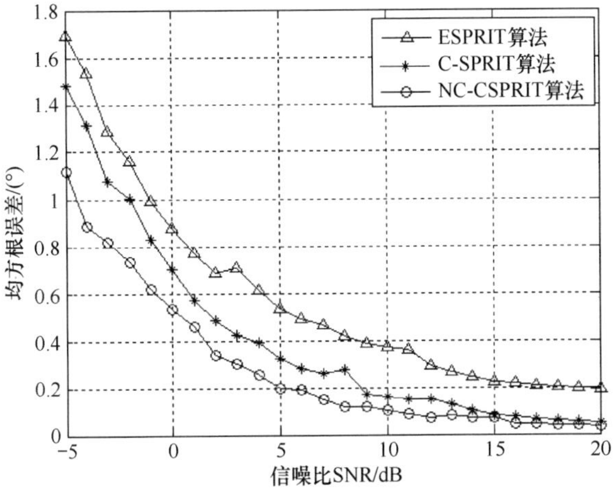

图 5.5　均方根误差与信噪比的关系

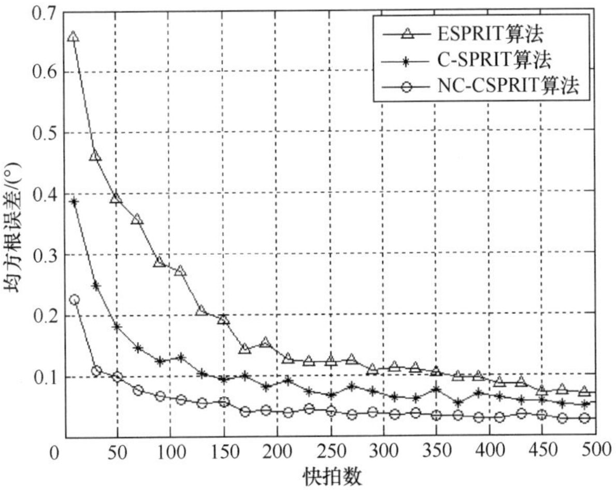

图 5.6　均方根误差与快拍数的关系

从图 5.5 和图 5.6 可以看出，随着信噪比的增大、快拍数的增多，3 种算法估计角度的均方根误差均减小，即测角精度提高；在不同信噪比和快拍数条件下，NC-CSPRIT 算法的测角精度最高，C-SPRIT 算法次之，ESPRIT 算法的最低。

实验 3　不同角间距下的估计性能

设置两个非圆信号，信号入射角度分别为 $\theta_1=-(\Delta/2)^\circ$，$\theta_2=(\Delta/2)^\circ$，$\Delta$

表示两个信号的角度间隔，即分辨力，令信噪比为14dB，快拍数为100，在每个角度间隔下分别进行100次蒙特卡罗实验，统计3种算法在不同角间距下的正确分辨概率与均方根误差，如图5.7和图5.8所示。

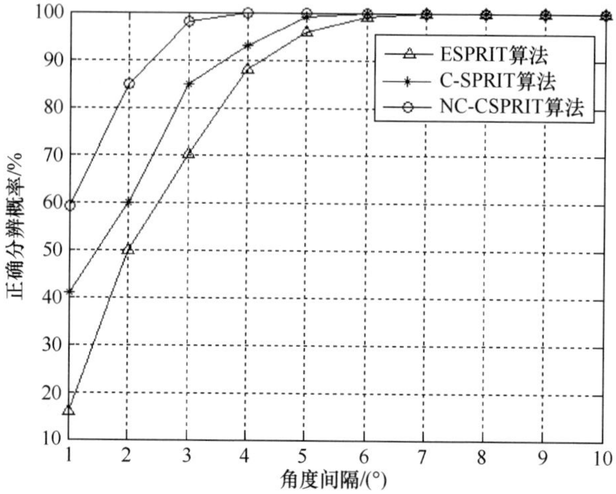

图5.7　不同角度间隔下的正确分辨概率

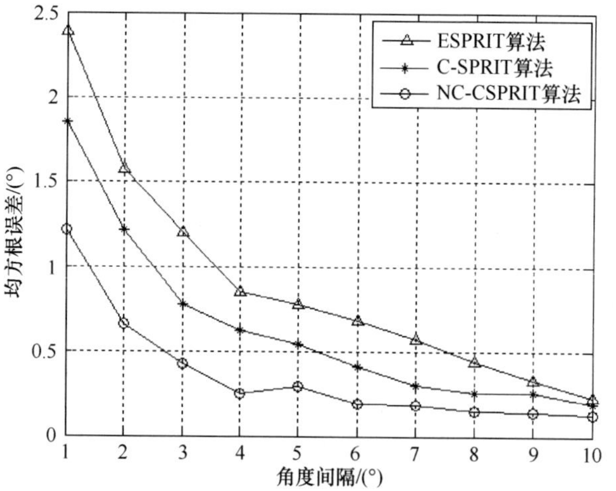

图5.8　不同角度间隔下的均方根误差

图5.7和图5.8给出了两个信号入射时，不同角度间隔下的算法性能。随着两个信号的角度间隔的增大，3种算法的性能均有提高。NC-CSPRIT算法、ESPRIT算法和C-SPRIT算法在两个信号的入射角度间隔至少为4°、6°和7°时，正确检测概率为100%，并且在小角度间隔下本节算法的波达方向估计精度最高。

图5.7和图5.8的结果表明了NC-CSPRIT算法的分辨性能相对于ESPRIT算

法和 C-SPRIT 算法均有提高。这是因为 C-SPRIT 算法仅对接收数据进行了一次共轭重排，生成了两个子阵，然后利用 ESPRIT 算法的原理进行波达方向估计。而 NC-CSPRIT 算法对接收数据一共进行了 M 次的共轭重排，从而生成了 M 个具有旋转不变关系的子阵，对数据利用率得到了提高，并且通过对数据进行延迟相关处理，很好地抑制了噪声对算法的影响，因此本节算法的正确分辨概率和测角精度得到了提高。

实验 4　计算时间

在计算机上利用 MATLAB R2008a 软件进行仿真，计算机处理器为 Intel Core2 Duo CPU T7300，单核的主频为 2GHz，电脑内存为 2GB。信噪比取 14dB，分别在不同的快拍数下进行 100 次计算机仿真实验，表 5.1 给出了统计 3 种算法单次运算的平均时间。

表 5.1　不同快拍数的计算时间

快拍数	NC-CSPRIT 算法	C-ESPRIT 算法	ESPRIT 算法
300	476.56ms	6.30ms	1.36ms
500	943.65ms	9.97ms	2.74ms
800	1493.98ms	14.13ms	4.19ms
1000	1812.78ms	18.45ms	5.25ms

由表 5.1 可知，随着快拍数的增多，3 种算法的运算时间也随之增加；在同样的快拍数下，ESPRIT 算法的计算时间最短，C-ESPRIT 算法次之，NC-CSPRIT 算法运算时间最长。这是因为 NC-CSPRIT 算法需要构造一个 $M^2\times M^2$ 维的矩阵，C-ESPRIT 算法需要构造一个 $2M\times 2M$ 维的矩阵，而 RNC-ESPRIT 算法只需构造一个 $M\times M$ 维的矩阵，因此计算时间最短。

5.4　非圆信号高阶累积量 ESPRIT 方法

四阶累积量可以对天线阵列进行虚拟的扩展，提高可分辨信源数，并且对高斯分量具有不敏感性，可以有效地抑制高斯噪声，并提取出信号的非高斯成分。在非圆信号波达方向估计算法中应用四阶累积量的最初出发点就是为了抑制阵列接收数据中的高斯噪声，从而提高信号入射角度的估计性能。本节利用四阶累积量抑制高斯噪声这一特性，结合非圆信号的非圆特性，提出了非圆信号的基于四阶累积量的稳健的波达方向算法。

5.4.1　四阶累积量

1. 四阶累积量的定义

假设 $\boldsymbol{x}$ 是 n 维的零均值平稳复随机过程，其四阶累积量定义如下：

$$C_{4x}(k_1, k_2, k_3, k_4) = \mathrm{cum}(x_{k_1}, x_{k_2}, x_{k_3}, x_{k_4})$$
$$= E[x_{k_1}x_{k_2}x_{k_3}x_{k_4}] - E[x_{k_1}x_{k_2}]E[x_{k_3}x_{k_4}] - E[x_{k_1}x_{k_3}]E[x_{k_2}x_{k_4}] - E[x_{k_1}x_{k_4}]E[x_{k_2}x_{k_3}] \quad (5\text{-}26)$$

式中：$k_1,k_2,k_3,k_4 \in \{1,2,\cdots,n\}$；cum(·) 为随机过程的累积量；$E[x_{k_1}x_{k_2}x_{k_3}x_{k_4}]$ 和 $E[x_{k_i}x_{k_j}](i,j=1,2,3,4)$ 分别为 $\boldsymbol{x}$ 的四阶矩和二阶矩。

同样地，随机过程 $\boldsymbol{x}$ 的三阶累积量的定义为

$$C_{3x}(k_1, k_2, k_3) = \mathrm{cum}(x_{k_1}, x_{k_2}, x_{k_3}) = E[x_{k_1}x_{k_2}x_{k_3}] \quad (5\text{-}27)$$

二阶累积量定义为

$$C_{2x}(k_1, k_2) = \mathrm{cum}(x_{k_1}, x_{k_2}) = E[x_{k_1}x_{k_2}] \quad (5\text{-}28)$$

因此，对于一个 n 维的零均值平稳复随机过程 $\boldsymbol{x}$，其二阶累积量等于其二阶矩（即自相关函数），三阶累积量等于其三阶矩。

2. 四阶累积量的性质

累积量有许多重要的性质，下面给出累积量的几个主要性质。

性质 1 设 $\alpha_i(i=1,2,\cdots,n)$ 为常数，对于随机变量 $x_i(i=1,2,\cdots,n)$，有

$$\mathrm{cum}(\alpha_1x_1, \alpha_2x_2, \cdots, \alpha_nx_n) = \prod_{i=1}^{n}\alpha_i\mathrm{cum}(x_1, x_2, \cdots, x_n) \quad (5\text{-}29)$$

性质 2 对随机变量 $x_i(i=1,2,\cdots,n)$，设 $k_i(i=1,2,\cdots,n)$，$(k_1,k_2,\cdots,k_n)$ 为 $(1,2,\cdots,n)$ 的一个排列，有下式成立：

$$\mathrm{cum}(x_1, x_2, \cdots, x_n) = \mathrm{cum}(x_{k_1}, x_{k_2}, \cdots, x_{k_n}) \quad (5\text{-}30)$$

性质 3 累积量相对其变元是加性的，即

$$\mathrm{cum}(x_1 + y_1, x_2, \cdots, x_n) = \mathrm{cum}(x_1, x_2, \cdots, x_n) + \mathrm{cum}(y_1, x_2, \cdots, x_n) \quad (5\text{-}31)$$

性质 4 对于相互独立的随机变量 $\{x_i\}$ 和 $\{y_i\}$，有下式成立：

$$\mathrm{cum}(x_1 + y_1, x_2 + y_2, \cdots, x_n + y_n) = \mathrm{cum}(x_1, x_2, \cdots, x_n) + \mathrm{cum}(y_1, y_2, \cdots, y_n) \quad (5\text{-}32)$$

性质 5 若对于集合 $\{x_1,x_2,\cdots,x_n\}$，存在它的某个子集 $\{x_{k_1},x_{k_2},\cdots,x_{k_m}\}$，其中 $\{k_1,k_2,\cdots,k_m\} \in \{1,2,\cdots,n\}$，并且 $\{x_{k_1},x_{k_2},\cdots,x_{k_m}\}$ 与 $\{x_1,x_2,\cdots,x_n\}$ 中剩余部分是独立的，那么有

$$\mathrm{cum}(x_1, x_2, \cdots, x_n) = 0 \quad (5\text{-}33)$$

性质 6 设 α 是任意常数，则有

$$\mathrm{cum}(x_1 + \alpha, x_2, \cdots, x_n) = \mathrm{cum}(x_1, x_2, \cdots, x_n) \quad (5\text{-}34)$$

性质 7 对于高斯随机过程 x，其高阶矩为

$$m_k = E[x^k] = \begin{cases} 1 \times 3 \times \cdots \times (k-1)\sigma^2, & k\text{ 为偶数} \\ 0, & k\text{ 为奇数} \end{cases} \quad (5\text{-}35)$$

由上述累积量的性质可知，对于高斯分布的随机过程，其高阶累积量恒等于零，因此当入射信号不服从高斯特性，而空间噪声为高斯噪声时，可以利用高阶累积量作为信号处理的方法，使得信号与空间高斯噪声相互分离。

3. 四阶累积量的计算

由5.2节可知，阵列接收数据模型为

$$\boldsymbol{X}(t)=\boldsymbol{AS}(t)+\boldsymbol{N}(t)=\sum_{i=1}^{D}\boldsymbol{a}_i s(t_i)+\boldsymbol{N}(t) \tag{5-36}$$

由累积量的性质4可知，对于两个统计独立的随机过程，它们的累积量满足独立可加性。因此，在入射信号不服从高斯分布，空间噪声为高斯噪声的前提下，可得阵列接收数据的四阶累积量如下：

$$\begin{aligned}
C_{4x}(k_1,\ k_2,\ k_3,\ k_4)&=\mathrm{cum}(x_{k_1},\ x_{k_2},\ x_{k_3},\ x_{k_4})\\
&=\mathrm{cum}\left[\sum_{i=1}^{D}\boldsymbol{a}_i(k_1)s_i(t),\ \sum_{i=1}^{D}\boldsymbol{a}_i(k_2)s_i(t),\ \sum_{i=1}^{D}\boldsymbol{a}_i(k_3)s_i(t),\ \sum_{i=1}^{D}\boldsymbol{a}_i(k_4)s_i(t)\right]+\\
&\quad\ \mathrm{cum}[n_{k_1}(t),\ n_{k_2}(t),\ n_{k_3}(t),\ n_{k_4}(t)]\\
&=\mathrm{cum}\left[\sum_{i=1}^{D}\boldsymbol{a}_i(k_1)s_i(t),\ \sum_{i=1}^{D}\boldsymbol{a}_i(k_2)s_i(t),\ \sum_{i=1}^{D}\boldsymbol{a}_i(k_3)s_i(t),\ \sum_{i=1}^{D}\boldsymbol{a}_i(k_4)s_i(t)\right]\\
&=\sum_{i=1}^{D}\sum_{j=1}^{D}\sum_{m=1}^{D}\sum_{n=1}^{D}\boldsymbol{a}_i(k_1)\boldsymbol{a}_j(k_2)\boldsymbol{a}_m(k_3)\boldsymbol{a}_n(k_4)\mathrm{cum}[s_i(t),\ s_j(t),\ s_m(t),\ s_n(t)]
\end{aligned} \tag{5-37}$$

式中：$\boldsymbol{a}_i(k)$为第i个导向矢量的第k个元素。

对于相互独立的信号$s_i(i=1,2,\cdots,D)$，式（5-37）可简化为

$$\begin{aligned}
C_{4x}(k_1,\ k_2,\ k_3,\ k_4)&=\sum_{i=1}^{D}\boldsymbol{a}_i(k_1)\boldsymbol{a}_i(k_2)\boldsymbol{a}_i(k_3)\boldsymbol{a}_i(k_4)\mathrm{cum}[s_i(t),\ s_i(t),\ s_i(t),\ s_i(t)]\\
&=\sum_{i=1}^{D}\boldsymbol{a}_i(k_1)\boldsymbol{a}_i(k_2)\boldsymbol{a}_i(k_3)\boldsymbol{a}_i(k_4)\cdot\gamma_{4s_i}
\end{aligned} \tag{5-38}$$

式中：$k_1,k_2,k_3,k_4\in\{1,2,\cdots,M\}$，$M$是阵元数；$\gamma_{4s_i}=\mathrm{cum}[s_i(t),s_i(t),s_i(t),s_i(t)]$，为第$i$个入射信号的四阶累积量。

对于非圆信号，令$\gamma_{4s_{0,i}}=\mathrm{cum}(s_{0,i},s_{0,i},s_{0,i},s_{0,i})$，$\gamma_{4s_i}=\mathrm{cum}(s_i,s_i,s_i,s_i)$，则有$\gamma_{4s_i}=\gamma_{4s_{0,i}}\cdot\boldsymbol{\Phi}^2$，非圆信号的四阶累积量为

$$\begin{aligned}
C_{4x}(k_1,\ k_2,\ k_3,\ k_4)&=\sum_{i=1}^{D}\boldsymbol{a}_i(k_1)\boldsymbol{a}_i(k_2)\boldsymbol{a}_i(k_3)\boldsymbol{a}_i(k_4)\cdot\gamma_{4s_i}\\
&=\sum_{i=1}^{D}\boldsymbol{a}_i(k_1)\boldsymbol{a}_i(k_2)\boldsymbol{a}_i(k_3)\boldsymbol{a}_i(k_4)\cdot\gamma_{4s_{0,i}}\cdot\boldsymbol{\Phi}^2
\end{aligned} \tag{5-39}$$

取值k_1,k_2,k_3,k_4进行不同的排列组合，一共可以得到M^4种组合。为了便于

矩阵处理，将这 M^4 种数据放置在维数为 $M^2 \times M^2$ 的矩阵 $\boldsymbol{R}_4$ 中，如下：

$$\boldsymbol{R}_4[(k_1-1)M+k_2,\ (k_3-1)M+k_4] = C_{4x}(k_1,\ k_2,\ k_3,\ k_4) \tag{5-40}$$

即 $C_{4x}(k_1,k_2,k_3,k_4)$ 是矩阵 $\boldsymbol{R}_4$ 的第 $(k_1-1)M+k_2$ 行、第 $(k_3-1)M+k_4$ 列数据。同样，矩阵 $\boldsymbol{R}_4$ 也可以进行如下的排列：

$$\boldsymbol{R}_4[(k_1-1)M+k_3,\ (k_2-1)M+k_4] = C_{4x}(k_1,\ k_2,\ k_3,\ k_4) \tag{5-41}$$

$$\boldsymbol{R}_4[(k_1-1)M+k_4,\ (k_2-1)M+k_3] = C_{4x}(k_1,\ k_2,\ k_3,\ k_4) \tag{5-42}$$

对于均值为零的平稳随机过程，其四阶累积量还可以采用对称定义，如下：

$$\begin{aligned} C_{4x}(k_1,\ k_2,\ k_3,\ k_4) &= \mathrm{cum}(x_{k_1},\ x_{k_2},\ x_{k_3}^*,\ x_{k_4}^*) \\ &= E[x_{k_1}x_{k_2}x_{k_3}^*x_{k_4}^*] - E[x_{k_1}x_{k_3}^*]E[x_{k_2}x_{k_4}^*] - \\ &\quad E[x_{k_1}x_{k_4}^*]E[x_{k_2}x_{k_3}^*] - E[x_{k_1}x_{k_2}]E[x_{k_3}^*x_{k_4}^*] \end{aligned} \tag{5-43}$$

通常，式（5-43）中的二阶矩和四阶矩采用如下形式计算：

$$E[x_{k_1}x_{k_2}x_{k_3}^*x_{k_4}^*] = \frac{1}{L}\sum_{t=1}^{L} x_{k_1}(t)x_{k_2}(t)x_{k_3}^*(t)x_{k_4}^*(t) \tag{5-44}$$

$$E[x_{k_i}x_{k_j}] = \frac{1}{L}\sum_{t=1}^{L} x_{k_i}(t)x_{k_j}(t)\ ,\quad 1 \leqslant i,\ j \leqslant 4(i \neq j) \tag{5-45}$$

根据式（5-38）和式（5-40）的定义还可以将四阶累积量矩阵写成如下形式：

$$\begin{aligned} \boldsymbol{R}_4 &= C_{4x}(k_1,\ k_2,\ k_3^*,\ k_4^*) = E[(\boldsymbol{X}\otimes\boldsymbol{X})(\boldsymbol{X}\otimes\boldsymbol{X})^{\mathrm{H}}] - \\ &\quad E[(\boldsymbol{X}\otimes\boldsymbol{X})]E[(\boldsymbol{X}\otimes\boldsymbol{X})^{\mathrm{H}}] - E[(\boldsymbol{X}\boldsymbol{X}^{\mathrm{H}})]\otimes E[(\boldsymbol{X}\boldsymbol{X}^{\mathrm{H}})] \\ &= \boldsymbol{B}(\theta)\boldsymbol{C}_S\boldsymbol{B}^{\mathrm{H}}(\theta) \end{aligned} \tag{5-46}$$

其中，四阶累积量对应的导向矩阵与信号协方差矩阵表示为

$$\begin{aligned} \boldsymbol{B}(\theta) &= [\boldsymbol{b}(\theta_1)\quad \boldsymbol{b}(\theta_2)\quad \cdots\quad \boldsymbol{b}(\theta_D)] \\ &= [\boldsymbol{a}(\theta_1)\otimes\boldsymbol{a}(\theta_1)\quad \boldsymbol{a}(\theta_2)\otimes\boldsymbol{a}(\theta_2)\quad \cdots\quad \boldsymbol{a}(\theta_D)\otimes\boldsymbol{a}(\theta_D)] \end{aligned} \tag{5-47}$$

$$\begin{aligned} \boldsymbol{C}_S &= E[(\boldsymbol{S}\otimes\boldsymbol{S})(\boldsymbol{S}\otimes\boldsymbol{S})^{\mathrm{H}}] - E[(\boldsymbol{S}\otimes\boldsymbol{S})]E[(\boldsymbol{S}\otimes\boldsymbol{S})^{\mathrm{H}}] - \\ &\quad E[(\boldsymbol{S}\boldsymbol{S}^{\mathrm{H}})]\otimes E[(\boldsymbol{S}\boldsymbol{S}^{\mathrm{H}})] \end{aligned} \tag{5-48}$$

即四阶累积量的阵列导向矢量变为

$$\boldsymbol{b}(\theta) = \boldsymbol{a}(\theta)\otimes\boldsymbol{a}(\theta) \tag{5-49}$$

5.4.2 四阶累积量 ESPRIT 方法

首先，利用式（5-50）计算 3 个四阶累积量矩阵 $\boldsymbol{C}_1$、$\boldsymbol{C}_2$ 和 $\boldsymbol{C}_3$，它们都是 $M\times M$ 维的，并且这 3 个矩阵的第 k_1 行、k_2 列分别为

$$\begin{cases} \boldsymbol{C}_1 = \mathrm{cum}(x_{k_1},\ x_m^*,\ x_{k_2}^*,\ x_m) \\ \boldsymbol{C}_2 = \mathrm{cum}(x_{k_1},\ x_m^*,\ x_{k_2},\ x_m) \\ \boldsymbol{C}_3 = \mathrm{cum}(x_{k_1}^*,\ x_m^*,\ x_{k_2},\ x_m) \end{cases} \tag{5-50}$$

式中：$k_1,k_2=1,2,\cdots,M$；m 为常数，并且 $m\in[1,M]$。

由式（5-46）可知：

$$\begin{cases} \boldsymbol{C}_1 = \sum_{i=1}^{D} a_{k_1}(\theta_i)a_m^*(\theta_i)a_{k_2}^*(\theta_i)a_m(\theta_i)\mathrm{cum}(s_i,\ s_i^*,\ s_i^*,\ s_i) \\ \boldsymbol{C}_2 = \sum_{i=1}^{D} a_{k_1}(\theta_i)a_m^*(\theta_i)a_{k_2}(\theta_i)a_m(\theta_i)\mathrm{cum}(s_i,\ s_i^*,\ s_i,\ s_i) \\ \boldsymbol{C}_3 = \sum_{i=1}^{D} a_{k_1}^*(\theta_i)a_m^*(\theta_i)a_{k_2}(\theta_i)a_m(\theta_i)\mathrm{cum}(s_i^*,\ s_i^*,\ s_i,\ s_i) \end{cases} \tag{5-51}$$

利用非圆信号的特性可知：

$$\begin{cases} \mathrm{cum}(s_i,\ s_i^*,\ s_i^*,\ s_i) = \gamma_{4s_{0,\ i}} \\ \mathrm{cum}(s_i,\ s_i^*,\ s_i,\ s_i) = \boldsymbol{\Phi}\cdot\gamma_{4s_{0,\ i}} \\ \mathrm{cum}(s_i^*,\ s_i^*,\ s_i,\ s_i) = \gamma_{4s_{0,\ i}} \end{cases} \tag{5-52}$$

因此，利用将式（5-52）代入式（5-51），式（5-51）可改写为

$$\begin{cases} \boldsymbol{C}_1 = \boldsymbol{A}\boldsymbol{C}_{4S_0}\boldsymbol{A}^{\mathrm{H}} \\ \boldsymbol{C}_2 = \boldsymbol{A}\boldsymbol{\Phi}\boldsymbol{C}_{4S_0}\boldsymbol{A}^{\mathrm{T}} \\ \boldsymbol{C}_3 = \boldsymbol{A}^*\boldsymbol{C}_{4S_0}\boldsymbol{A}^{\mathrm{T}} \end{cases} \tag{5-53}$$

式中：$\boldsymbol{C}_{4S_0}=\mathrm{diag}(\gamma_{4s_{0,1}},\gamma_{4s_{0,2}},\cdots,\gamma_{4s_{0,D}})$；对角矩阵 $\boldsymbol{\Phi}$ 包含了信号的非圆相位。

观察式（5-53）可知，构造的 3 个四阶累积量 $\boldsymbol{C}_1$、$\boldsymbol{C}_2$ 和 $\boldsymbol{C}_3$ 中，矩阵 $\boldsymbol{C}_2$ 中包含了与非圆信息有关的对角阵 $\boldsymbol{\Phi}$，而 $\boldsymbol{C}_1$ 和 $\boldsymbol{C}_3$ 中不含有 $\boldsymbol{\Phi}$。同时利用这 3 个矩阵构造矩阵 $\boldsymbol{R}_1$。

$$\begin{aligned} \boldsymbol{R}_1 &= \begin{bmatrix} \boldsymbol{C}_1 & \boldsymbol{C}_2 \\ \boldsymbol{C}_2^{\mathrm{H}} & \boldsymbol{C}_3 \end{bmatrix} = \begin{bmatrix} \boldsymbol{A}\boldsymbol{C}_{4S_0}\boldsymbol{A}^{\mathrm{H}} & \boldsymbol{A}\boldsymbol{\Phi}\boldsymbol{C}_{4S_0}\boldsymbol{A}^{\mathrm{T}} \\ \boldsymbol{A}^*\boldsymbol{\Phi}^{\mathrm{H}}\boldsymbol{C}_{4S_0}\boldsymbol{A}^{\mathrm{H}} & \boldsymbol{A}^*\boldsymbol{C}_{4S_0}\boldsymbol{A}^{\mathrm{T}} \end{bmatrix} \\ &= \begin{bmatrix} \boldsymbol{A} \\ \boldsymbol{A}^*\boldsymbol{\Phi}^{\mathrm{H}} \end{bmatrix} \boldsymbol{C}_{4S_0} \begin{bmatrix} \boldsymbol{A} \\ \boldsymbol{A}^*\boldsymbol{\Phi}^{\mathrm{H}} \end{bmatrix}^{\mathrm{H}} = \boldsymbol{B}\boldsymbol{C}_{4S_0}\boldsymbol{B}^{\mathrm{H}} \end{aligned} \tag{5-54}$$

式中：$\boldsymbol{B}=\begin{bmatrix} \boldsymbol{A} \\ \boldsymbol{A}^*\boldsymbol{\Phi}^{\mathrm{H}} \end{bmatrix}$中包含了信号的非圆相位，可以认为是 $\boldsymbol{R}_1$ 的导向矢量。相比于原阵列的 $M\times D$ 维导向矢量 $\boldsymbol{A}$，$\boldsymbol{B}$ 是 $2M\times D$ 维的，相当于扩展了阵列孔径，进而使得可估计的信号数目增加到了 2（$M-1$）个。

利用式（5-50）的方法，计算另外 3 个四阶累积量 $\boldsymbol{C}_4$、$\boldsymbol{C}_5$ 和 $\boldsymbol{C}_6$，其中这 3 个矩阵的第 k_1 行，第 k_2 列为

$$\begin{cases} C_4 = \text{cum}(x_{k_1}, x_m^*, x_{k_2}^*, x_n) = \sum_{i=1}^{D} a_{k_1}(\theta_i) a_m^*(\theta_i) a_{k_2}^*(\theta_i) a_n(\theta_i) \text{cum}(s_i, s_i^*, s_i^*, s_i) \\ C_5 = \text{cum}(x_{k_1}, x_m^*, x_{k_2}, x_n) = \sum_{i=1}^{D} a_{k_1}(\theta_i) a_m^*(\theta_i) a_{k_2}(\theta_i) a_n(\theta_i) \text{cum}(s_i, s_i^*, s_i, s_i) \\ C_6 = \text{cum}(x_{k_1}^*, x_m^*, x_{k_2}, x_n) = \sum_{i=1}^{D} a_{k_1}^*(\theta_i) a_m^*(\theta_i) a_{k_2}(\theta_i) a_n(\theta_i) \text{cum}(s_i^*, s_i^*, s_i, s_i) \end{cases} \tag{5-55}$$

式中：$k_1, k_2 = 1, 2, \cdots, M; n \in [1, M]$，为常数，并且令 $m \neq n$。

经推导可得

$$\begin{cases} \boldsymbol{C}_4 = \boldsymbol{A\Omega C}_{4S_0}\boldsymbol{A}^{\mathrm{H}} \\ \boldsymbol{C}_5 = \boldsymbol{A\Omega\Phi C}_{4S_0}\boldsymbol{A}^{\mathrm{T}} \\ \boldsymbol{C}_6 = \boldsymbol{A}^*\boldsymbol{\Omega C}_{4S_0}\boldsymbol{A}^{\mathrm{T}} \end{cases} \tag{5-56}$$

式中：$\boldsymbol{\Omega}$ 中包含了信号的入射角度信息，是一个对角矩阵，其表达式为

$$\boldsymbol{\Omega} = \begin{bmatrix} a_m^*(\theta_1)a_n(\theta_1) & & & \\ & a_m^*(\theta_2)a_n(\theta_2) & & \\ & & \ddots & \\ & & & a_m^*(\theta_D)a_n(\theta_D) \end{bmatrix}$$

$$= \begin{bmatrix} \exp[\mathrm{j}(m-n)\tau_1] & & & \\ & \exp[\mathrm{j}(m-n)\tau_2] & & \\ & & \ddots & \\ & & & \exp[\mathrm{j}(m-n)\tau_D] \end{bmatrix} \tag{5-57}$$

利用 $\boldsymbol{C}_4$、$\boldsymbol{C}_5$ 和 $\boldsymbol{C}_6$ 构造一个新的矩阵 $\boldsymbol{R}_2$：

$$\boldsymbol{R}_2 = \begin{bmatrix} \boldsymbol{C}_4 & \boldsymbol{C}_5 \\ \boldsymbol{C}_5^{\mathrm{H}} & \mathrm{C}_6 \end{bmatrix} = \boldsymbol{B\Omega C}_{4S_0}\boldsymbol{B}^{\mathrm{H}} \tag{5-58}$$

观察式（5-54）和式（5-58）可以看出，矩阵 $\boldsymbol{R}_1$ 和 $\boldsymbol{R}_2$ 的结构是相同的，即两者的导向矢量阵都为 $\boldsymbol{B}$，并且都含有信号的四阶累积量 $\boldsymbol{C}_{4S_0}$。两者的不同在于 $\boldsymbol{\Omega}$，而由式（5-57）可知，入射信号的波达方向信息构成了 $\boldsymbol{\Omega}$，所以如果可以计算得到 $\boldsymbol{\Omega}$，就可以估计出入射信号的波达方向，即可以利用 ESPRIT 的原理进行波达方向估计。这里首先将矩阵 $\boldsymbol{R}_1$ 和 $\boldsymbol{R}_2$ 生成一个矩阵 $\begin{bmatrix} \boldsymbol{R}_1 \\ \boldsymbol{R}_2 \end{bmatrix}$，然后通过对其进行奇异值分解得到信号子空间 $\boldsymbol{U}_{\mathrm{S}}$。

$$U_{S}=\begin{bmatrix}U_{S_1}\\U_{S_2}\end{bmatrix} \tag{5-59}$$

式中：U_{S_1} 和 U_{S_2} 是信号子空间 U_S 的子阵，两者的维数是相同的，并且与 R_1 和 R_2 的导向矢量张成的空间为同一个空间，即

$$\mathrm{span}\begin{Bmatrix}U_{S_1}\\U_{S_2}\end{Bmatrix}=\mathrm{span}\begin{Bmatrix}B\\B\Omega\end{Bmatrix} \tag{5-60}$$

因此存在一个非奇异矩阵 T，使得

$$U_{S}=\begin{bmatrix}U_{S_1}\\U_{S_2}\end{bmatrix}=\begin{bmatrix}B\\B\Omega\end{bmatrix}T \tag{5-61}$$

根据式（5-47）可求得

$$J=(U_{S_1}^{H}U_{S_1})^{-1}U_{S_1}^{H}U_{S_2}=T^{-1}\Omega T \tag{5-62}$$

最后对 J 进行特征分解，分解后得到特征值，J 的特征值也就是 Ω 对角线上的元素，利用 Ω 估计出信号的波达方向。

5.4.3 稳健性分析

在 1.3.4 节对非圆信号的数学模型进行分析时，没有考虑通道幅相误差的影响。然而在实际测向系统中，由于各阵元接收通道的放大增益并不是完全相同的，因此存在通道的幅相误差。各阵元通道的幅相误差是一个复数的增益误差，包含了各阵元通道的幅度误差和相位误差，并且与入射信号的方位无关。当实际系统中各阵元之间存在幅相误差时，理想模型下的信号波达方向估计方法性能受到影响，而四阶累积量的非圆信号波达方向估计算法对幅相误差具有稳健性，下面进行分析，首先在存在通道幅相误差时，阵列接收数据修改为

$$X(t)=\Gamma\cdot AS(t)+N(t) \tag{5-63}$$

式中：Γ 为一个与幅度和相位误差有关的复数，即

$$\Gamma=\mathrm{diag}(\Gamma_1,\ \Gamma_2,\ \cdots,\ \Gamma_M) \tag{5-64}$$

式中：$\Gamma_i=g_i\exp(\mathrm{j}\psi_i)$，$g_i$ 和 ψ_i 为第 i 个（$i=1,2,\cdots,M$）阵元通道的幅度和相位误差。

在幅相误差模型下，四阶累积量 C_1，C_2 和 C_3 为

$$\begin{cases}\tilde{C}_1=|\Gamma_m|^2\Gamma A C_{4S_0}A^{H}\Gamma^{H}\\\tilde{C}_2=|\Gamma_m|^2\Gamma A\Phi C_{4S_0}A^{T}\Gamma^{T}\\\tilde{C}_3=|\Gamma_m|^2\Gamma^{*}A^{*}C_{4S_0}A^{T}\Gamma^{T}\end{cases} \tag{5-65}$$

式中：$m\in[1,M]$，为选取的一个常数。

$\tilde{C}_1$、$\tilde{C}_2$ 和 $\tilde{C}_3$ 构造的矩阵 $\tilde{R}_1$ 为

$$\begin{aligned}\tilde{\boldsymbol{R}}_1 &= \begin{bmatrix} \tilde{\boldsymbol{C}}_1 & \tilde{\boldsymbol{C}}_2 \\ \tilde{\boldsymbol{C}}_2^{\mathrm{H}} & \tilde{\boldsymbol{C}}_3 \end{bmatrix} = |\Gamma_m|^2 \begin{bmatrix} \boldsymbol{\Gamma A} \\ (\boldsymbol{\Gamma A})^* \boldsymbol{\Phi}^{\mathrm{H}} \end{bmatrix} \boldsymbol{C}_{4S_0} \begin{bmatrix} \boldsymbol{\Gamma A} \\ (\boldsymbol{\Gamma A})^* \boldsymbol{\Phi}^{\mathrm{H}} \end{bmatrix}^{\mathrm{H}} \\ &= |\Gamma_m|^2 \tilde{\boldsymbol{B}} \boldsymbol{C}_{4S_0} \tilde{\boldsymbol{B}}^{\mathrm{H}} \end{aligned} \tag{5-66}$$

式中：$\tilde{\boldsymbol{B}} = \begin{bmatrix} \boldsymbol{\Gamma A} \\ (\boldsymbol{\Gamma A})^* \boldsymbol{\Phi}^{\mathrm{H}} \end{bmatrix}$，表示 $\tilde{\boldsymbol{R}}_1$ 的导向矢量阵。

此时，四阶累积量 $\tilde{\boldsymbol{C}}_4$，$\tilde{\boldsymbol{C}}_5$ 和 $\tilde{\boldsymbol{C}}_6$ 为

$$\begin{cases} \tilde{\boldsymbol{C}}_4 = (\Gamma_m^* \Gamma_n) \boldsymbol{\Gamma A \Omega C}_{4S_0} \boldsymbol{A}^{\mathrm{H}} \boldsymbol{\Gamma}^{\mathrm{H}} \\ \tilde{\boldsymbol{C}}_5 = (\Gamma_m^* \Gamma_n) \boldsymbol{\Gamma A \Omega \Phi C}_{4S_0} \boldsymbol{A}^{\mathrm{T}} \boldsymbol{\Gamma}^{\mathrm{T}} \\ \tilde{\boldsymbol{C}}_6 = (\Gamma_m^* \Gamma_n) \boldsymbol{\Gamma}^* \boldsymbol{A}^* \boldsymbol{\Omega C}_{4S_0} \boldsymbol{A}^{\mathrm{T}} \boldsymbol{\Gamma}^{\mathrm{T}} \end{cases} \tag{5-67}$$

式中：$n \in [1,M]$，为一个常数，并且 $m \neq n$。

$\tilde{C}_4$、$\tilde{C}_5$ 和 $\tilde{C}_6$ 构造的矩阵 $\tilde{R}_2$ 为

$$\begin{aligned}\tilde{\boldsymbol{R}}_2 &= \begin{bmatrix} \tilde{\boldsymbol{C}}_4 & \tilde{\boldsymbol{C}}_5 \\ \tilde{\boldsymbol{C}}_5^{\mathrm{H}} & \tilde{\boldsymbol{C}}_6 \end{bmatrix} = (\Gamma_m^* \Gamma_n) \begin{bmatrix} \boldsymbol{\Gamma A} \\ (\boldsymbol{\Gamma A})^* \boldsymbol{\Phi}^{\mathrm{H}} \end{bmatrix} \boldsymbol{\Omega C}_{4S_0} \begin{bmatrix} \boldsymbol{\Gamma A} \\ (\boldsymbol{\Gamma A})^* \boldsymbol{\Phi}^{\mathrm{H}} \end{bmatrix}^{\mathrm{H}} \\ &= (\Gamma_m^* \Gamma_n) \tilde{\boldsymbol{B}} \boldsymbol{\Omega C}_{4S_0} \tilde{\boldsymbol{B}}^{\mathrm{H}} \end{aligned} \tag{5-68}$$

如果令 $\Gamma_m = \Gamma_n$，也就是令第 m 和第 n 个通道具有相同的幅相误差，此时有：

$$\tilde{\boldsymbol{R}}_2 = |\Gamma_m|^2 \tilde{\boldsymbol{B}} \boldsymbol{\Omega C}_{4S_0} \tilde{\boldsymbol{B}}^{\mathrm{H}} \tag{5-69}$$

由式（5-66）和式（5-69）可以看出，在幅相误差模型下，当某两个通道的幅相不一致性相等时，矩阵 $\tilde{\boldsymbol{R}}_1$ 和 $\tilde{\boldsymbol{R}}_2$ 之间仍然具有旋转不变关系。与式（5-54）和式（5-58）得到的 $\boldsymbol{R}_1$、$\boldsymbol{R}_2$ 对比可知，矩阵 $\tilde{\boldsymbol{R}}_1$ 和 $\tilde{\boldsymbol{R}}_2$ 只是多了一个系数，因此仍然可以利用原方法进行波达方向估计。也就是说在存在通道幅相误差时，只需要令任意两个通道的幅相误差相等，而对其他通道的幅相误差没有要求，本节算法便可以准确地进行波达方向估计，因此通道的幅相不一致性对算法的影响较小。

5.4.4 计算复杂度分析

简便起见，这里只对在计算中占较大部分的运算操作进行分析。对合成的累积量协方差矩阵进行奇异值分解所需的计算复杂度为 $O(64M^3)+O(16LM^2)$，因此本节算法总的计算复杂度约为 $O(64M^3)+O(16LM^2)$。传统 ESPRIT 算法的计算复杂度主要集中在对协方差矩阵 $\boldsymbol{R}$ 进行特征分解，所需的计算复杂度约为

$O(M^3)+O(LM^2)$，其中 L 代表快拍数。相比于传统 ESPRIT 算法，本节算法具有较高的计算复杂度。

5.4.5 计算机仿真实验分析

下面通过计算机仿真验证本节所提出算法（简称 RNC-ESPRIT 算法）的性能，并与四阶累积量 ESPRIT 算法（简称 FOC-ESPRIT 算法）及文献［278］提出的 FO-EMUSIC 算法比较。实验中采用阵元间距为入射信号的半波长的五元均匀线阵，两个独立的非圆信号入射到该天线阵列，角度为 10°和 30°，噪声为加性高斯白噪声。

实验 5　正确分辨概率

对不同信噪比下 3 种算法的正确分辨概率进行统计，快拍数取 200，信噪比的范围为-5~20dB，在不同的信噪比条件下分别进行 100 次独立实验，统计 3 种算法的正确分辨概率，结果如图 5.9 所示。对不同快拍数下的 3 种算法的正确分辨概率进行统计，信噪比取 0dB，快拍数的范围为 100~1000，在每个快拍数条件下分别进行 100 次蒙特卡罗实验，统计 3 种算法的正确分辨概率，结果如图 5.10 所示。

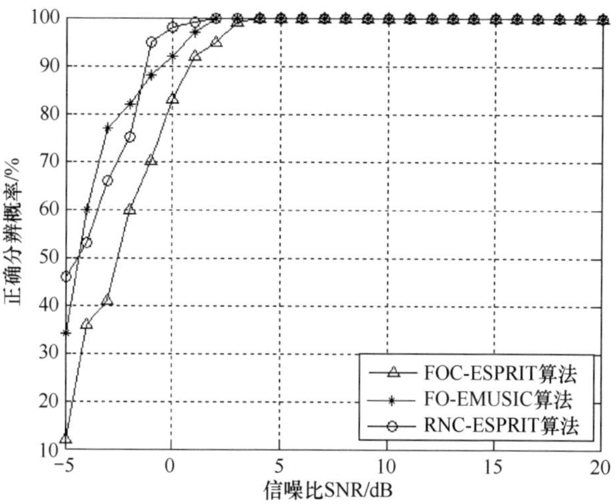

图 5.9　正确分辨概率与信噪比的关系

由图 5.9 和 5.10 可知，随着信噪比的提高、快拍数的增多，3 种算法的正确分辨概率均逐渐提高并且趋近于 100%。在图 5.9 中，在相同的信噪比下，FO-EMUSIC 算法和 RNC-ESPRIT 算法的正确分辨概率相当，两者均高于 FOC-ESPRIT 算法，在信噪比高于 2dB 时，FO-EMUSIC 算法和 RNC-ESPRIT 算法的正确分辨概率可以达到 100%，而 FOC-ESPRIT 算法在信噪比高于 4dB 时，正确分辨概率均能达到 100%。在图 5.10 中，在相同的快拍数条件下，FO-EMUSIC 算法和 RNC-ESPRIT 算法的正确分辨概率相当，本文提出的 RNC-ESPRIT 算法的正确分辨概率略高于 FO-EMUSIC 算法，两者均高于 FOC-ESPRIT 算法。

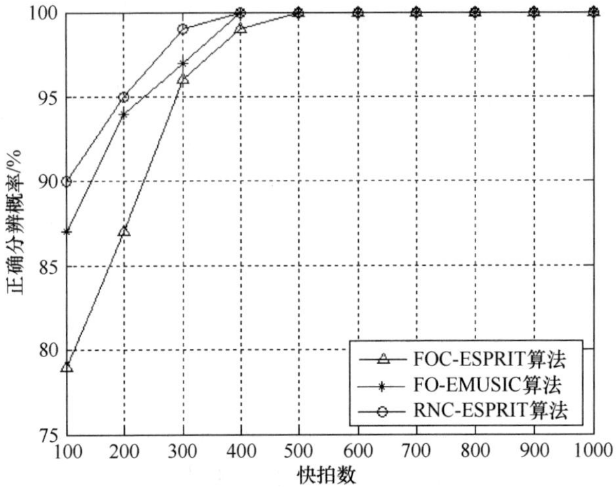

图 5.10　正确分辨概率与快拍数的关系

实验 6　测角精度

对不同信噪比下的均方根误差进行统计，快拍数取 300，信噪比的范围为 0~20dB，在每个信噪比下分别进行 100 次蒙特卡罗实验，得到不同信噪比下 3 种算法的估计角度的均方根误差，结果如图 5.11 所示。对不同快拍数下的均方根误差进行统计，信噪比取 14dB，快拍数的范围为 100~1000，在每个快拍数下分别进行 100 次蒙特卡罗实验，得到不同快拍数下 3 种算法的均方根误差，结果如图 5.12 所示。

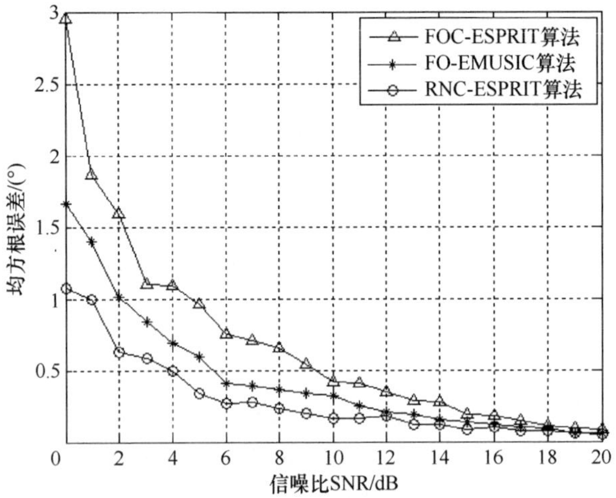

图 5.11　均方根误差与信噪比的关系

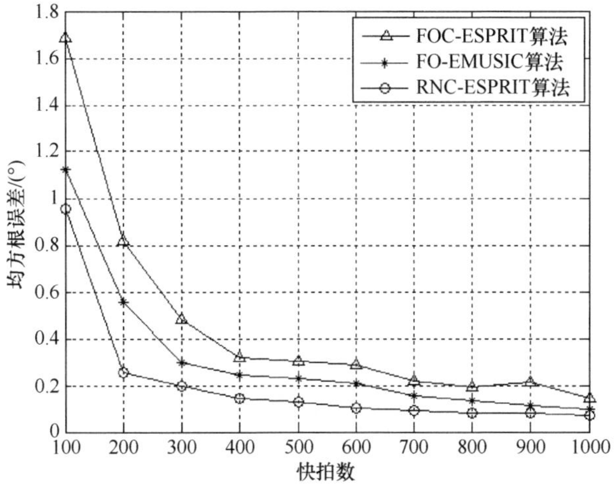

图 5.12　均方根误差与快拍数的关系

由图 5.11 和图 5.12 可以看出，随着信噪比的提高、快拍数的增多，FOC-ESPRIT 算法、FO-EMUSIC 算法和 RNC-ESPRIT 算法的估计角度的均方根误差均减小，即测角精度提高。在相同的信噪比和快拍数条件下，RNC-ESPRIT 算法的测角精度最高，文献的 FO-EMUSIC 算法其次，FOC-ESPRIT 算法的精度最低。

实验 7　计算时间

在计算机上利用 MATLAB R2008a 软件进行仿真，计算机处理器为 Intel Core2 Duo CPU T7300，单核的主频为 2GHz，电脑内存为 2GB。信噪比取 14dB，分别在不同的快拍数下进行 100 次计算机仿真实验，统计 3 种算法单次运算的平均时间，见表 5.2。

表 5.2　不同快拍数的计算时间

快拍数	FOC-ESPRIT 算法	FO-EMUSIC 算法	RNC-ESPRIT 算法
300	90.37ms	283.30ms	26.36ms
500	116.36ms	366.97ms	34.96ms
800	193.21ms	587.13ms	40.19ms
1000	244.48ms	688.12ms	57.25ms

由表 5.2 可知，随着快拍数的增多，3 种算法的运算时间也随之增加；在同样的快拍数下 RNC-ESPRIT 算法的计算时间最短，FOC-ESPRIT 算法次之，FO-EMUSIC 算法运算时间最长。这是因为 FOC-ESPRIT 算法需要构造一个 $M^2 \times M^2$ 维的矩阵，FO-EMUSIC 算法需要构造 3 个 $2M \times 2M$ 维的矩阵，并且需要进行谱峰搜索，空间谱的计算和谱峰搜索会耗费大量时间，而 RNC-ESPRIT 算法需要构造 6 个 $M \times M$ 维的矩阵，并且不需要进行谱峰搜索，因此计算时间最短。

实验 8　对幅相误差的稳健性

为了验证本节算法对幅相误差的稳健性，在阵列接收数据为通道幅相误差模型时，对 3 种算法的均方根误差进行统计。设置阵列的幅度因子为 $g=[1,1,1.675,0.643,1.117]$，相位因子为 $\psi=[0°,0°,8.15°,2.4°,-3.1°]$，也就是只令通道 1 和通道 2 的幅相不一致性相等。

由图 5.13 和图 5.14 的仿真结果可以看出，在相同的信噪比和快拍数条件下，RNC-ESPRIT 算法的均方根误差明显小于 FOC-ESPRIT 算法和 FO-EMUSIC 算法，也就是说 RNC-ESPRIT 算法的测角精度最高。

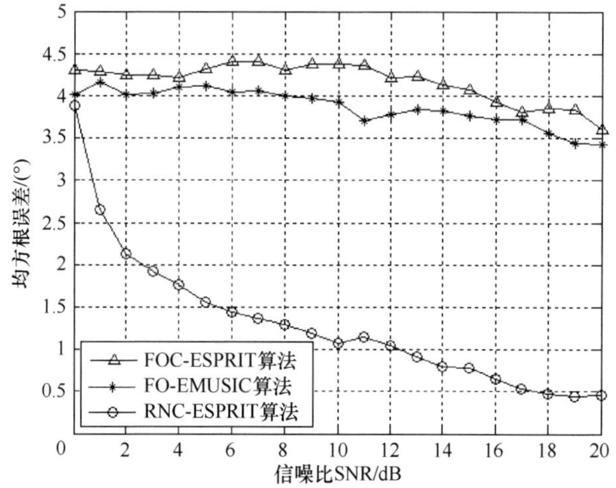

图 5.13　阵列幅相误差模型下均方根误差与信噪比的关系

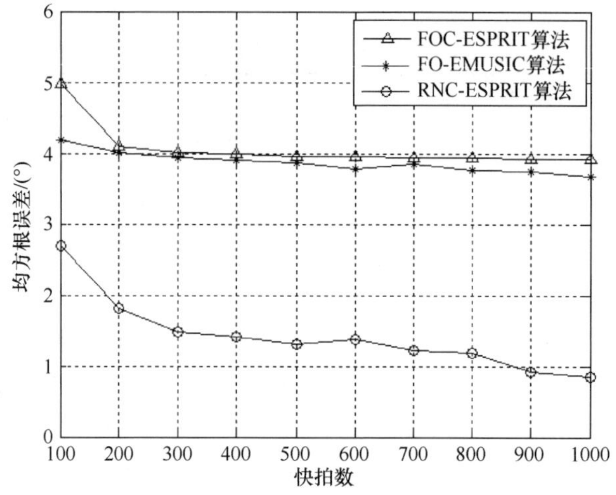

图 5.14　阵列幅相误差模型下均方根误差与快拍数的关系

对比图 5.13 和图 5.11、图 5.14 和图 5.12 可知，在通道幅相误差的模型下，RNC-ESPRIT 算法的均方误差相比于理想模型时的均方误差变化很小，而另外两种算法的均方误差都有明显的增大，也就是说本节算法受通道幅相不一致性的影响较小，在存在通道幅相误差时仍能准确估计出信号入射角度，而另外两种算法的测角误差变得很大。这是因为在通道幅相误差存在时，本节算法的实现只需要令任意两个通道的幅相不一致性相等，便可以准确地估计信号的到达角度。因此通道的幅相不一致性对本算法的影响较小。实验 7 的仿真结果也验证了 5.3.3 节的结论。

5.5 小结

通信、雷达系统中常用的二进制相移键控（BPSK）和幅度调制（MASK）等调制信号都是非圆信号，利用信号的非圆特性可以提高非圆信号波达方向估计的性能。本章根据 C-SPRIT 算法的原理，通过对阵列接收数据进行共轭重排，构造了与阵元个数相同的多个具有旋转不变关系的子阵，对信息的利用更充分；然后通过延时相关处理抑制了高斯白噪声对算法影响，提高了非圆信号波达方向估计的测角精度和正确分辨概率。计算机仿真实验验证了 NC-CSPRIT 算法的波达方向估计性能优于 ESPRIT 算法及 C-SPRIT 算法，并且在小角度间隔下也具有良好的分辨性能。利用四阶累积量对高斯分量的抑制作用，通过构造两个具有旋转不变关系的四阶累积量矩阵，利用它们的旋转不变特性实现信号波达方向估计，提出了基于四阶累积量的稳健的非圆信号波达方向估计算法，算法的可测信号数、分辨力和测角精度得到了有效的提高，最后，在通道幅相误差模型下分析了该算法的稳健性，只要接收通道中任意两个通道能保持一致，不需要误差校正就能进行正确估计。仿真实验结果表明，RNC-ESPRIT 算法在减少计算时间的基础上提高了算法的性能，并且算法对幅相误差具有稳健性。

第 6 章　共形阵列波达方向估计

6.1　引言

共形阵列天线与载体共形，具有特有的优势，例如优越的空气动力学性能、视角范围广阔和阵列孔径得到阔展等[279]。可以预见在未来的弹载、舰载雷达、航天和航空飞行器等领域，共形阵列的应用前景十分广阔。传统的波达方向估计算法，如经典的 MUSIC 算法[60] 和 ML 算法，由于需要对参数进行一维或者多维的搜索，计算量巨大。随后提出的 ESPRIT 算法[280] 和利用多项式求根的 Root-MUSIC 算法[281] 不需要进行多维搜索的两种典型算法，由于不需要像 MUSIC 算法进行谱峰搜索，算法的计算量得到了很大程度的降低。在这两种免搜索算法基础上，对于任意阵列结构的波达方向估计算法的研究吸引了越来越多学者加入。文献［282］提出了用波形域进行建模的思想解决任意阵列结构的波达方向估计问题，并在实际应用中对 Root-MUSIC 算法的性能进行详细的测试[283,284]。在早先阵列内插技术[285,286] 的基础上，提出了阵列流形分离的概念，并将其应用在任意阵列结构的 DOA 估计中，但是截断误差始终存在[287]。上述算法在阵元方向图为全向（各向同性）时，可以对来波方向进行准确的估计，但是共形阵列的阵元方向图是在阵元局部坐标系中设计的，方向图的指向基本各不相同。同时由于金属载体对阵元的遮挡，导致并不是所有的阵元都能接收到信号，因此，传统的算法很难应用到共形阵列的波达方向估计中。

文献［105］利用迭代 ESPRIT 算法实现了二维 DOA 和极化角度的联合估计。利用四阶累积量和 ESPRIT 算法，文献［116］实现了极化信息和角度信息的去耦合，进而提出了一种盲的 DOA 估计算法。利用子阵分割和内插变换，文献［117,118］解决了载体遮挡的问题，但是内插误差仍然存在，MUSIC 算法的运算量依然巨大。在利用欧拉旋转变换对共形阵列导向矢量进行建模之后，文献［123,114］在共形阵列分别为圆柱面和圆锥面的情况下完成了入射信号的波达方向估计，采用 ESPRIT 算法，计算量较小。依靠几何代数的数学技术，文献［115,116,123,124］中的算法都需要参数配对。

在本章中首先提出一种基于柱面共形阵列的快速波达方向估计算法，通过合理的阵元摆放实现未知参数中的 DOA 和极化状态信息的去耦合，计算量与文献［114］中算法（记为 CF-ESPRIT 算法）相比更小，适用于实时处理的背景；然后提出了一种基于共形阵列的高精度波达方向估计算法，该算法利用 PARAFAC 理论实现共形阵列的高精度 DOA 估计，不需要谱峰搜索和参数配对，在低信噪比或者需要较高估计精度的情况下表现出优异的测向性能。

6.2 柱面阵列快速 DOA 估计方法

6.2.1 阵列设计

1. 柱面阵列的阵元位置摆放

在有载体遮挡阵元的时候，会导致一些阵元接收不到信号或者信号的幅度很弱，本节采用文献［117，118］中的子阵分割技术，利用 3 个子阵实现共形阵列对整个空间区域的覆盖。柱面阵列具有单曲率和对称性，所以 3 个子阵的阵列结构相同，估计来波方向的方法也相同，所以这里只对子阵 1 进行算法设计与仿真验证。整个空间的波达方向采用 3 个子阵联合起来进行估计。如图 6.1（a）所示，在同一个横截面的两个阵元之间的间距为 $\lambda/4$，两个横截面之间的距离为 $\lambda/4$，圆柱半径为 5λ，其中 λ 为入射信号的波长。入射信号的方向矢量 $\boldsymbol{u}$ 如图 6.1（b）所示。

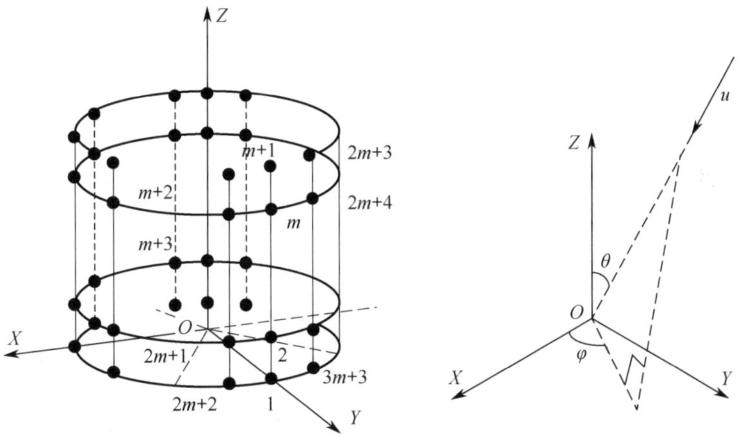

(a) 圆柱表面阵列设置　　(b) 入射信号模型

图 6.1　柱面共形阵列天线

2. 柱面阵列的阵元位置摆放

为了保证对入射信号波达方向进行精确估计，需要准确地建立共形阵列的快拍数据模型是亟需解决的问题。然而，由于载体表面曲率的影响，导致共形阵列中阵元方向图的指向都不相同。基于欧拉旋转变换的导向矢量模型建立方法在文献［116，166］中首次提出，这里结合文献［117］中的接收数据模型，建立新的共形阵列导向矢量模型：

$$\boldsymbol{a}(\theta, \varphi)=\left[h_1\exp\left(-\mathrm{j}2\pi\frac{\boldsymbol{p}_1\cdot\boldsymbol{u}}{\lambda}\right), \ h_2\exp\left(-\mathrm{j}2\pi\frac{\boldsymbol{p}_2\cdot\boldsymbol{u}}{\lambda}\right), \cdots, \ h_{4m}\exp\left(-\mathrm{j}2\pi\frac{\boldsymbol{p}_{4m}\cdot\boldsymbol{u}}{\lambda}\right)\right]^{\mathrm{T}} \tag{6-1}$$

$$\begin{aligned} h_i &= (g_{i\theta}^2+g_{i\varphi}^2)^{\frac{1}{2}}(k_\theta^2+k_\varphi^2)^{\frac{1}{2}}\cos(\theta_{igk}) = |g_i||p_l|\cos(\theta_{igk}) \\ &= \boldsymbol{g}_i\cdot\boldsymbol{p}_l = g_{i\theta}k_\theta+g_{i\varphi}k_\varphi \end{aligned} \tag{6-2}$$

式（6-1）中：$\boldsymbol{p}_l$ 为第 l 个阵元的位置矢量；$\boldsymbol{u}$ 为入射信号方向矢量。式（6-2）中：k_θ 和 k_φ 为入射信号的极化参数；$\boldsymbol{g}_i$ 为第 i 个阵元的方向图矢量；$\boldsymbol{p}_l$ 为入射信号的电场方向矢量；电场矢量 $\boldsymbol{p}_l$ 与方向图矢量 $\boldsymbol{g}_i$ 的夹角定义为 θ_{igk}。假设有 r 个窄带远场信号入射到共形阵列上，快拍数据模型可以表示为

$$\begin{aligned} \boldsymbol{X}(n) &= \boldsymbol{G}\cdot\boldsymbol{AS}(n)+\boldsymbol{N}(n) \\ &= (\boldsymbol{G}_\theta\cdot\boldsymbol{A}_\theta\boldsymbol{K}_\theta+\boldsymbol{G}_\varphi\cdot\boldsymbol{A}_\varphi\boldsymbol{K}_\varphi)\boldsymbol{S}(n)+\boldsymbol{N}(n) \\ &= \boldsymbol{BS}(n)+N(n) \end{aligned} \tag{6-3}$$

$$\boldsymbol{S}(n)=[s_1(n), \ s_2(n)\cdots, \ s_r(n)]^{\mathrm{T}} \tag{6-4}$$

$$\boldsymbol{N}(n)=[n_1(n), \ n_2(n)\cdots, \ n_r(n)]^{\mathrm{T}} \tag{6-5}$$

$$\boldsymbol{G}_\theta=[\boldsymbol{g}_\theta(\theta_1, \varphi_1), \ \boldsymbol{g}_\theta(\theta_2, \varphi_2), \ \cdots, \ \boldsymbol{g}_\theta(\theta_r, \varphi_r)] \tag{6-6}$$

$$\boldsymbol{G}_\varphi=[\boldsymbol{g}_\varphi(\theta_1, \varphi_1), \ \boldsymbol{g}_\varphi(\theta_2, \varphi_2), \ \cdots, \ \boldsymbol{g}_\varphi(\theta_r, \varphi_r)] \tag{6-7}$$

$$\boldsymbol{A}_\theta=[\boldsymbol{a}_\theta(\theta_1, \varphi_1), \ \boldsymbol{a}_\theta(\theta_2, \varphi_2), \ \cdots, \ \boldsymbol{a}_\theta(\theta_r, \varphi_r)] \tag{6-8}$$

$$\boldsymbol{A}_\varphi=[\boldsymbol{a}_\varphi(\theta_1, \varphi_1), \ \boldsymbol{a}_\varphi(\theta_2, \varphi_2), \ \cdots, \ \boldsymbol{a}_\varphi(\theta_r, \varphi_r)] \tag{6-9}$$

$$\boldsymbol{K}_\theta=\mathrm{diag}(k_{1\theta}, \ k_{2\theta}, \ \cdots, \ k_{r\theta}) \tag{6-10}$$

$$\boldsymbol{K}_\varphi=\mathrm{diag}(k_{1\varphi}, \ k_{2\varphi}, \ \cdots, \ k_{r\varphi}) \tag{6-11}$$

式（6-3）~式（6-11）中：$\boldsymbol{G}$ 代表方向图矩阵；$\boldsymbol{A}$ 为阵列流形矩阵；入射信号的 DOA 和极化信息都包含在矩阵 $\boldsymbol{B}=\boldsymbol{G}\cdot\boldsymbol{A}$ 中；$\boldsymbol{S}(n)$ 为入射信号矢量；$\boldsymbol{N}(n)$ 为加性的高斯白噪声矢量；$\boldsymbol{K}=\mathrm{diag}(k_1,k_2,\cdots,k_r)$ 为对角线元素为 $k_1,k_2,\cdots,k_r$ 的对角阵；θ_i 和 φ_i 分别为第 i 个入射信号的俯仰角和方位角；$k_{i\theta}$ 和 $k_{i\varphi}$ 分别为第 i 入射信号极化参数，它们分别是电磁波信号在单位正交矢量 $\boldsymbol{u}_\theta$ 和 $\boldsymbol{u}_\varphi$ 上的分量。

在共形阵列的接收数据模型中，由于各个阵元的方向图都是在各自的局部坐标系定义的，所以参数需要利用欧拉旋转变换完成从全局坐标系到局部坐标系的转换。入射信号的 DOA 与极化信息耦合在一起，要完成入射信号的 DOA 估计，必须将入射信号的 DOA 与极化信息去耦合，然后再估计入射信号的 DOA。

3. 子阵对构成和新算法

本节算法所采用的阵列结构如图 6.1（a）所示。阵元 1~m 构成子阵 1；阵

元 2~m+1 构成子阵 2；阵元 m+3~2m+2 构成子阵 3；阵元 2m+4~3m+3 构成子阵 4。第一对子阵由子阵 1 和子阵 2 构成，它们之间的距离矢量为 $\Delta\boldsymbol{P}_1$，同时有 $d_1=|\Delta\boldsymbol{P}_1|=\lambda/4$。第 2 对子阵由子阵 1 和子阵 3 构成，它们之间的距离矢量为 $\Delta\boldsymbol{P}_2$，第 3 对子阵由子阵 1 和子阵 4 构成，它们之间的距离矢量为 $\Delta\boldsymbol{P}_3$，并且有 $d_2=d_3=|\Delta\boldsymbol{P}_2|=|\Delta\boldsymbol{P}_3|=\lambda/4$，如图 6.2 所示。基于构造的子阵对，可以构建子阵之间的旋转不变关系，为后续算法设计提供先决条件。

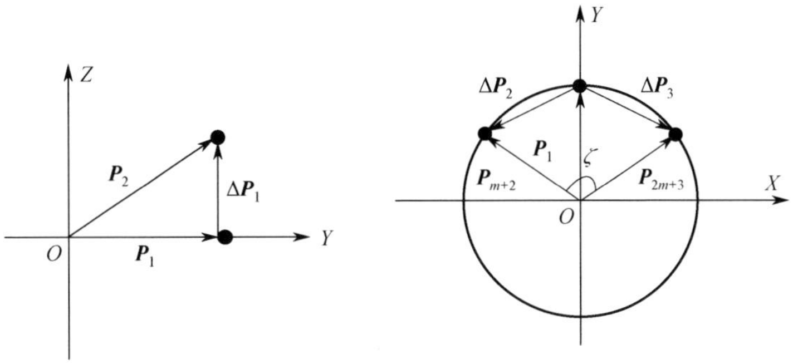

(a) 距离矢量$\Delta\boldsymbol{P}_1$　　(b) 距离矢量$\Delta\boldsymbol{P}_2$和$\Delta\boldsymbol{P}_3$

图 6.2　子阵对之间的距离矢量示意图

子阵 1~4 接收到的快拍数据分别表示为 $\boldsymbol{X}_1$，$\boldsymbol{X}_2$，$\boldsymbol{X}_3$ 和 $\boldsymbol{X}_4$，接收信号的参考点为坐标原点，则各个子阵接收到的数据可以表示为

$$\boldsymbol{X}_1=\boldsymbol{B}\boldsymbol{S}+\boldsymbol{N}_1 \tag{6-12}$$

$$\boldsymbol{X}_2=\boldsymbol{B}\boldsymbol{\Psi}_1\boldsymbol{S}+\boldsymbol{N}_2 \tag{6-13}$$

$$\boldsymbol{X}_3=\boldsymbol{B}\boldsymbol{\Psi}_2\boldsymbol{S}+\boldsymbol{N}_3 \tag{6-14}$$

$$\boldsymbol{X}_4=B\boldsymbol{\Psi}_3\boldsymbol{S}+\boldsymbol{N}_4 \tag{6-15}$$

可以看出，子阵 $\boldsymbol{X}_2,\boldsymbol{X}_3,\boldsymbol{X}_4$ 均为子阵 $\boldsymbol{X}_1$ 通过旋转变换得到，对应的旋转不变关系表示为

$$\boldsymbol{\Psi}_1=\mathrm{diag}[\exp(-\mathrm{j}\omega_{11}),\ \exp(-\mathrm{j}\omega_{12}),\ \cdots,\ \exp(-\mathrm{j}\omega_{1r})] \tag{6-16}$$

$$\boldsymbol{\Psi}_2=\mathrm{diag}\left[\frac{h_3(\theta_1,\ \varphi_1)}{h_1(\theta_1,\ \varphi_1)}\exp(-\mathrm{j}\omega_{21}),\right.$$
$$\left.\frac{h_3(\theta_2,\ \varphi_2)}{h_1(\theta_2,\ \varphi_2)}\exp(-\mathrm{j}\omega_{22}),\ \cdots,\ \frac{h_3(\theta_r,\ \varphi_r)}{h_1(\theta_r,\ \varphi_r)}\exp(-\mathrm{j}\omega_{2r})\right] \tag{6-17}$$

$$\boldsymbol{\Psi}_3=\mathrm{diag}\left[\frac{h_4(\theta_1,\ \varphi_1)}{h_1(\theta_1,\ \varphi_1)}\exp(-\mathrm{j}\omega_{31}),\right.$$
$$\left.\frac{h_4(\theta_2,\ \varphi_2)}{h_1(\theta_2,\ \varphi_2)}\exp(-\mathrm{j}\omega_{32}),\ \cdots,\ \frac{h_4(\theta_r,\ \varphi_r)}{h_1(\theta_r,\ \varphi_r)}\exp(-\mathrm{j}\omega_{3r})\right] \tag{6-18}$$

式（6-16）~式（6-18）中的角度信息可以由子阵之间的距离矢量与入射信号矢量进行表示：

$$
\begin{aligned}
\boldsymbol{\omega}_{1i} &= (2\pi/\lambda_i)d_1\boldsymbol{\Delta P}_1\cdot\boldsymbol{u}_i\\
&= (2\pi d_1/\lambda_i)[\sin(\theta_{\Delta P_1})\cos(\varphi_{\Delta P_1})\sin(\theta_i)\cos(\varphi_i)+\\
&\quad \sin(\theta_{\Delta P_1})\sin(\varphi_{\Delta P_1})\sin(\theta_i)\sin(\varphi_i)+\cos(\theta_{\Delta P_1})\cos(\theta_i)]
\end{aligned}
\tag{6-19}
$$

$$
\begin{aligned}
\boldsymbol{\omega}_{2i} &= (2\pi/\lambda_i)d_2\boldsymbol{\Delta P}_2\cdot\boldsymbol{u}_i\\
&= (2\pi d_2/\lambda_i)[\sin(\theta_{\Delta P_2})\cos(\varphi_{\Delta P_2})\sin(\theta_i)\cos(\varphi_i)+\\
&\quad \sin(\theta_{\Delta P_2})\sin(\varphi_{\Delta P_2})\sin(\theta_i)\sin(\varphi_i)+\cos(\theta_{\Delta P_2})\cos(\theta_i)]
\end{aligned}
\tag{6-20}
$$

$$
\begin{aligned}
\boldsymbol{\omega}_{3i} &= (2\pi/\lambda_i)d_3\Delta P_3\cdot\boldsymbol{u}_i\\
&= (2\pi d_3/\lambda_i)[\sin(\theta_{\Delta P_3})\cos(\varphi_{\Delta P_3})\sin(\theta_i)\cos(\varphi_i)+\\
&\quad \sin(\theta_{\Delta P_3})\sin(\varphi_{\Delta P_3})\sin(\theta_i)\sin(\varphi_i)+\cos(\theta_{\Delta P_3})\cos(\theta_i)]
\end{aligned}
\tag{6-21}
$$

式中：在全局坐标系下，距离矢量 $\boldsymbol{\Delta P}_i$（$i=1$，2，3）的俯仰角和方位角分别用 $\theta_{\Delta P_i}$ 和 $\varphi_{\Delta P_i}$ 表示，方向图矢量 h_i 如式（6-2）表示。为了利用子阵之间的旋转不变关系，重新将接收的各个子阵数据进行排列可得

$$\boldsymbol{X}_{4m\times r}=[\boldsymbol{X}_1^{\mathrm{T}}\quad \boldsymbol{X}_2^{\mathrm{T}}\quad \boldsymbol{X}_3^{\mathrm{T}}\quad \boldsymbol{X}_4^{\mathrm{T}}]^{\mathrm{T}} \tag{6-22}$$

共形阵列接收数据的协方差矩阵可以表示为

$$\boldsymbol{R}_X=E[\boldsymbol{X}\boldsymbol{X}^{\mathrm{H}}]=\boldsymbol{B}\boldsymbol{R}_s\boldsymbol{B}^{\mathrm{H}}+\sigma^2\boldsymbol{I} \tag{6-23}$$

式中：$\boldsymbol{B}$ 为阵列流形矩阵；$\boldsymbol{R}_s$ 为信号协方差矩阵；噪声为零均值方差为 σ^2 的加性高斯白噪声；$\boldsymbol{I}$ 为单位矩阵。

由于柱面共形阵列的单元方向图也是以各个阵元的局部坐标系作为参考，为了保证各参数共用同一个参考坐标系，所以要完成参数从全局坐标系到局部坐标系的转换，即入射信号的俯仰角 θ 和方位角 φ。对应的欧拉旋转变换角为

$$D=-\Theta;\ E=-\pi/2;\ F=0 \tag{6-24}$$

式中：D 为旋转轴是 Z 轴第一次旋转时，按右手准则旋转的角度；E 为旋转轴是 Y 轴第二次旋转时，按右手准则旋转的角度；F 为旋转轴是 X 轴第三次旋转时，按右手准则旋转的角度。

在全局坐标系下，第 j 个入射信号(φ_j,θ_j)的单位矢量可以表示为

$$x=\sin(\theta_j)\cos(\varphi_j);\ y=\sin(\theta_j)\sin(\varphi_j);\ z=\cos(\theta_j) \tag{6-25}$$

利用欧拉旋转变换的方法，将参数转换到第 i 个阵元的局部直角坐标系，可以得到在局部直角坐标系下的形式为

$$[x_i\quad y_i\quad z_i]^{\mathrm{T}}=R(D_i,\ E_i,\ F_i)[x\quad y\quad z]^{\mathrm{T}} \tag{6-26}$$

式中

$$R(D_i,\ E_i,\ F_i)=\begin{bmatrix}\cos F & \sin F & 0\\ -\sin F & \cos F & 0\\ 0 & 0 & 1\end{bmatrix}\cdot$$

$$\begin{bmatrix}\cos E & 0 & -\sin E\\ 0 & 1 & 0\\ \sin E & 0 & \cos E\end{bmatrix}\begin{bmatrix}\cos D & \sin D & 0\\ -\sin D & \cos D & 0\\ 0 & 0 & 1\end{bmatrix} \tag{6-27}$$

那么，在阵元的局部坐标系下，第 j 个入射信号在第 i 阵元的局部坐标系中的方位角 φ 和俯仰角 θ 分别为

$$\varphi_{ij} = \arctan(y_i/x_i)\text{；}\ \theta_{ij} = \arccos(z_i) \tag{6-28}$$

这样就完成了单元方向图从全局坐标系到局部坐标系的转换，结合 PM 算法，完成对入射信号波达方向的估计。详细的方向图旋转变换方法参见 2.2.3 节。

由于阵列流形矩阵 $\boldsymbol{B}$ 列满秩，因此矩阵 $\boldsymbol{B}$ 中有 r 行线性独立，所以其他行可以由这 r 行进行线性表示。不妨假设矩阵前 r 行线性独立，这样可以将阵列流形矩阵进行分块：

$$\boldsymbol{B} = [\boldsymbol{B}_1^{\mathrm{T}} \quad \boldsymbol{B}_2^{\mathrm{T}}]^{\mathrm{T}} \tag{6-29}$$

式中：矩阵 $\boldsymbol{B}_1$ 为 $r\times r$ 维矩阵；$\boldsymbol{B}_2$ 为 $(m-r)\times r$ 维矩阵。

根据式（6-29），可以构造满足式（6-30）的传播算子 $\boldsymbol{V}$：

$$\boldsymbol{V}^{\mathrm{H}}\boldsymbol{B}_1 = \boldsymbol{B}_2 \tag{6-30}$$

该传播算子可以将两个子阵列流型矩阵联系起来，构造如式（6-31）所示的矩阵 C，其中各个子矩阵对应不同的旋转不变关系：

$$\boldsymbol{C}_{4m\times r} = [\boldsymbol{B}^{\mathrm{T}} \quad (\boldsymbol{B\Psi}_1)^{\mathrm{T}} \quad (\boldsymbol{B\Psi}_2)^{\mathrm{T}} \quad (\boldsymbol{B\Psi}_3)^{\mathrm{T}}]^{\mathrm{T}} \tag{6-31}$$

为了求解其中的旋转不变关系，将矩阵 $\boldsymbol{C}$ 写成分块矩阵的形式：

$$\boldsymbol{C} = [\boldsymbol{B}_1^{\mathrm{T}} \quad \boldsymbol{C}_1^{\mathrm{T}}]^{\mathrm{T}} \tag{6-32}$$

式中

$$\begin{aligned}\boldsymbol{C}_1 = [\boldsymbol{B}_2^{\mathrm{T}} \quad (\boldsymbol{B}_1\boldsymbol{\Psi}_1)^{\mathrm{T}} \quad (\boldsymbol{B}_2\boldsymbol{\Psi}_1)^{\mathrm{T}} \quad (\boldsymbol{B}_1\boldsymbol{\Psi}_2)^{\mathrm{T}}\\ (\boldsymbol{B}_2\boldsymbol{\Psi}_2)^{\mathrm{T}} \quad (\boldsymbol{B}_1\boldsymbol{\Psi}_3)^{\mathrm{T}} \quad (\boldsymbol{B}_2\boldsymbol{\Psi}_3)^{\mathrm{T}}]\end{aligned} \tag{6-33}$$

根据式（6-30），矩阵 $\boldsymbol{C}_1$ 和 $\boldsymbol{B}_1$ 满足 $\boldsymbol{C}_1 = \overline{\boldsymbol{V}}^{\mathrm{H}}\boldsymbol{B}_1$，其中 $\overline{\boldsymbol{V}}$ 为 $r\times[4m-r]$ 维的传播算子矩阵。

结合式（6-32），对式（6-23）进行分块处理，可得

$$\begin{aligned}\boldsymbol{R}_X &= \begin{bmatrix}\boldsymbol{B}_1\\ \boldsymbol{C}_1\end{bmatrix}\boldsymbol{R}_s[\boldsymbol{B}_1^{\mathrm{H}} \quad \boldsymbol{C}_1^{\mathrm{H}}] = \begin{bmatrix}\boldsymbol{R}_{X11} & \boldsymbol{R}_{X12}\\ \boldsymbol{R}_{X21} & \boldsymbol{R}_{X22}\end{bmatrix}\\ &= \begin{bmatrix}\boldsymbol{B}_1\boldsymbol{R}_s\boldsymbol{B}_1^{\mathrm{H}} & \boldsymbol{B}_1\boldsymbol{R}_s\boldsymbol{C}_1^{\mathrm{H}}\\ \boldsymbol{C}_1\boldsymbol{R}_s\boldsymbol{B}_1^{\mathrm{H}} & \boldsymbol{C}_1\boldsymbol{R}_s\boldsymbol{C}_1^{\mathrm{H}}\end{bmatrix} = \begin{bmatrix}\boldsymbol{B}_1\boldsymbol{R}_s\boldsymbol{B}_1^{\mathrm{H}} & \boldsymbol{B}_1\boldsymbol{R}_s\boldsymbol{B}_1^{\mathrm{H}}\overline{\boldsymbol{V}}\\ \boldsymbol{C}_1\boldsymbol{R}_s\boldsymbol{B}_1^{\mathrm{H}} & \boldsymbol{C}_1\boldsymbol{R}_s\boldsymbol{B}_1^{\mathrm{H}}\overline{\boldsymbol{V}}\end{bmatrix}\\ &= [\boldsymbol{R}_{X_1} \quad \boldsymbol{R}_{X_2}]\end{aligned} \tag{6-34}$$

式中：矩阵 $\boldsymbol{R}_{X_1}$ 的维数为 $4m\times r$；矩阵 $\boldsymbol{R}_{X_2}$ 的维数为 $4m\times[4m-r]$；矩阵 $\boldsymbol{R}_{X_1}$ 和 $\boldsymbol{R}_{X_2}$

的关系为

$$\boldsymbol{R}_{X_2} = \boldsymbol{R}_{X_1}\overline{\boldsymbol{V}} \tag{6-35}$$

在实际工程中，噪声总是混在接收数据中，因此式（4-35）并不是完全意义上的相等，根据式（6-34）可以得到传播算子 $\overline{\boldsymbol{V}}$ 的最小二乘解为

$$\overline{\boldsymbol{V}} = (\boldsymbol{R}_{X_1}^{\mathrm{H}}\boldsymbol{R}_{X_1})^{-1}\boldsymbol{R}_{X_1}^{\mathrm{H}}\boldsymbol{R}_{X_2} \tag{6-36}$$

如果能对噪声方差进行估计，然后在协方差矩阵中减去噪声的影响，会进一步提高 PM 算法的估计性能，由式（6-34）可知

$$\begin{aligned}\boldsymbol{R}_{X21} &= \boldsymbol{B}_2\boldsymbol{R}_s\boldsymbol{B}_1^{\mathrm{H}}\\ \boldsymbol{R}_{X22} &= \boldsymbol{B}_2\boldsymbol{R}_s\boldsymbol{B}_2^{\mathrm{H}} + \sigma^2\boldsymbol{I}_{4m-r}\end{aligned} \tag{6-37}$$

这时噪声能量可以由下式进行估计

$$\sigma^2 = \mathrm{tr}(\boldsymbol{R}_{X22}\boldsymbol{\Omega})/\mathrm{tr}(\boldsymbol{\Omega}) \tag{6-38}$$

式中：$\boldsymbol{\Omega}=\boldsymbol{I}_{4m-r}-\boldsymbol{R}_{X21}\boldsymbol{R}_{X21}^{\dagger}=\boldsymbol{I}_{4m-r}-\boldsymbol{B}_2\boldsymbol{B}_2^{\dagger}$。这是从协方差矩阵 $\boldsymbol{R}_X$ 中减去噪声成分，重新估计传播算子 $\overline{\boldsymbol{V}}$。

将传播算子 $\overline{\boldsymbol{V}}$ 同样进行分块处理，分成$\overline{\boldsymbol{V}_1}\sim\overline{\boldsymbol{V}_7}$，它们的维数与矩阵 $\boldsymbol{C}_1$ 中的 7 个矩阵维数相等。

定理 1　当 $r\leqslant[4m-r]$ 时，即 $r\leqslant 2m$ 时，传播算子矩阵 $\overline{\boldsymbol{V}}$ 有右逆矩阵 $\overline{\boldsymbol{V}}^{\#}$。定理证明见文献［277］。

$$\overline{\boldsymbol{V}}^{\#} = (\overline{\boldsymbol{V}}^{\mathrm{H}}\overline{\boldsymbol{V}})^{-1}\overline{\boldsymbol{V}}^{\mathrm{H}} \tag{6-39}$$

将式（6-33）和式（6-39）联立可得

$$\overline{\boldsymbol{V}}_1^{\#}\overline{\boldsymbol{V}_3}\boldsymbol{B}_1 = \boldsymbol{B}_1\boldsymbol{\Psi}_1 \tag{6-40}$$

$$\overline{\boldsymbol{V}}_1^{\#}\overline{\boldsymbol{V}_5}\boldsymbol{B}_1 = \boldsymbol{B}_1\boldsymbol{\Psi}_2 \tag{6-41}$$

$$\overline{\boldsymbol{V}}_1^{\#}\overline{\boldsymbol{V}_7}\boldsymbol{B}_1 = \boldsymbol{B}_1\boldsymbol{\Psi}_3 \tag{6-42}$$

可见，将 $\overline{\boldsymbol{V}}_1^{\#}\overline{\boldsymbol{V}_3}$、$\overline{\boldsymbol{V}}_1^{\#}\overline{\boldsymbol{V}_5}$ 和 $\overline{\boldsymbol{V}}_1^{\#}\overline{\boldsymbol{V}_7}$ 进行特征分解可以得到它们对应的特征值 $[\lambda_{11}\quad\lambda_{12}\quad\cdots\quad\lambda_{1r}]$、$[\lambda_{21}\quad\lambda_{22}\quad\cdots\quad\lambda_{2r}]$ 和 $[\lambda_{31}\quad\lambda_{32}\quad\cdots\quad\lambda_{3r}]$，可以看出矩阵 $\boldsymbol{\Psi}_1$、$\boldsymbol{\Psi}_2$ 和 $\boldsymbol{\Psi}_3$ 的对角线元素分别与前面三组特征值相对应。这样在入射信号频率已知的情况下，就可以得到入射信号二维 DOA 的准确估计。然而由于矩阵$\overline{\boldsymbol{V}}_1^{\#}\overline{\boldsymbol{V}_3}$、$\overline{\boldsymbol{V}}_1^{\#}\overline{\boldsymbol{V}_5}$ 和$\overline{\boldsymbol{V}}_1^{\#}\overline{\boldsymbol{V}_7}$ 特征值分解是单独进行的，所以在 $r\geqslant 2$ 时，需要特征值配对。利用文献［288］中所提的配对方法，假设矩阵 $\boldsymbol{T}_1$、$\boldsymbol{T}_2$ 和 $\boldsymbol{T}_3$ 分别为矩阵 $\overline{\boldsymbol{V}}_1^{\#}\overline{\boldsymbol{V}_3}$、$\overline{\boldsymbol{V}}_1^{\#}\overline{\boldsymbol{V}_5}$ 和$\overline{\boldsymbol{V}}_1^{\#}\overline{\boldsymbol{V}_7}$ 的特征向量矩阵。设置矩阵 $\boldsymbol{G}_1$ 和 $\boldsymbol{G}_2$：

$$\begin{cases}\boldsymbol{G}_1 = \boldsymbol{T}_2^{\mathrm{H}}\boldsymbol{T}_1\\ \boldsymbol{G}_2 = \boldsymbol{T}_3^{\mathrm{H}}\boldsymbol{T}_1\end{cases} \tag{6-43}$$

对于矩阵 $\boldsymbol{T}_1$、$\boldsymbol{T}_2$ 来说，同一个入射信号对应的特征向量是完全相关的。因此可以根据矩阵 $\boldsymbol{G}_1$ 中每一行（或列）元素中绝对值最大的元素的矩阵坐标调整两组

特征值$[\lambda_{11} \quad \lambda_{12} \quad \cdots \quad \lambda_{1r}]$与$[\lambda_{21} \quad \lambda_{22} \quad \cdots \quad \lambda_{2r}]$中元素的顺序，形成一一对应关系。同理，矩阵 $\boldsymbol{G}_2$ 中每一行（或列）元素中绝对值最大的元素的矩阵坐标调整两组特征值$[\lambda_{11} \quad \lambda_{12} \quad \cdots \quad \lambda_{1r}]$与$[\lambda_{31} \quad \lambda_{32} \quad \cdots \quad \lambda_{3r}]$中元素的顺序，形成一一对应关系。这样就完成了三组特征值之间的配对。

因为阵元响应 h_1、h_3 和 h_4 为实数，可以通过将特征值 λ_{2i} 和 λ_{3i} 平方来消除 h_1、h_3 和 h_4 的正负不一致引起式（6-17）的相位模糊[114]，那么式（6-19）~式（6-21）可以改写为

$$\omega_{1i} = -\operatorname{angle}(\lambda_{1i}) \tag{6-44}$$

$$\begin{aligned}\omega_{2i} &= -\frac{1}{2}\operatorname{angle}\left(\left[\frac{h_3(\theta_i,\ \varphi_i)}{h_1(\theta_i,\ \varphi_i)}\exp(-\mathrm{j}\omega_{2i})\right]^2\right)\\ &= -\frac{1}{2}\operatorname{angle}(\exp(-\mathrm{j}\omega_{2i})^2) = -\frac{1}{2}\operatorname{angle}((\lambda_{2i})^2)\end{aligned} \tag{6-45}$$

$$\omega_{3i} = -\frac{1}{2}\operatorname{angle}((\lambda_{3i})^2) \tag{6-46}$$

简便起见，设 $\Delta p_{11} = \sin(\theta_{\Delta P_1})\cos(\varphi_{\Delta P_1})$、$\Delta p_{12} = \sin(\theta_{\Delta P_1})\sin(\varphi_{\Delta P_1})$和 $\Delta p_{13} = \cos(\theta_{\Delta P_1})$，$\Delta p_{2i}$ 和 Δp_{3i} 与 Δp_{1i} 设置相同($i=1,2,3$)。将式（6-40）~式（6-42）与式（6-44）~式（6-46）进行联立，可得

$$-\frac{\lambda}{2\pi}\begin{bmatrix}\dfrac{\operatorname{angle}(\lambda_{1i})}{d_1}\\ \dfrac{\operatorname{angle}((\lambda_{2i})^2)}{2d_2}\\ \dfrac{\operatorname{angle}((\lambda_{3i})^2)}{2d_3}\end{bmatrix} = \begin{bmatrix}\Delta p_{11} & \Delta p_{12} & \Delta p_{13}\\ \Delta p_{21} & \Delta p_{22} & \Delta p_{23}\\ \Delta p_{31} & \Delta p_{32} & \Delta p_{33}\end{bmatrix}\begin{bmatrix}\gamma_{1i}\\ \gamma_{2i}\\ \gamma_{3i}\end{bmatrix} \tag{6-47}$$

求解式（6-47）可得

$$\begin{bmatrix}\gamma_{1i}\\ \gamma_{2i}\\ \gamma_{3i}\end{bmatrix} = -\frac{\lambda}{2\pi}\begin{bmatrix}\Delta p_{11} & \Delta p_{12} & \Delta p_{13}\\ \Delta p_{21} & \Delta p_{22} & \Delta p_{23}\\ \Delta p_{31} & \Delta p_{32} & \Delta p_{33}\end{bmatrix}^{-1}\begin{bmatrix}\dfrac{\operatorname{angle}(\lambda_{1i})}{d_1}\\ \dfrac{\operatorname{angle}((\lambda_{2i})^2)}{2d_2}\\ \dfrac{\operatorname{angle}((\lambda_{3i})^2)}{2d_3}\end{bmatrix} \tag{6-48}$$

通过矩阵求逆的方法可以得到 γ_{1i}、γ_{2i} 和 γ_{3i} 的解，对于如何求解参数方位角 θ_i、仰角 φ_i，有两种方法可供选择。

第一种：

$$\theta_i = \arcsin\gamma_{3i} \tag{6-49a}$$

$$\varphi_i = \arccos\left(\frac{\gamma_{1i}}{\cos\theta_i}\right) \text{ 或 } \varphi_i = \arcsin\left(\frac{\gamma_{2i}}{\cos\theta_i}\right) \tag{6-49b}$$

第二种：

$$\varphi_i = \arctan\left(\frac{\gamma_{2i}}{\gamma_{1i}}\right) \tag{6-50a}$$

$$\theta_i = \arccos\left(\frac{\gamma_{1i}}{\cos\varphi_i}\right) \text{ 或 } \theta_i = \arccos\left(\frac{\gamma_{2i}}{\sin\varphi_i}\right) \tag{6-50b}$$

下面对如何利用圆柱共形阵列实现二维波达方向估计的算法步骤做如下总结：

步骤 1 在实际应用过程中，获得的快拍数据往往是有限长度的，所以只能利用部分样本 $\frac{1}{M}\sum_{i=1}^{M}\boldsymbol{X}\boldsymbol{X}^{\mathrm{H}}$ 去估计真实的协方差矩阵 $\boldsymbol{R}_X$；

步骤 2 根据式（6-36）计算传播算子 $\overline{\boldsymbol{V}}$；

步骤 3 将矩阵 $\overline{\boldsymbol{V}}$ 划分成与矩阵 $\boldsymbol{C}_1$ 维数相等的分块矩阵，记为$\overline{\boldsymbol{V}_1} \sim \overline{\boldsymbol{V}_7}$；

步骤 4 通过矩阵变换得到式（6-40）~式（6-42）；

步骤 5 根据式（6-43）完成三组特征值之间的配对；

步骤 6 利用矩阵求逆的方法求解式（6-47），根据式（6-49）和式（6-50）完成柱面共形阵列的波达方向估计。

6.2.2 计算复杂度分析

简便起见，这里只对在计算中占较大部分的运算操作进行分析。在构造子空间的过程中，PM 算法所需的计算量为 $O(r^2M) + O(r^3) + O(r\times(4m-r)M)$，然后是 3 次 $r\times r$ 维的特征分解，因此利用 PM 算法进行 DOA 估计总的计算量约为 $O(4r^3) + O(3Mr^2) + O(4rmM)$，这里快拍数用 M 表示。文献［114］中需要完成 3 次对 $2m\times 2m$ 维矩阵的特征分解，总的计算量大约为 $O(12Mm^2) + O(24m^3)$，一般情况下，有 $M\gg m>r$，可见本节算法的计算量大约为文献［114］中所提算法的 $r/3m$（大约为 1/3 左右），文献［137］中所提算法在最后需要利用 MUSIC 算法进行谱峰搜索，与此相比，本节算法在计算复杂度上有较大优势。

6.2.3 计算机仿真实验分析

为了验证本节所提算法的有效性，将本节算法与文献［124］所提算法以及文献［289］所提 CA-MUSIC 算法通过蒙特卡罗仿真实验在不同仿真条件下进行性能比较。首先，成功实验定义为估计偏差小于 1°的实验；然后，成功概率定义为成功试验次数与总试验次数的比值；最后，均方根误差定义为方位角和\或俯仰角的估计值与真实值的平方之和再开方。

$$\mathrm{RMSE}=\sqrt{\frac{1}{M}\sum_{t=1}^{M}\left[(\hat{\theta}_{it}-\theta)^2+(\hat{\varphi}_{it}-\varphi)^2\right]} \tag{6-51}$$

式中：$\hat{\theta}_{it}$ 和 $\hat{\varphi}_{it}$ 分别为第 i 个信号在第 t 次实验中的方位角和俯仰角的估计值。

仿真条件为：阵元摆放位置如图 6.1（a）所示，快拍数 $N=200$，信噪比 SNR 范围为 2～20dB，两个窄带远场入射信号的分别为（100°，60°）和（95°，50°），括号中前者代表方位角 θ；后者代表俯仰角 φ。子阵 1 阵元的个数为 25，即 $m=8$。极化参数分别取 $k_{1\theta}=0.5$，$k_{1\varphi}=0.5$；$k_{2\theta}=0.3$，$k_{2\varphi}=0.7$。单元方向图表达式为 $g_{i\theta}=\sin(\theta'_j-\varphi'_j)$，$g_{i\varphi}=\cos(\theta'_j-\varphi'_j)$，其中 θ'_j 和 φ'_j 分别为在阵元 i 的局部坐标系中第 j 个入射信号的方位角和俯仰角。在仿真过程中，文献［114］算法的中阵元 $1\sim m$ 和 $2\sim m+1$ 构成第一个子阵对；阵元 $(m+3)\sim(2m+2)$ 和 $(2m+4)\sim(3m+3)$ 构成第二个子阵对。

实验 1　不同信噪比下两种算法均方根误差比较

分别采用本节所提算法和文献算法对柱面共形阵列进行二维 DOA 估计，不同信噪比下的均方根误差比较如图 6.3 所示。从图中可以看出，在仿真信噪比范围内 3 种算法对角度估计的均方根误差都较小，即估计精度高。如图 6.3（a）所示，本节算法和文献算法对二维角度中的俯仰角的估计均方根误差相似；如图 6.3（b）所示，在信噪比较高时，本节算法相比文献算法对二维角度中的方位角具有更高的估计精度，然而，CA-MUSIC 算法对方位角的估计精度高于前两者。这主要是由于文献中所提算法在估计角度过程中只采用了两个子阵对，而本节算法采用 3 个子阵对进行角度估计，利用了更多的接收数据中的信息，对入射角的估计精度更高。而 CA-MUSIC 算法利用所有阵元的接收数据构建空间谱函数，所以获得了更高的估计精度。

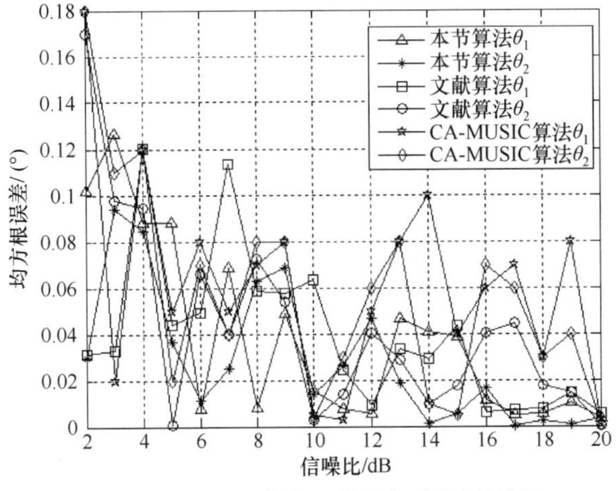

(a) 不同信噪比下俯仰角θ的均方根误差

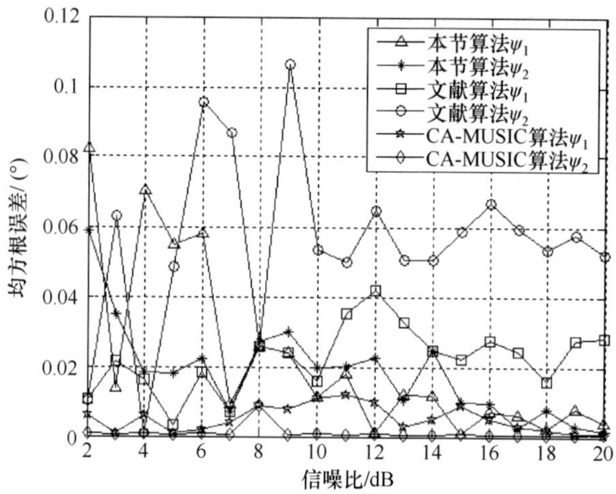

(b) 不同信噪比下方位角φ的均方根误差

图 6.3　两种算法的估计均方根误差比较

实验 2　不同信噪比下两种算法成功概率比较

图 6.4 给出了不同信噪比条件下 3 种算法对入射信号角度估计成功概率比较图。从图 6.4 可以看出，在信噪比相对较低时，本节算法比文献算法对估计入射信号角度具有更高的成功概率。从图 6.4（a）中可以看出，在信噪比增加的过程中，本节算法对俯仰角的估计成功概率在 SNR 为 10dB 时达到 100%，而文献算法需要 SNR 为 15dB。与本节算法相比，CA-MUSIC 算法在相同信噪比条件下具有更高的成功概率。从图 6.4（b）中可以看出，在信噪比 SNR 达到 9dB 时候，两种算法对方位角的估计成功概率几乎同时达到 100%。与本节算法相比，

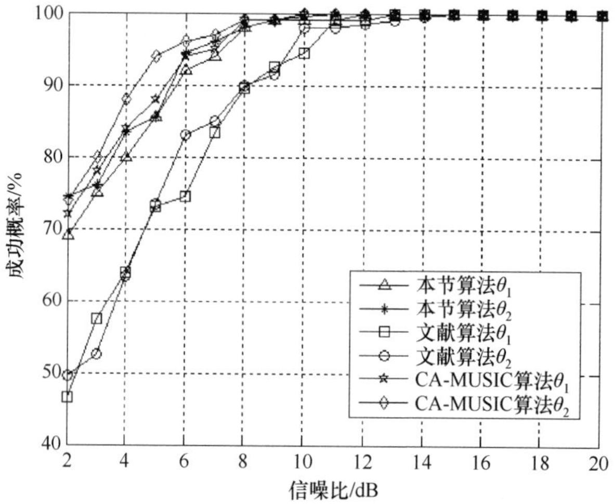

(a) 不同信噪比下俯仰角θ的成功概率

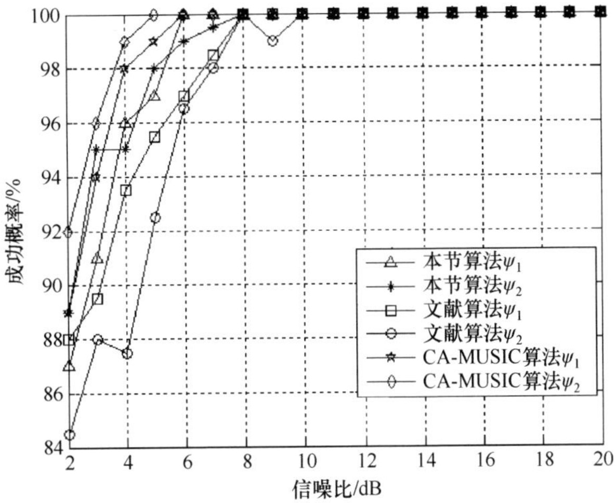

(b) 不同信噪比下方位角φ的成功概率

图 6.4　两种算法的成功概率比较

CA-MUSIC 算法在相同信噪比条件下具有更高的成功概率。可见，在信噪比达到一定阈值时，两种算法对入射信号角度都有较高的估计成功概率。而在信噪比较低时，文献中所提算法在估计角度过程中只采用了两个子阵对，而本节算法采用 3 个子阵对进行角度估计，利用了更多的接收数据中的信息，具有更高的估计成功概率。而 CA-MUSIC 算法不存在本节算法以及文献算法中的孔径损失，估计成功概率更高。

实验 3　不同信噪比下 2 种算法估计性能比较

图 6.5 中分别给出了 3 种算法对两个入射信号角度估计的均方根误差和成功概率比较图。从图 6.5（a）中可以看出，3 种算法在相同的信噪比条件下，对两个入射信号角度的估计均方根误差相差不大。从图 6.5（b）中可以看出，对两个入射角度的估计成功概率而言，在低信噪比时本节算法相比文献算法具有更高的估计成功概率。这是因为本节利用 3 个子阵，利用了更多接收数据中信息，对两个入射信号估计成功概率比文献算法高。CA-MUSIC 算法没有孔径损失，相比于前两种算法具有更高的估计精度。

实验 4　阵元间距发生变化时不同条件下算法测向性能比较

圆柱同一横截面相邻阵元间距和两个相邻横截面间距发生变化时，验证本节算法的有效性。下面给出两种不同阵元间距的情况，第 1 种情况为圆柱同一横截面相邻阵元间距为 $\lambda/2$，两个相邻横截面间距为 $\lambda/4$，记为条件 1；第 2 种情况为圆柱同一横截面相邻阵元间距为 $\lambda/4$，两个相邻横截面间距为 $\lambda/2$，记为条件 2。在这两种不同条件下，比较本节算法对入射角度估计的均方根误差和成功概率。

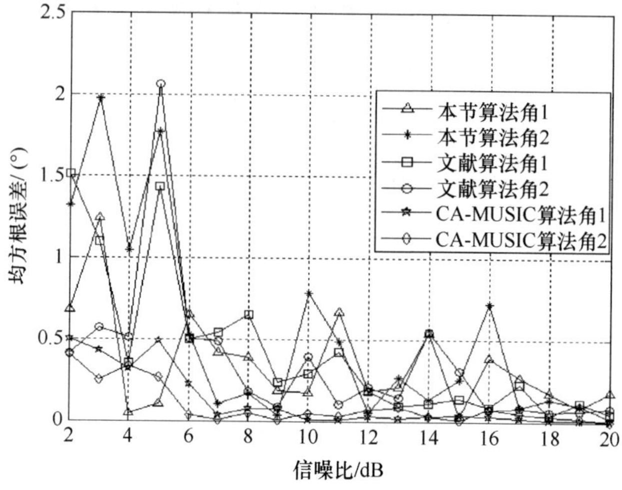

(a) 两种算法对两个信源的均方根误差

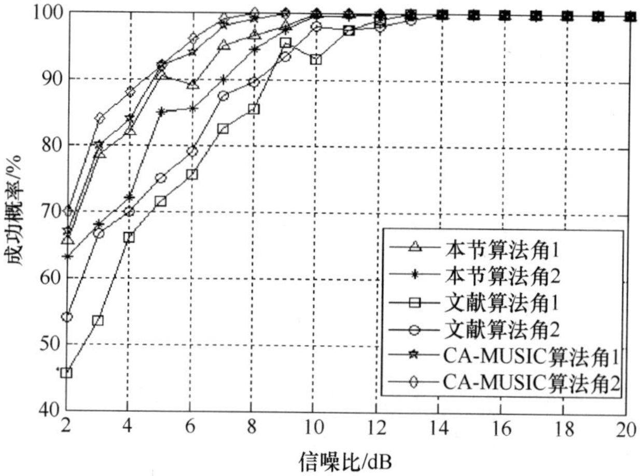

(b) 两种算法对两个信源的估计成功概率

图 6.5　两种算法对两个信源估计性能比较

从图 6.6 (a) 中可以看出，两种条件下，本节算法对两个入射角度估计的均方根误差相差不大，在阵元间距小于 $\lambda/2$ 时都能对入射信号的 DOA 进行准确的估计。从图 6.6 (b) 中可以看出，在条件 2 的情况下，对入射角度的估计成功概率大于条件 1。这主要是因为在条件 1 的情况下，阵元的方向图偏离信号的入射方向比条件 2 的时候要大，对信号响应的幅度也就相对较小，所以条件 2 情况下对入射信号估计的成功概率高于条件 1。可见本节算法阵元位置的摆放不局限于相邻阵元的阵元间距，阵元摆放较为灵活。

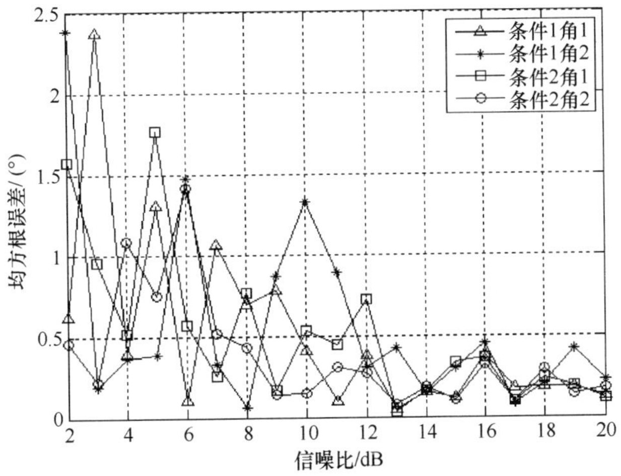

(a) 不同条件下对两个信源的估计均方根误差

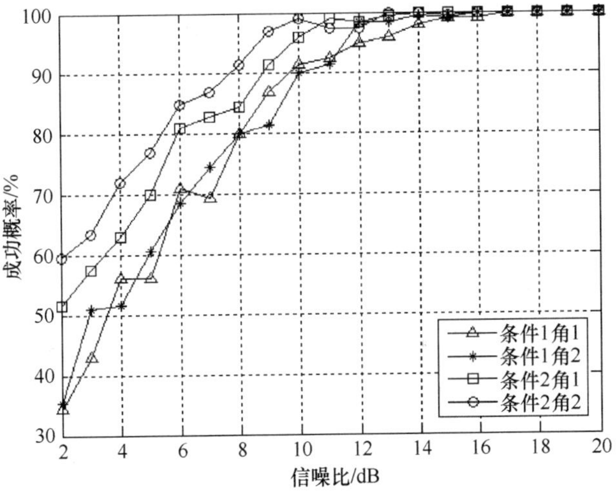

(b) 不同条件下对两个信源的估计成功概率

图 6.6 不同条件下对两个信源估计性能比较

实验 5 不同算法运行时间比较

在相同运行环境下，将本节算法与文献算法的运行时间进行比较。运行环境为 CPU 2.1GHz，2GB RAM，Matlab7.10，Window 7x86。信噪比 SNR 为 10dB，快拍数 $N=200$，其他条件与仿真条件相同，表 6.1 给出两种算法在分别运行 100 次、200 次和 500 次所需的时间，从表 6.1 中可以看出，相同的运行次数下，本节算法的计算量约为文献算法的 1/3，与本节的计算复杂度分析相符合。而 CA-MUSIC 需要进行谱峰搜索，计算复杂度最高。

表 6.1　两种算法的运行时间

仿真次数	100	200	500
文献算法	1.46s	2.94s	6.85s
本节算法	0.51s	1.02s	2.25s
CA-MUSIC 算法	2.51s	5.02s	15.25s

6.3　共形阵列高精度 DOA 估计方法

6.3.1　接收数据模型

如图 6.7（a）所示，具有方位角 θ 和俯仰角 φ 的窄带远场信号入射到共形阵列上。导向矢量具有如下形式：

$$\boldsymbol{a}(\theta,\ \varphi)=\left[h_1\exp\left(-\mathrm{j}2\pi\frac{\boldsymbol{p}_1\cdot\boldsymbol{u}}{\lambda}\right),\ h_2\exp\left(-\mathrm{j}2\pi\frac{\boldsymbol{p}_2\cdot\boldsymbol{u}}{\lambda}\right),\ \cdots,\ h_{2m+2}\exp\left(-\mathrm{j}2\pi\frac{\boldsymbol{p}_{2m+2}\cdot\boldsymbol{u}}{\lambda}\right)\right]^{\mathrm{T}} \tag{6-52a}$$

$$\begin{aligned}h_i&=(g_{i\theta}^2+g_{i\varphi}^2)^{\frac{1}{2}}(k_\theta^2+k_\varphi^2)^{\frac{1}{2}}\cos(\theta_{igk})=|g_i||p_l|\cos(\theta_{igk})\\&=\boldsymbol{g}_i\cdot\boldsymbol{p}_l=g_{i\theta}k_\theta+g_{i\varphi}k_\varphi\end{aligned} \tag{6-52b}$$

式中：各个字母所代表的含义与式（6-1）中相同，唯一不同的是在式（6-1）中一共有 $4m$ 个阵元，而在式（6-52）中只采用 $2m+2$ 个阵元。这里为了更清楚地表明方向图矢量 $\boldsymbol{g}_i$ 和电场矢量 $\boldsymbol{p}_l$ 之间的关系，以及它们的正交分量在单位正交矢量 $\boldsymbol{u}_\theta$ 和 $\boldsymbol{u}_\varphi$ 上的关系，因此，在图 6.7（b）中更直观地给出了它们之间的位置关系。

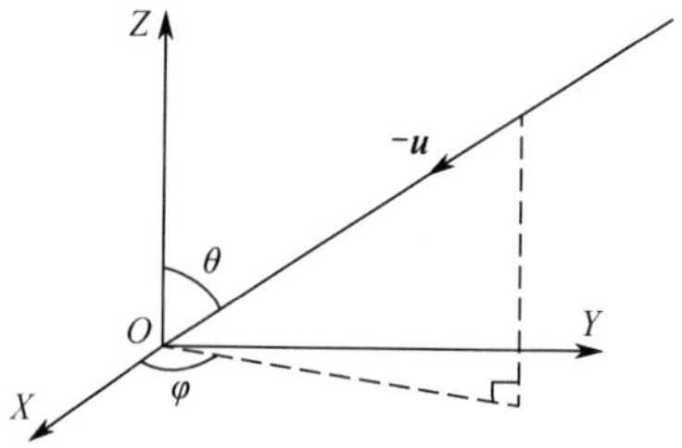

（a）方向矢量入射到阵列

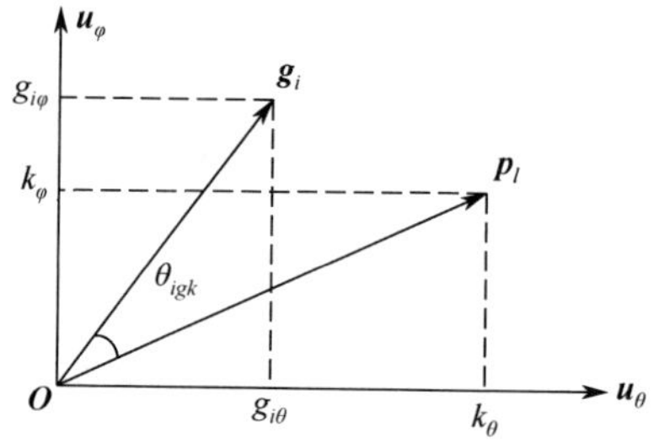

（b）第 i 个阵元的响应

图 6.7　入射信号模型

快拍数据模型与式（6-3）~式（6-11）相同，为了避免混淆，重新定义噪声矢量如下：

$$\boldsymbol{W}(n)=[w_1(n),\ w_2(n),\ \cdots,\ w_r(n)]^{\mathrm{T}} \tag{6-53}$$

其协方差矩阵可以表示为

$$E\{\boldsymbol{W}(n)\boldsymbol{W}(n)^{\mathrm{H}}\}=\boldsymbol{Q}=\sigma^2\boldsymbol{I} \tag{6-54}$$

收集 N 个快拍数据，接收数据可以表示为

$$\boldsymbol{X}=\boldsymbol{BS}+\boldsymbol{W} \tag{6-55}$$

式中：$\boldsymbol{S}$ 为 $r\times N$ 维信号矩阵；$\boldsymbol{W}$ 为 $(2m+2)\times N$ 维噪声矩阵。

方向图是在局部坐标系下定义的，意味着从全局坐标系到局部坐标系的转换必须进行。此外，极化参数与信号角度参数相耦合，因此对于共形阵列的二维 *DOA* 估计来说，去耦合是必须完成的。

6.3.2 阵列设计

与 6.3.1 节相同，本节同样采用子阵分割的方法对整个空域进行划分，每个子阵负责 120°的方位角范围，由于 3 个子阵的阵列设计和参数估计机制是相同的，所以所有的仿真都是针对子阵 1 来进行的。柱面共形阵列的结构如图 6.8 所示，在同一个横截面的两个阵元之间的间距为 $\lambda/4$，两个横截面之间的距离为 $\lambda/4$，圆柱半径为 5λ，其中 λ 为入射信号的波长。

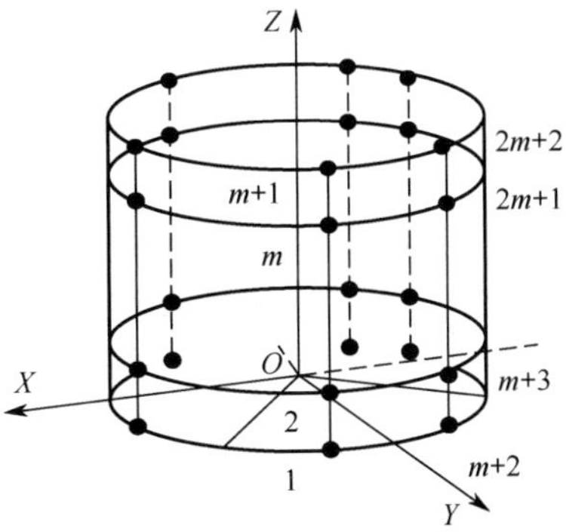

图 6.8　柱面共形阵列的结构

为了利用旋转不变关系估计入射信号角度，需要构造具有多个不同旋转不变关系的子阵对。如图 6.8 所示，阵元 1~m 构成子阵 1；阵元 2~$(m+1)$ 构成子阵 2；阵元 $(m+2)$~$(2m+1)$ 构成子阵 3；阵元 $(m+3)$~$(2m+2)$ 构成子阵 4（1~$(2m+2)$ 是阵列中的阵元）。子阵 1 和子阵 2 之间的距离矢量为 $\Delta\boldsymbol{P}_1$，且 $d_1=|\Delta\boldsymbol{P}_1|=\lambda/4$。子阵 1 和子阵 3 之间的距离矢量为 $\Delta\boldsymbol{P}_2$，且 $d_2=|\Delta\boldsymbol{P}_2|=\lambda/4$，如图 6.9 所示。对于柱面共形阵列来说，在相同母线上的阵元具有相同的阵元方向图。阵元 1~$m+1$ 具有相同的阵元方向图 $\boldsymbol{g}_1$；阵元 $m+2$~$2m+2$ 具有相同阵元

方向图 $\boldsymbol{g}_2$。充分利用共形阵列结构特点，可以实现极化参数与角度信息之间去耦合。

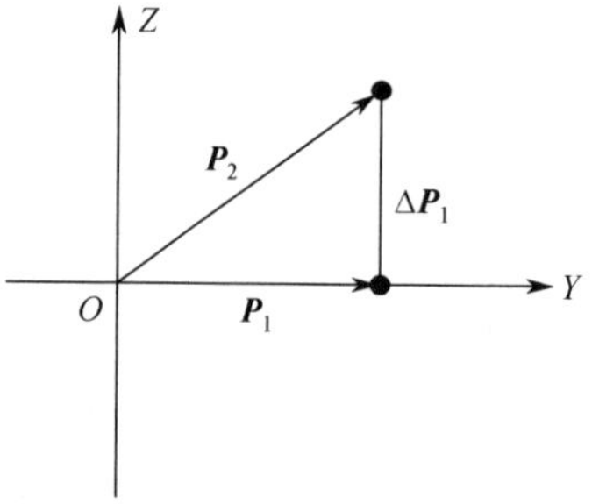

(a) 距离矢量$\Delta\boldsymbol{P}_1$

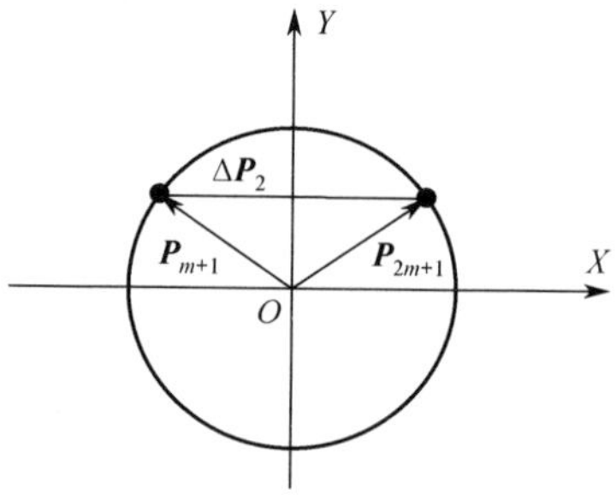

(b) 距离矢量$\Delta\boldsymbol{P}_2$

图 6.9 距离矢量示意图

假设 $\boldsymbol{X}_1$、$\boldsymbol{X}_2$、$\boldsymbol{X}_3$ 和 $\boldsymbol{X}_4$ 分别代表子阵 1、子阵 2、子阵 3 和子阵 4 接收到的数据，坐标原点作为参考点，因此接收数据可以表示为

$$\boldsymbol{X}_1 = \boldsymbol{BS} + \boldsymbol{N}_1 \tag{6-56}$$

$$\boldsymbol{X}_2 = \boldsymbol{B\Psi}_1\boldsymbol{S} + \boldsymbol{N}_2 \tag{6-57}$$

$$\boldsymbol{X}_3 = \boldsymbol{B\Psi}_2\boldsymbol{S} + \boldsymbol{N}_3 \tag{6-58}$$

$$\boldsymbol{X}_4 = \boldsymbol{B\Psi}_1\boldsymbol{\Psi}_2\boldsymbol{S} + \boldsymbol{N}_4 \tag{6-59}$$

式中：$\boldsymbol{\Psi}_1$ 和 $\boldsymbol{\Psi}_2$ 为不同子阵之间的旋转不变关系，接收数据之间的自协方差和互协方差矩阵可以表示为

$$\boldsymbol{R}_1 = E\{\boldsymbol{X}_1\boldsymbol{X}_1^{\mathrm{H}}\} = \boldsymbol{BR}_{\mathrm{s}}\boldsymbol{B}^{\mathrm{H}} + \boldsymbol{Q}_1 \tag{6-60}$$

$$\boldsymbol{R}_2 = E\{\boldsymbol{X}_2\boldsymbol{X}_1^{\mathrm{H}}\} = \boldsymbol{B\Psi}_1\boldsymbol{R}_{\mathrm{s}}\boldsymbol{B}^{\mathrm{H}} + \boldsymbol{Q}_2 \tag{6-61}$$

$$\boldsymbol{R}_3 = E\{\boldsymbol{X}_3\boldsymbol{X}_1^{\mathrm{H}}\} = \boldsymbol{B\Psi}_2\boldsymbol{R}_{\mathrm{s}}\boldsymbol{B}^{\mathrm{H}} + \boldsymbol{Q}_3 \tag{6-62}$$

$$\boldsymbol{R}_4 = E\{\boldsymbol{X}_4\boldsymbol{X}_1^{\mathrm{H}}\} = \boldsymbol{B\Psi}_1\boldsymbol{\Psi}_2\boldsymbol{R}_{\mathrm{s}}\boldsymbol{B}^{\mathrm{H}} + Q_4 \tag{6-63}$$

式中：$\boldsymbol{R}_{\mathrm{s}} = \mathrm{diag}\{s_1^2, s_2^2, \cdots, s_r^2\}$，为信号协方差矩阵；$\boldsymbol{Q}_1 \sim \boldsymbol{Q}_4$ 分别为噪声协方差矩阵。

$$\boldsymbol{\Psi}_1 = \mathrm{diag}[\exp(-\mathrm{j}\omega_{11}),\ \exp(-\mathrm{j}\omega_{12}),\ \cdots,\ \exp(-\mathrm{j}\omega_{1r})] \tag{6-64}$$

$$\boldsymbol{\Psi}_2 = \mathrm{diag}\left[\frac{h_3(\theta_1,\ \varphi_1)}{h_1(\theta_1,\ \varphi_1)}\exp(-\mathrm{j}\omega_{21}),\ \frac{h_3(\theta_2,\ \varphi_2)}{h_1(\theta_2,\ \varphi_2)}\exp(-\mathrm{j}\omega_{22}),\ \cdots,\ \frac{h_3(\theta_r,\ \varphi_r)}{h_1(\theta_r,\ \varphi_r)}\exp(-\mathrm{j}\omega_{2r})\right] \tag{6-65}$$

$$\omega_{1i} = (2\pi/\lambda)\Delta\boldsymbol{P}_1 \cdot \boldsymbol{u}_i = (2\pi d_1/\lambda)[\sin(\theta_{\Delta\boldsymbol{P}_1})\cos(\varphi_{\Delta\boldsymbol{P}_1})\sin(\theta_i)\cos(\varphi_i) + \sin(\theta_{\Delta\boldsymbol{P}_1})\sin(\varphi_{\Delta\boldsymbol{P}_1})\sin(\theta_i)\sin(\varphi_i) + \cos(\theta_{\Delta\boldsymbol{P}_1})\cos(\theta_i)] \tag{6-66}$$

$$\omega_{2i} = (2\pi/\lambda)\Delta\boldsymbol{P}_2 \cdot \boldsymbol{u}_i = (2\pi d_2/\lambda)[\sin(\theta_{\Delta\boldsymbol{P}_2})\cos(\varphi_{\Delta\boldsymbol{P}_2})\sin(\theta_i)\cos(\varphi_i) + \sin(\theta_{\Delta\boldsymbol{P}_2})\sin(\varphi_{\Delta\boldsymbol{P}_2})\sin(\theta_i)\sin(\varphi_i) + \cos(\theta_{\Delta\boldsymbol{P}_2})\cos(\theta_i)] \tag{6-67}$$

式中：$\theta_{\Delta P_i}$ 和 $\varphi_{\Delta P_i}$ 分别为距离矢量在全局坐标系中的俯仰角和方位角，阵列结构如图 6.8 和图 6.9 所示；距离矢量 $\Delta\boldsymbol{P}_1$ 平行于 Z 轴，因此 $\Delta\boldsymbol{P}_1$ 在全局坐标系中的俯仰角和方位角分别为

$$\theta_{\Delta P_1} = 0, \quad \varphi_{\Delta P_1} = \pi/2 \tag{6-68}$$

距离矢量 $\Delta\boldsymbol{P}_2$ 平行于 X 轴，$\Delta\boldsymbol{P}_2$ 在全局坐标系中的俯仰角和方位角分别为

$$\theta_{\Delta P_2} = \pi/2, \quad \varphi_{\Delta P_2} = 0 \tag{6-69}$$

在实际应用中，理想的协方差矩阵被采样协方差矩阵代替，$\boldsymbol{R}_k(k=1,2,3,4)$ 通过有限的快拍数得到，即

$$\boldsymbol{R}_k = \frac{1}{N}\sum_{k=1}^{N}\boldsymbol{X}(n)\boldsymbol{X}(n)^{\mathrm{H}} = \frac{1}{N}\boldsymbol{X}\boldsymbol{X}^{\mathrm{H}} \tag{6-70}$$

如图 6.9 所示，在设计的阵列中存在两组旋转不变关系，在文献［158］描述的算法类似于 ESPRIT 算法，可以用于本节的 DOA 估计。然而俯仰角和方位角之间的参数配对问题必须考虑。利用 PARAFAC 理论，本节提出了一种高精度二维 DOA 估计算法。

6.3.3 柱面阵列 PARAFAC 方法

PARAFAC 理论是多维数据分析的一种方法，第一次是在心理学中被引入进来。现在已经被应用于统计学、算法复杂性和化学计量学中。在这部分，首先简要介绍 PARAFAC 理论；然后基于 PARAFAC 模型构建多维矩阵，同时，在忽略其固有的列模糊和尺度模糊情况下分析其模型的可辨识性问题；最后，用三线性最小二乘算法拟合 PARAFAC 模型。因此，PARAFAC 模型中未知参数可以被估计出来。

1. 平行因子分析理论

在这部分，介绍了 PARAFAC 的基本理论，首先，阐述了三维矩阵中元素的三线性分解。然后，根据三线性分解对称性的特点将三维矩阵分解到三个不同维度。

考虑一个 $C\times D\times E$ 三维矩阵 $\underline{\boldsymbol{X}}$（矩阵中的元素定义为 $x_{c,d,e}$），$x_{c,d,e}$ 的三线性分解可以表示为[148]

$$x_{c,\,d,\,e} = \sum_{p=1}^{M}\bar{s}_{c,\,p}\bar{t}_{d,\,p}\bar{u}_{e,\,p} \tag{6-71}$$

式中：$c=1,2,\cdots,C$，$d=1,2,\cdots,D$，$e=1,2,\cdots,E$。三维矩阵 $\underline{\boldsymbol{X}}$ 可以表示为 P 个秩 1 因子的和。这里 $\underline{\boldsymbol{X}}$ 的秩定义为分解 $\underline{\boldsymbol{X}}$ 所需的秩 1（三维）元最小个数。矢量 $\bar{\boldsymbol{s}}_p\in\mathbb{C}^{C\times 1}$，$\bar{\boldsymbol{t}}_p\in\mathbb{C}^{D\times 1}$ 和 $\bar{\boldsymbol{u}}_p\in\mathbb{C}^{E\times 1}$ 分别称为负载矢量（Load Vector）、评价矢量（Score Vector）和轮廓因子（Factor Profiles）。

假设 $M=3$，下面给出一个例子，有助于更直观地了解三线性分解。三维矩阵 $\underline{\boldsymbol{X}}$ 的三线性分解如图 6.10 所示，可以看出其沿着 3 个不同的维度进行分解。

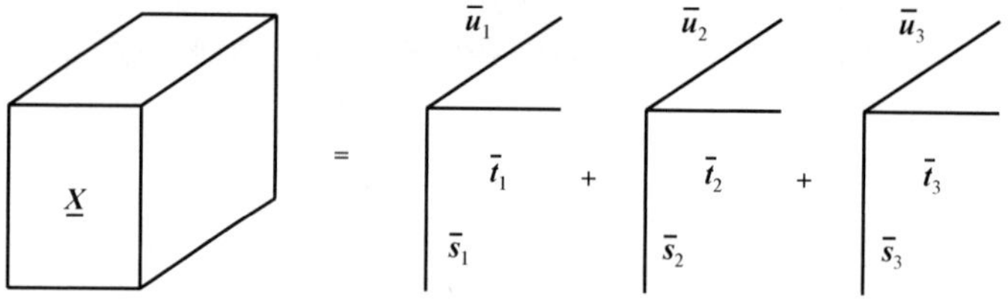

图 6.10　三维矩阵 $\underline{X}$ 的三线性分解

$C\times P$ 维矩阵 $\bar{\boldsymbol{S}}$ 的典型元素定义为 $\bar{\boldsymbol{S}}(c,p):=\bar{s}_{c,p}$；$D\times P$ 维矩阵 $\bar{\boldsymbol{T}}$ 的典型元素定义为 $\bar{\boldsymbol{T}}(c,p):=\bar{t}_{c,p}$；$E\times P$ 维矩阵 $\bar{\boldsymbol{U}}$ 的典型元素定义为 $\bar{\boldsymbol{U}}(c,p):=\bar{u}_{c,p}$。此外，分别定义一个 $D\times E$ 维矩阵 $\boldsymbol{X}_c$、一个 $C\times E$ 维矩阵 $\boldsymbol{X}_d$、一个 $C\times D$ 维矩阵 $\boldsymbol{X}_e$。每个矩阵的典型元素为 $\boldsymbol{X}_c(d,e):=\boldsymbol{X}_d(c,e):=\boldsymbol{X}_e(c,d):=x_{c,d,e}$。如图 6.10 所示，三维矩阵 $\underline{\boldsymbol{X}}$ 可以沿着 3 个不同的维度去切：

$$\boldsymbol{X}_c=\bar{\boldsymbol{T}}\boldsymbol{\Lambda}_c(\bar{\boldsymbol{S}})\bar{\boldsymbol{U}}^{\mathrm{T}},\ c=1,\ 2,\ \cdots,\ C \tag{6-72}$$

$$\boldsymbol{X}_d=\bar{\boldsymbol{U}}\boldsymbol{\Lambda}_d(\bar{\boldsymbol{T}})\bar{\boldsymbol{S}}^{\mathrm{T}},\ d=1,\ 2,\ \cdots,\ D \tag{6-73}$$

$$\boldsymbol{X}_e=\bar{\boldsymbol{S}}\boldsymbol{\Lambda}_e(\bar{\boldsymbol{U}})\bar{\boldsymbol{T}}^{\mathrm{T}},\ e=1,\ 2,\ \cdots,\ E \tag{6-74}$$

式中：$\boldsymbol{\Lambda}_c(\bar{\boldsymbol{S}})$ 为由矩阵 $\bar{\boldsymbol{S}}$ 的第 c 行构建成的对角阵。根据 Khatri-Rao 积的定义，矩阵 $\underline{\boldsymbol{X}}^{(CD\times E)}$ 可以写为另一种形式：

$$\underline{\boldsymbol{X}}^{(CD\times E)}=\begin{vmatrix}\boldsymbol{X}_{c=1}\\ \boldsymbol{X}_{c=2}\\ \vdots\\ \boldsymbol{X}_{c=C}\end{vmatrix}=\begin{vmatrix}\bar{\boldsymbol{T}}\boldsymbol{\Lambda}_1(\bar{\boldsymbol{S}})\\ \bar{\boldsymbol{T}}\boldsymbol{\Lambda}_2(\bar{\boldsymbol{S}})\\ \vdots\\ \bar{\boldsymbol{T}}\boldsymbol{\Lambda}_C(\bar{\boldsymbol{S}})\end{vmatrix}\bar{\boldsymbol{U}}^{\mathrm{T}}=(\bar{\boldsymbol{S}}\odot\bar{\boldsymbol{T}})\bar{\boldsymbol{U}}^{\mathrm{T}} \tag{6-75}$$

式中：$\odot$ 为 Khatri-Rao 积；$|\cdot|$ 为把矩阵按一个维度去堆栈成一个三维矩阵。三维矩阵 $\underline{\boldsymbol{X}}$ 也可以写成其他两种形式：

$$\underline{\boldsymbol{X}}^{(DE\times C)}=(\bar{\boldsymbol{T}}\odot\bar{\boldsymbol{U}})\bar{\boldsymbol{S}}^{\mathrm{T}} \tag{6-76}$$

$$\underline{\boldsymbol{X}}^{(EC\times D)}=(\bar{\boldsymbol{U}}\odot\bar{\boldsymbol{S}})\bar{\boldsymbol{T}}^{\mathrm{T}} \tag{6-77}$$

将三维矩阵沿着 3 个不同的维度分解的原因是可以用三线性最小二乘算法对 PARAFAC 模型进行求解，矩阵 $\bar{\boldsymbol{S}}$、$\bar{\boldsymbol{U}}$ 和 $\bar{\boldsymbol{T}}$ 可以交替更新。

2. 模型的可辨识性

在这部分，利用共形阵列接收到的数据构建 PARAFAC 模型。PARAFAC 的模型分解必须是唯一的，如果不是这样，模型中的参数不能被有效地求解。因此构建三维矩阵模型的矩阵需要满足一些条件。定理 1 保证了模型分解的唯一性。如果利用共形阵列接收到的数据构建 PARAFAC 模型，可以用定理 1 来判断模型的分解是否唯一。

在 PARAFAC 理论的基础上[290]，利用式（6-60）~式（6-63），构建柱面共形阵列的 $m\times m\times 4$ 维三维矩阵：

$$\begin{vmatrix} \boldsymbol{R}(:,:,1) \\ \boldsymbol{R}(:,:,2) \\ \boldsymbol{R}(:,:,3) \\ \boldsymbol{R}(:,:,4) \end{vmatrix} = \begin{vmatrix} \boldsymbol{R}_1 \\ \boldsymbol{R}_2 \\ \boldsymbol{R}_3 \\ \boldsymbol{R}_4 \end{vmatrix} = \begin{vmatrix} \boldsymbol{B}\boldsymbol{R}_s\boldsymbol{B}^{\mathrm{H}} \\ \boldsymbol{B}\boldsymbol{\Psi}_1\boldsymbol{R}_s\boldsymbol{B}^{\mathrm{H}} \\ \boldsymbol{B}\boldsymbol{\Psi}_2\boldsymbol{R}_s\boldsymbol{B}^{\mathrm{H}} \\ \boldsymbol{B}\boldsymbol{\Psi}_1\boldsymbol{\Psi}_2\boldsymbol{R}_s\boldsymbol{B}^{\mathrm{H}} \end{vmatrix} + \tilde{\boldsymbol{Q}} \tag{6-78}$$

式中：$\boldsymbol{R}_1$、$\boldsymbol{R}_2$、$\boldsymbol{R}_3$、$\boldsymbol{R}_4$ 分别为采样协方差矩阵；$\tilde{\boldsymbol{Q}}$ 为实际观测中的噪声。令 $\boldsymbol{C}=\boldsymbol{B}^{\mathrm{H}}$，基于 Khatri-Rao 积的定义，式（6-78）可以变换为

$$\boldsymbol{R} = (\boldsymbol{D}\odot\boldsymbol{B})\boldsymbol{C} + \tilde{\boldsymbol{Q}} \tag{6-79}$$

$$\boldsymbol{R}_X = (\boldsymbol{C}^{\mathrm{T}}\odot\boldsymbol{D})\boldsymbol{B}^{\mathrm{T}} + \tilde{\boldsymbol{Q}}_X \tag{6-80}$$

$$\boldsymbol{R}_Y = (\boldsymbol{B}\odot\boldsymbol{C}^{\mathrm{T}})\boldsymbol{D}^{\mathrm{T}} + \tilde{\boldsymbol{Q}}_Y \tag{6-81}$$

式中

$$\boldsymbol{D} = \begin{bmatrix} \boldsymbol{\Lambda}^{-1}(\boldsymbol{R}_s) \\ \boldsymbol{\Lambda}^{-1}(\boldsymbol{\Psi}_1\boldsymbol{R}_s) \\ \boldsymbol{\Lambda}^{-1}(\boldsymbol{\Psi}_2\boldsymbol{R}_s) \\ \boldsymbol{\Lambda}^{-1}(\boldsymbol{\Psi}_1\boldsymbol{\Psi}_2\boldsymbol{R}_s) \end{bmatrix} \tag{6-82}$$

式中：$\boldsymbol{\Lambda}^{-1}(\boldsymbol{R}_s)$ 为对角矩阵 $\boldsymbol{R}_s$ 的对角线元素构建的行向量；[·] 为矩阵。

定义 1 对于给定的矩阵 $\boldsymbol{A}\in\mathbb{C}^{C\times P}$，当且仅当 $\boldsymbol{A}$ 包含至少 r 个但不包含 $r+1$ 个线性独立的列时，$\boldsymbol{A}$ 的秩 $r_{\boldsymbol{A}}:=\mathrm{Rank}(\boldsymbol{A})=r$。如果矩阵 $\boldsymbol{A}$ 的任意 k 列线性独立，则 $\boldsymbol{A}$ 的 k-秩（Kruskal-秩）$k_{\mathrm{A}}=k$。一般来说 $k_{\mathrm{A}}\leqslant r_{\mathrm{A}}$。

为了保证式（6-79）~式（6-81）中 PARAFAC 模型的唯一性，下面的充分条件必须满足：

$$\boldsymbol{a}(:,i) \neq \boldsymbol{a}(:,j) \tag{6-83}$$

对任意两个不同的入射信号 $s_i(k)$ 和 $s_j(k)$，满足：

$$h_{\mathrm{oe}}\exp\left(-\mathrm{j}2\pi\frac{\boldsymbol{p}_{\mathrm{oe}}\cdot\boldsymbol{u}_i}{\lambda}\right) \neq h_{\mathrm{oe}}\exp\left(-\mathrm{j}2\pi\frac{\boldsymbol{p}_{\mathrm{oe}}\cdot\boldsymbol{u}_j}{\lambda}\right) \tag{6-84}$$

保证 PARAFAC 模型的唯一性，式中：

$$\boldsymbol{p}_{\mathrm{oe}} = \sin\theta_{\mathrm{oe}}\cos\varphi_{\mathrm{oe}}x + \sin\theta_{\mathrm{oe}}\sin\varphi_{\mathrm{oe}}y + \cos\theta_{\mathrm{oe}}z \tag{6-85}$$

$$\boldsymbol{u}_i = \sin\theta_i\cos\varphi_i x + \sin\theta_i\sin\varphi_i y + \cos\theta_i z \tag{6-86}$$

式中：θ_{oe} 和 φ_{oe} 为阵元位置在全局坐标系中的俯仰角和方位角；θ_i 和 φ_i 为第 i 个入射信号的俯仰角和方位角。因此式（6-83）等效为

$$\sin\theta_{\mathrm{oe}}\cos\varphi_{\mathrm{oe}}\rho_1 + \sin\theta_{\mathrm{oe}}\sin\varphi_{\mathrm{oe}}\rho_2 + \cos\theta_{\mathrm{oe}}\rho_3 \neq 0 \tag{6-87}$$

式中

$$\rho_1 = \sin\theta_i\cos\varphi_i - \sin\theta_j\cos\varphi_j \tag{6-88}$$

$$\rho_2 = \sin\theta_i\sin\varphi_i - \sin\theta_j\sin\varphi_j \tag{6-89}$$

$$\rho_3 = \cos\theta_i - \cos\theta_j \tag{6-90}$$

定理1 式（6-79）~式（6-81）中 PARAFAC 模型的唯一性的充分条件是 ρ_1、ρ_2 和 ρ_3 中至少有一个不为零。

证明 矩阵 $\boldsymbol{D}$、$\boldsymbol{B}$ 和 $\boldsymbol{C}$ 的 K 秩分别为 $k_D=\min(4, r)$、$k_B=r$ 和 $k_{C^{\mathrm{T}}}=r$，当它们之间满足 $k_D+k_B+k_{C^{\mathrm{T}}}\geqslant 2r+2$ 时，模型分解是唯一的，当且仅当 $r\geqslant 2$（见文献［148］中定理1）。

3. 三线性最小二乘算法

三线性最小二乘（Trilinear Alternating Least Squares，TALS）算法的原理是在噪声观测下拟合 PARAFAC 模型。TALS 算法的思想非常简单，在每一步只更新一个矩阵，更新算法依赖于上一步更新时的估计结果，其余矩阵依靠最小均方算法更新。重复之前提到的算法步骤，直到算法收敛。TALS 算法的优势是不需要进行参数判别。每一步求解一个标准的最小均方问题，TALS 算法的性能优良[291]。从经验上来说，如果矩阵满足 K 秩的条件，即定理1，那么 TALS 算法可以收敛到全局最小[292]。加速 TALS 算法收敛的技术可以在文献［292］中找到。关于 PARAFAC 简单的介绍可以在文献［290］中找到。TALS 算法拟合 PARAFAC 模型的细节阐述如下。

在噪声观测的基础上，式（6-79）可以转换成求解最小均方的问题：

$$\min_{\boldsymbol{D},\,\boldsymbol{B},\,\boldsymbol{C}} \|\boldsymbol{R}-(\boldsymbol{D}\odot\boldsymbol{B})\boldsymbol{C}\|_F^2 \tag{6-91}$$

TALS 算法的原理可以用来拟合问题式（6-91），在没有噪声的情况下，ALS 可以用来求解构建三维矩阵 $\boldsymbol{R}$ 的三个矩阵 $\boldsymbol{B}$、$\boldsymbol{C}$ 和 $\boldsymbol{D}$。因此，矩阵 $\boldsymbol{C}$ 的最小均方估计可以表示为

$$\boldsymbol{C} = \arg\min_{\boldsymbol{C}} \|\boldsymbol{R}-(\boldsymbol{D}\odot\boldsymbol{B})\boldsymbol{C}\|_F^2 \tag{6-92}$$

类似地，矩阵 $\boldsymbol{B}$ 和 $\boldsymbol{D}$ 可以表示为

$$\boldsymbol{B}^{\mathrm{T}} = \arg\min_{\boldsymbol{B}} \|\boldsymbol{R}_X-(\boldsymbol{C}^{\mathrm{T}}\odot\boldsymbol{D})\boldsymbol{B}^{\mathrm{T}}\|_F^2 \tag{6-93}$$

$$\boldsymbol{D}^{\mathrm{T}} = \arg\min_{\boldsymbol{D}} \|\boldsymbol{R}_Y-(\boldsymbol{B}\odot\boldsymbol{C}^{\mathrm{T}})\boldsymbol{D}^{\mathrm{T}}\|_F^2 \tag{6-94}$$

在迭代过程中，矩阵 $\boldsymbol{B}$、$\boldsymbol{C}$ 和 $\boldsymbol{D}$ 可以表示为

$$\boldsymbol{C} = (\boldsymbol{D}\odot\boldsymbol{B})^{\dagger}\boldsymbol{R} \tag{6-95}$$

矩阵 $\boldsymbol{B}^{\mathrm{T}}$ 和 $\boldsymbol{D}^{\mathrm{T}}$ 可以表示为

$$\boldsymbol{B}^{\mathrm{T}} = (\boldsymbol{C}^{\mathrm{T}}\odot\boldsymbol{D})^{\dagger}\boldsymbol{R}_X \tag{6-96}$$

$$\boldsymbol{D}^{\mathrm{T}} = (\boldsymbol{B}\odot\boldsymbol{C}^{\mathrm{T}})^{\dagger}\boldsymbol{R}_Y \tag{6-97}$$

式中：$(\cdot)^{\dagger}$ 定义为矩阵 $(\cdot)$ 的伪逆。

现将 TALS 算法的步骤总结如下：

步骤 1 初始化矩阵 $\boldsymbol{B}^{(0)} \in \mathbb{C}^{M\times P}$ 和 $\boldsymbol{D}^{(0)} \in \mathbb{C}^{4\times P}$；

步骤 2 初始化 $\varepsilon>0$，$k=0$；

步骤 3 如果 $\frac{\| \rho^{(k+1)} - \rho^{(k)} \|}{\rho^{(k)}}>\varepsilon$，通过式（6-95）~式（6-97）计算矩阵 $\boldsymbol{B}$、$\boldsymbol{C}$ 和 $\boldsymbol{D}$，其中 ρ 为矩阵 $\boldsymbol{B}$、$\boldsymbol{C}$ 和 $\boldsymbol{D}$ 中任意一个。每次只更新一个矩阵，然后 $k\to k+1$；

步骤 4 如果 $\frac{\| \rho^{(k+1)} - \rho^{(k)} \|}{\rho^{(k)}}<\varepsilon$，迭代终止。

4. 二维 DOA 估计算法

可以利用 TALS 算法估计矩阵 $\boldsymbol{D}$，ω_{1i} 和 ω_{2i} 可以通过矩阵 $\boldsymbol{D}$ 计算出来：

$$\omega_{1i} = -\frac{1}{2}\left(\text{angle}\left\lceil\frac{\boldsymbol{D}_{2i}}{\boldsymbol{D}_{1i}}\right\rceil + \text{angle}\left\lceil\frac{\boldsymbol{D}_{4i}}{\boldsymbol{D}_{3i}}\right\rceil\right) \tag{6-98}$$

式中：$\boldsymbol{D}_{ji}$ 为矩阵 $\boldsymbol{D}$ 的第 j 行；$\lceil\cdot\rceil$ 代表绝对值操作。因为 h_1、h_3 和 h_4 是实数，可以通过对 $\boldsymbol{D}_{3i}/\boldsymbol{D}_{1i}$ 和 $\boldsymbol{D}_{4i}/\boldsymbol{D}_{2i}$ 进行平方操作来解决由于 h_1、h_3 和 h_4 的正负不一致所引起的模糊。

$$\begin{aligned}\omega_{2i} &= -\frac{1}{2}\text{angle}\left(\left[\frac{h_3(\theta_i, \varphi_i)}{h_1(\theta_i, \varphi_i)}\exp(-\mathrm{j}\omega_{2i})\right]^2\right) = -\frac{1}{2}\text{angle}(\exp(-\mathrm{j}2\omega_{2i}))\\ &= -\frac{1}{2}\text{angle}\left(\left[\frac{\boldsymbol{D}_{3i}}{\boldsymbol{D}_{1i}}\right]^2\right) = -\frac{1}{2}\text{angle}\left(\left[\frac{\boldsymbol{D}_{4i}}{\boldsymbol{D}_{2i}}\right]^2\right)\end{aligned} \tag{6-99}$$

所以 ω_{2i} 可以写为

$$\omega_{2i} = -\frac{1}{4}\left|\text{angle}\left(\left[\frac{\boldsymbol{D}_{3i}}{\boldsymbol{D}_{1i}}\right]^2\right) + \text{angle}\left(\left[\frac{\boldsymbol{D}_{4i}}{\boldsymbol{D}_{2i}}\right]^2\right)\right| \tag{6-100}$$

将式（6-68）和式（6-69）代入式（6-66）和式（6-67），第 i 个入射信号的俯仰角 θ_i 和方位角 φ_i 为

$$\theta_i = \arccos\left(\frac{\lambda\omega_{1i}}{2\pi d_2}\right) = \arccos\left(\frac{2\omega_{1i}}{\pi}\right) \tag{6-101}$$

$$\varphi_i = \arccos\left(\frac{\lambda\omega_{2i}}{2\pi d_2\sin(\theta_i)}\right) = \arccos\left(\frac{2\omega_{2i}}{\pi\sin(\theta_i)}\right) \tag{6-102}$$

根据 2.3.4 节定理 1，矩阵 $\boldsymbol{B}$、$\boldsymbol{C}$ 和 $\boldsymbol{D}$ 具有相同的列置换矩阵，即阵列流形矩阵 $\boldsymbol{B}$ 的第 i 列对应矩阵 $\boldsymbol{D}$ 的第 i 列。因此方位角和俯仰角可以互相自动配对。

PARAFAC 理论结合 TALS 算法，柱面共形阵列的二维 DOA 估计可以总结为：

步骤 1 利用式（6-60）~式（6-63）计算每个子阵接收到的协方差矩阵；

步骤 2 利用式（6-78）构建 PARAFAC 模型；

步骤 3 利用 TALS 算法估计矩阵 $\boldsymbol{D}$；

步骤 4 利用矩阵 $\boldsymbol{D}$ 的估计值计算式（6-98）和式（6-100），然后获得 ω_{1i} 和 ω_{2i} 的估计值；

步骤 5 利用式（6-101）和式（6-102）估计入射信号的俯仰角和方位角。

5. 扩展的柱面共形阵列

所提算法经过较小改动可以扩展到其他阵列结构，在图 6.8 的柱面共形阵列中添加一些阵元，这样阵元位置可以安排得更加灵活；然后，将所提算法拓展到锥面共形阵列。

首先，介绍柱面共形阵列的设计情况，然后利用接收数据构建 PARAFAC 模型，最后估计入射信号的二维 DOA。

再多构造一对旋转不变关系，如图 6.8 和 6.9 所示，当子阵 1 和子阵 2 之间的距离矢量 $\Delta\boldsymbol{P}_2$ 平行于 X 轴时，所提算法可行。所提算法经过较小的改动可以适用于更加一般的情况。在图 6.8 原先的阵列中添加子阵 5 和子阵 6，这样阵列的安排可以更加灵活，扩展的柱面共形阵列如图 6.11 所示。阵元 $(2m+3)\sim(3m+2)$ 构成子阵 5，阵元 $(2m+4)\sim(3m+3)$ 构成子阵 6。阵元 $(2m+3)\sim(3m+3)$ 具有相同的方向图 $\boldsymbol{g}_3$。子阵 1 和子阵 5 之间的距离矢量为 $\Delta\boldsymbol{P}_3$，并且有 $d_3=|\Delta\boldsymbol{P}_3|$。在图 6.11 的设计下，唯一的约束是各个阵列平行于 Z 轴。

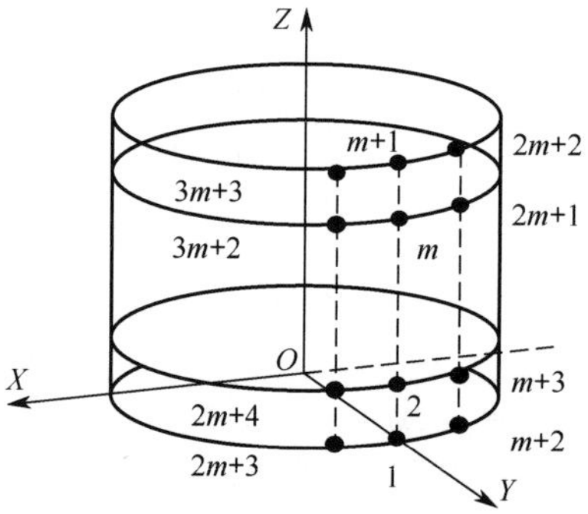

图 6.11 扩展的柱面共形阵列结构

子阵 5 和子阵 6 的接收数据可以分别表示为

$$\boldsymbol{X}_5=\boldsymbol{B}\boldsymbol{\Psi}_3\boldsymbol{S}+\boldsymbol{N}_5 \tag{6-103}$$

$$\boldsymbol{X}_6=\boldsymbol{B}\boldsymbol{\Psi}_1\boldsymbol{\Psi}_3\boldsymbol{S}+\boldsymbol{N}_6 \tag{6-104}$$

式中：$\boldsymbol{\Psi}_3$ 为构造的新旋转不变关系矩阵，即

$$\boldsymbol{\Psi}_3=\mathrm{diag}\left[\frac{h_5(\theta_1,\ \varphi_1)}{h_1(\theta_1,\ \varphi_1)}\exp(-\mathrm{j}\omega_{31}),\ \frac{h_5(\theta_2,\ \varphi_2)}{h_1(\theta_2,\ \varphi_2)}\exp(-\mathrm{j}\omega_{32}),\ \cdots,\ \frac{h_5(\theta_r,\ \varphi_r)}{h_1(\theta_r,\ \varphi_r)}\exp(-\mathrm{j}\omega_{3r})\right] \tag{6-105}$$

$$\omega_{3i}=(2\pi/\lambda)\Delta\boldsymbol{P}_3\cdot\boldsymbol{u}_i=(2\pi d_3/\lambda)[\sin(\theta_{\Delta P_3})\cos(\varphi_{\Delta P_3})\sin(\theta_i)\cos(\varphi_i)+\sin(\theta_{\Delta P_3})\sin(\varphi_{\Delta P_3})\sin(\theta_i)\sin(\varphi_i)+\cos(\theta_{\Delta P_3})\cos(\theta_i)] \tag{6-106}$$

子阵 1 与子阵 5 和子阵 6 的互协方差矩阵可以表示为

$$\boldsymbol{R}_5=E\{\boldsymbol{X}_5\boldsymbol{X}_1^{\mathrm{H}}\}=\boldsymbol{B}\boldsymbol{\Psi}_3\boldsymbol{R}_s\boldsymbol{B}^{\mathrm{H}}+\boldsymbol{Q}_5 \tag{6-107}$$

$$\boldsymbol{R}_6=E\{\boldsymbol{X}_6\boldsymbol{X}_1^{\mathrm{H}}\}=\boldsymbol{B}\boldsymbol{\Psi}_1\boldsymbol{\Psi}_3\boldsymbol{R}_s\boldsymbol{B}^{\mathrm{H}}+\boldsymbol{Q}_6 \tag{6-108}$$

式中：$\boldsymbol{Q}_5$ 和 $\boldsymbol{Q}_6$ 为噪声协方差矩阵。可以改写为一个 $m\times m\times 6$ 三维矩阵的 PARAFAC 模型，如式（6-109）所示，式中，$\tilde{\boldsymbol{Q}}_1$ 为观测噪声。将 Khatri-Rao 积应用到式（6-109）：

$$\begin{vmatrix}\boldsymbol{R}(:,:,1)\\\boldsymbol{R}(:,:,2)\\\boldsymbol{R}(:,:,3)\\\boldsymbol{R}(:,:,4)\\\boldsymbol{R}(:,:,5)\\\boldsymbol{R}(:,:,6)\end{vmatrix}=\begin{vmatrix}\boldsymbol{R}_1\\\boldsymbol{R}_2\\\boldsymbol{R}_3\\\boldsymbol{R}_4\\\boldsymbol{R}_5\\\boldsymbol{R}_6\end{vmatrix}=\begin{vmatrix}\boldsymbol{B}\boldsymbol{R}_s\boldsymbol{B}^{\mathrm{H}}\\\boldsymbol{B}\boldsymbol{\Psi}_1\boldsymbol{R}_s\boldsymbol{B}^{\mathrm{H}}\\\boldsymbol{B}\boldsymbol{\Psi}_2\boldsymbol{R}_s\boldsymbol{B}^{\mathrm{H}}\\\boldsymbol{B}\boldsymbol{\Psi}_1\boldsymbol{\Psi}_2\boldsymbol{R}_s\boldsymbol{B}^{\mathrm{H}}\\\boldsymbol{B}\boldsymbol{\Psi}_3\boldsymbol{R}_s\boldsymbol{B}^{\mathrm{H}}\\\boldsymbol{B}\boldsymbol{\Psi}_1\boldsymbol{\Psi}_3\boldsymbol{R}_s\boldsymbol{B}^{\mathrm{H}}\end{vmatrix}+\tilde{\boldsymbol{Q}}_1 \tag{6-109}$$

则式（6-109）可以改写为

$$\tilde{\boldsymbol{R}}=(\tilde{\boldsymbol{D}}\odot\boldsymbol{B})\boldsymbol{C}+\tilde{\boldsymbol{Q}}_1 \tag{6-110}$$

$$\tilde{\boldsymbol{D}}=\begin{vmatrix}\boldsymbol{\Lambda}^{-1}(\boldsymbol{R}_s)\\\boldsymbol{\Lambda}^{-1}(\boldsymbol{\Psi}_1\boldsymbol{R}_s)\\\boldsymbol{\Lambda}^{-1}(\boldsymbol{\Psi}_2\boldsymbol{R}_s)\\\boldsymbol{\Lambda}^{-1}(\boldsymbol{\Psi}_1\boldsymbol{\Psi}_2\boldsymbol{R}_s)\\\boldsymbol{\Lambda}^{-1}(\boldsymbol{\Psi}_3\boldsymbol{R}_s)\\\boldsymbol{\Lambda}^{-1}(\boldsymbol{\Psi}_1\boldsymbol{\Psi}_3\boldsymbol{R}_s)\end{vmatrix} \tag{6-111}$$

只要满足定理 1，式（6-109）分解是唯一的，类似于式（6-100），ω_{3i} 可以在通过 TALS 算法估计矩阵 $\tilde{\boldsymbol{D}}$ 后获得：

$$\omega_{3i}=-\frac{1}{4}\left|\mathrm{angle}\left(\left[\frac{\tilde{\boldsymbol{D}}_{5i}}{\tilde{\boldsymbol{D}}_{1i}}\right]^2\right)+\mathrm{angle}\left(\left[\frac{\tilde{\boldsymbol{D}}_{6i}}{\tilde{\boldsymbol{D}}_{2i}}\right]^2\right)\right| \tag{6-112}$$

假设 $\Delta p_{11}=\sin(\theta_{\Delta P_1})\cos(\varphi_{\Delta P_1})$、$\Delta p_{12}=\sin(\theta_{\Delta P_1})\sin(\varphi_{\Delta P_1})$ 和 $\Delta p_{13}=\cos(\theta_{\Delta P_1})$，$\Delta p_{2i}$ 和 Δp_{3i} 与 Δp_{1i} 设置相同($i=1,2,3$)。将式（6-66）、式（6-67）、式（6-106）与式（6-98）、式（6-99）、式（6-112）进行联立，可得下式：

$$
-\frac{\lambda}{2\pi}\begin{bmatrix}\dfrac{\operatorname{angle}(\omega_{1i})}{d_1}\\ \dfrac{\operatorname{angle}((\omega_{2i})^2)}{2d_2}\\ \dfrac{\operatorname{angle}((\omega_{3i})^2)}{2d_3}\end{bmatrix}=\begin{bmatrix}\Delta p_{11} & \Delta p_{12} & \Delta p_{13}\\ \Delta p_{21} & \Delta p_{22} & \Delta p_{23}\\ \Delta p_{31} & \Delta p_{32} & \Delta p_{33}\end{bmatrix}\begin{bmatrix}\gamma_{1i}\\ \gamma_{2i}\\ \gamma_{3i}\end{bmatrix} \tag{6-113}
$$

之后的求解过程完全类似于式（6-48）~式（6-50），这里不再赘述。

6. 扩展的锥面共形阵列

在这部分，所提算法被应用到锥面共形阵列。首先介绍锥面共形阵列的设计，然后利用接收到的数据构建 PARAFAC 模型，最后获得入射信号角度的二维 DOA 估计。这里需要构造两个不同的旋转不变关系，图 6.12 将所提算法应用到锥面共形阵列，阵元 1~m 构成子阵 1；阵元 2~（m+1）构成子阵 2；阵元 1~2m 构成子阵 3；阵元（m+2）~（2m+1）构成子阵 4。子阵 1 和子阵 2 之间的距离矢量为 $\overline{\overline{\Delta \boldsymbol{P}_1}}$，并且有 $\overline{\overline{d_1}}=|\overline{\overline{\Delta \boldsymbol{P}_1}}|$；子阵 3 和子阵 4 之间的距离矢量为 $\overline{\overline{\Delta \boldsymbol{P}_2}}$，并且有 $\overline{\overline{d_2}}=|\overline{\overline{\Delta \boldsymbol{P}_2}}|$。阵元 1~($m$+1)具有相同的方向图 $\boldsymbol{g}_1$；阵元 1~(2m+1)具有相同的方向图 $\boldsymbol{g}_2$。充分利用共形阵列的结构特点，可以实现极化参数与角度信息之间的去耦合。

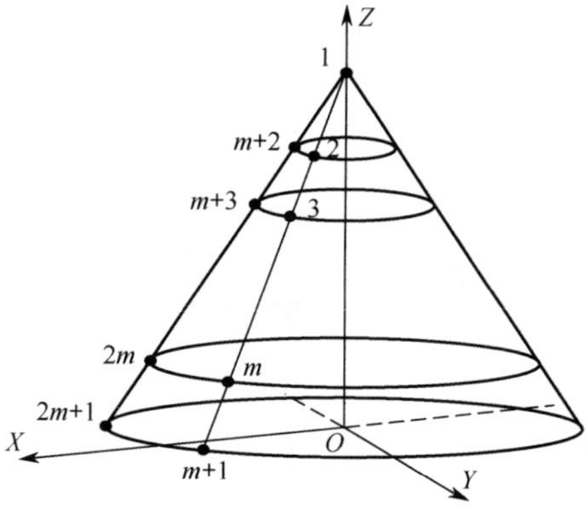

图 6.12　锥面共形阵列结构

子阵 1 到子阵 4 接收的数据可以表示为

$$
\boldsymbol{X}_1=\boldsymbol{B}_1\boldsymbol{S}+\boldsymbol{N}_1 \tag{6-114}
$$

$$
\boldsymbol{X}_2=\boldsymbol{B}_1\overline{\boldsymbol{\Psi}}_1\boldsymbol{S}+\boldsymbol{N}_2 \tag{6-115}
$$

$$
\boldsymbol{X}_3=\boldsymbol{B}_2\boldsymbol{S}+\boldsymbol{N}_3 \tag{6-116}
$$

$$
\boldsymbol{X}_4=\boldsymbol{B}_2\overline{\boldsymbol{\Psi}}_2\boldsymbol{S}+\boldsymbol{N}_4 \tag{6-117}
$$

式中：$\bar{\boldsymbol{\Psi}}_1$ 和$\bar{\boldsymbol{\Psi}}_2$ 为不同的旋转不变关系矩阵；$\boldsymbol{N}_1 \sim \boldsymbol{N}_4$ 为各个子阵接收到的噪声矩阵。它们之间的互协方差矩阵可以表示为

$$\boldsymbol{R}_1 = E\{\boldsymbol{X}_3\boldsymbol{X}_1^{\mathrm{H}}\} = \boldsymbol{B}_2\boldsymbol{R}_{\mathrm{s}}\boldsymbol{B}_1^{\mathrm{H}} + \bar{\bar{\boldsymbol{Q}}}_1 \tag{6-118}$$

$$\boldsymbol{R}_2 = E\{\boldsymbol{X}_4\boldsymbol{X}_1^{\mathrm{H}}\} = \boldsymbol{B}_2\bar{\boldsymbol{\Psi}}_2\boldsymbol{R}_{\mathrm{s}}\boldsymbol{B}_1^{\mathrm{H}} + \bar{\bar{\boldsymbol{Q}}}_2 \tag{6-119}$$

$$\boldsymbol{R}_3 = E\{\boldsymbol{X}_3\boldsymbol{X}_2^{\mathrm{H}}\} = \boldsymbol{B}_2\bar{\boldsymbol{\Psi}}_1^{\mathrm{H}}\boldsymbol{R}_{\mathrm{s}}\boldsymbol{B}_1^{\mathrm{H}} + \bar{\bar{\boldsymbol{Q}}}_3 \tag{6-120}$$

$$\boldsymbol{R}_4 = E\{\boldsymbol{X}_4\boldsymbol{X}_2^{\mathrm{H}}\} = \boldsymbol{B}_2\bar{\boldsymbol{\Psi}}_1^{\mathrm{H}}\bar{\boldsymbol{\Psi}}_2\boldsymbol{R}_{\mathrm{s}}\boldsymbol{B}_1^{\mathrm{H}} + \bar{\bar{\boldsymbol{Q}}}_4 \tag{6-121}$$

式中：$\boldsymbol{B}_1$ 为子阵 1 和子阵 2 的阵列流形矩阵；$\boldsymbol{B}_2$ 为子阵 3 和子阵 4 的阵列流形矩阵；$\bar{\bar{\boldsymbol{Q}}}_1 \sim \bar{\bar{\boldsymbol{Q}}}_4$ 为各个子阵接收数据中噪声的协方差矩阵；$\bar{\boldsymbol{\Psi}}_1$ 和$\bar{\boldsymbol{\Psi}}_2$ 与式（6-64）和式（6-65）具有相同的形式。根据 PARAFAC 理论，通过式（6-118）~式（6-121）构建的锥面共形阵列的 $m\times m\times 4$ 三维矩阵可以表示为

$$\begin{vmatrix} \boldsymbol{R}(:,:,1) \\ \boldsymbol{R}(:,:,2) \\ \boldsymbol{R}(:,:,3) \\ \boldsymbol{R}(:,:,4) \end{vmatrix} = \begin{vmatrix} \boldsymbol{R}_1 \\ \boldsymbol{R}_2 \\ \boldsymbol{R}_3 \\ \boldsymbol{R}_4 \end{vmatrix} = \begin{vmatrix} \boldsymbol{B}_2\boldsymbol{R}_{\mathrm{s}}\boldsymbol{B}_1^{\mathrm{H}} \\ \boldsymbol{B}_2\bar{\boldsymbol{\Psi}}_1^{H}\boldsymbol{R}_{\mathrm{s}}\boldsymbol{B}_1^{\mathrm{H}} \\ \boldsymbol{B}_2\bar{\boldsymbol{\Psi}}_2\boldsymbol{R}_{\mathrm{s}}\boldsymbol{B}_1^{\mathrm{H}} \\ \boldsymbol{B}_2\bar{\boldsymbol{\Psi}}_1^{\mathrm{H}}\bar{\boldsymbol{\Psi}}_2\boldsymbol{R}_{\mathrm{s}}\boldsymbol{B}_1^{\mathrm{H}} \end{vmatrix} + \tilde{\boldsymbol{Q}}_2 \tag{6-122}$$

式中：$\tilde{\boldsymbol{Q}}_2$ 为观测噪声。令$\bar{\bar{\boldsymbol{C}}} = \boldsymbol{B}_1^{\mathrm{H}}$，式（6-122）可以写为如下的 Khatri-Rao 积的形式：

$$\bar{\bar{\boldsymbol{R}}} = (\bar{\bar{\boldsymbol{D}}} \odot \boldsymbol{B}_2)\bar{\bar{\boldsymbol{C}}} + \tilde{\boldsymbol{Q}}_2 \tag{6-123}$$

$$\bar{\bar{\boldsymbol{D}}} = \begin{vmatrix} \boldsymbol{\Lambda}^{-1}(\boldsymbol{R}_{\mathrm{s}}) \\ \boldsymbol{\Lambda}^{-1}(\bar{\boldsymbol{\Psi}}_1^{\mathrm{H}}\boldsymbol{R}_{\mathrm{s}}) \\ \boldsymbol{\Lambda}^{-1}(\bar{\boldsymbol{\Psi}}_2\boldsymbol{R}_{\mathrm{s}}) \\ \boldsymbol{\Lambda}^{-1}(\bar{\boldsymbol{\Psi}}_1^{\mathrm{H}}\bar{\boldsymbol{\Psi}}_2\boldsymbol{R}_{\mathrm{s}}) \end{vmatrix} \tag{6-124}$$

如果保证式（6-122）的唯一性，矩阵$\bar{\bar{\boldsymbol{D}}}$ 可以通过 TALS 算法计算得到。利用相似的方法，$\bar{\bar{\omega}}_{1i}$ 和 $\bar{\bar{\omega}}_{2i}$ 可以表示为

$$\bar{\bar{\omega}}_{1i} = \frac{1}{2}\left(\text{angle}\left[\frac{\bar{\bar{\boldsymbol{D}}}_{2i}}{\bar{\bar{\boldsymbol{D}}}_{1i}}\right] + \text{angle}\left[\frac{\bar{\bar{\boldsymbol{D}}}_{4i}}{\bar{\bar{\boldsymbol{D}}}_{3i}}\right]\right) \tag{6-125}$$

$$\bar{\bar{\omega}}_{2i} = -\frac{1}{2}\left(\text{angle}\left[\frac{\bar{\bar{\boldsymbol{D}}}_{3i}}{\bar{\bar{\boldsymbol{D}}}_{1i}}\right] + \text{angle}\left[\frac{\bar{\bar{\boldsymbol{D}}}_{4i}}{\bar{\bar{\boldsymbol{D}}}_{2i}}\right]\right) \tag{6-126}$$

$$\begin{aligned} \bar{\bar{\omega}}_{1i} = (2\pi/\lambda_i)\overline{\overline{\Delta\boldsymbol{P}_1}} \cdot \boldsymbol{u}_i = (2\pi\bar{\bar{d}}_1/\lambda_i)[&\sin(\theta_{\overline{\overline{\Delta P_1}}})\cos(\varphi_{\overline{\overline{\Delta P_1}}})\sin(\theta_i)\cos(\varphi_i) + \\ &\sin(\theta_{\overline{\overline{\Delta P_1}}})\sin(\varphi_{\overline{\overline{\Delta P_1}}})\sin(\theta_i)\sin(\varphi_i) + \cos(\theta_{\overline{\overline{\Delta P_1}}})\cos(\theta_i)] \end{aligned} \tag{6-127}$$

$$\overline{\overline{\omega}}_{2i} = (2\pi/\lambda)\overline{\overline{\Delta \boldsymbol{P}_2}} \cdot \boldsymbol{u}_i = (2\pi \overline{\overline{d}}_2/\lambda)[\sin(\theta_{\overline{\Delta P_2}})\cos(\varphi_{\overline{\Delta P_2}})\sin(\theta_i)\cos(\varphi_i) + \sin(\theta_{\overline{\Delta P_2}})\sin(\varphi_{\overline{\Delta P_2}})\sin(\theta_i)\sin(\varphi_i) + \cos(\theta_{\overline{\Delta P_2}})\cos(\theta_i)] \tag{6-128}$$

因此，可以通过求解式（6-127）和式（6-128）得到入射信号的二维 DOA 估计。由于方程是非线性的，不存在解析解，因此迭代数值逼近的方法可以用来获得最优解。非线性方程的形式为

$$\begin{cases} f_1(x_1, x_2) = 0 \\ f_2(x_1, x_2) = 0 \end{cases} \tag{6-129}$$

式中：x_1 和 x_2 分别为方位角 θ、俯仰角 φ。将式（4-129）等价变换成如下式同解方程组：

$$x_i = F_i(x_1, x_2), \quad i = 1, 2 \tag{6-130}$$

式（6-130）的迭代形式可以写为

$$x_i^{k+1} = F_i(x_i^k, x_i^k), \quad i = 1, 2 \tag{6-131}$$

式中：$k=0, 1, \cdots$。式（6-131）中的初始化向量可以写为 $\boldsymbol{x}=[x_1,x_2]^{\mathrm{T}}$，利用数值计算方法可以得到序列 $\{\boldsymbol{x}^k\}$。因为 $F_i(x_1^k,x_2^k)$ 是连续函数，当给定一个终止迭代的条件，例如 $\| F_i(x_i^k,x_i^k) \| \leqslant \varepsilon$，$\varepsilon$ 是一个很小的数，可以人为进行设定。计算式（6-131）直到序列收敛，即 $\boldsymbol{x}^k \to \boldsymbol{x}^*$，此时将 $\boldsymbol{x}^*$ 看作式（6-129）的迭代解，这样就得到入射信号的二维 DOA 估计。

假设噪声是非均匀的，在理论上，通过计算不同子阵之间的互协方差矩阵，非均匀噪声可以得到压制。

6.3.4 计算复杂度分析

简便起见，只对所提算法计算协方差矩阵和 TALS 算法过程中涉及的复数乘法进行分析。如上所述，N、r 和 $2m$ 分别代表快拍数、信源数和阵元数。与文献［106］中所提算法类似，ESPRIT 算法需要计算协方差矩阵的特征分解和参数配对（二阶累积量代替了文献［106］中的四阶累积量）。$2m\times 2m$ 维矩阵的特征分解需要的计算量为 $O(24m^3)$。在本节中利用 COMFAC 算法拟合一个 $m\times m\times 4$ 为的三维矩阵。每次迭代的计算复杂度约为 $O(r^3)+O(4m^2r)$。对于后面部分的仿真来说，所提算法只需要两次迭代。因此所提算法总的计算量约为 $O[K(r^3+4m^2r)]$，K 为迭代次数，由于算法在每次迭代过程中的初始化需要较多的时间，所以本节算法的计算复杂度与 ESPRIT 算法相比要大一些。文献［293］中的 Nest-MUSIC 算法，协方差矩阵的计算复杂度为 $4m^2r$，假设有 n 个子阵，则空间平滑总的计算复杂度为 $4m^2nr$。空间内插的计算复杂度约为 $24m^3$。假设二维谱峰搜索的网格点分别为 J_1 和 J_2，谱峰搜索的计算复杂度为 $J_1J_2(2m+1)(2m-r)$，通常 J_1 和 J_2 远大于 m。因此，Nest-MUSIC 算法总的计算复杂度约为 $O(4J_1J_2m^2)$，远大于本节算法以及文献中的 ESPRIT 算法。

6.3.5 克拉美罗界

CRB 给出了无偏参数估计的一个下界。在这部分，推导了多参数估计的 CRB，为了简便起见，假设信号协方差矩阵 $\boldsymbol{R}_s$ 是已知的，噪声归一化为 1。在协方差矩阵中包含了 $4r$ 个参数，即 r 个俯仰角参数、r 个方位角参数和 $2r$ 个极化参数。在本节中，入射信号的极化参数假设为已知的，因此只有 $2r$ 个角度参数需要估计。待估计的参数可以表示为如下向量形式：

$$\boldsymbol{v}^{\mathrm{T}} = [\theta_1, \varphi_1, \theta_2, \varphi_2, \cdots, \theta_r, \varphi_r] \tag{6-132}$$

极化参数和角度参数的联合 CRB 定义为

$$E[(\hat{\boldsymbol{v}} - \boldsymbol{v})(\hat{\boldsymbol{v}} - \boldsymbol{v})^{\mathrm{T}}] \geqslant \mathrm{CRB} \tag{6-133}$$

$$\mathrm{CRB} = \boldsymbol{F}^{-1} \tag{6-134}$$

对于向量参数 $\boldsymbol{v}$ 来说，$2r \times 2r$ 维的费舍尔信息矩阵（Fisher Information Matrix，FIM）可以表示为

$$\boldsymbol{F} = \begin{bmatrix} \boldsymbol{F}_{\theta\theta} & \boldsymbol{F}_{\theta\varphi} \\ \boldsymbol{F}_{\varphi\theta} & \boldsymbol{F}_{\varphi\varphi} \end{bmatrix} \tag{6-135}$$

式中：$\boldsymbol{F}_{\theta\theta}$ 为俯仰角估计的块矩阵；$\boldsymbol{F}_{\varphi\varphi}$ 为方位角估计的块矩阵。FIM 中第 i 行第 j 列的元素可以表示为

$$\begin{aligned} \boldsymbol{F}_{ij} &= N \cdot \mathrm{trace}\left[\boldsymbol{R}^{-1} \frac{\partial \boldsymbol{R}}{\partial v_i} \boldsymbol{R}^{-1} \frac{\partial \boldsymbol{R}}{\partial v_j}\right] \\ &= 2N \cdot \mathrm{Re}\{\mathrm{trace}[\boldsymbol{D}_i \boldsymbol{R}_s \boldsymbol{B}^{\mathrm{H}} \boldsymbol{R}^{-1} \boldsymbol{B} \boldsymbol{R}_s \boldsymbol{D}_j^{\mathrm{H}} \boldsymbol{R}^{-1}] + \mathrm{trace}[\boldsymbol{D}_i \boldsymbol{R}_s \boldsymbol{B}^{\mathrm{H}} \boldsymbol{R}^{-1} \boldsymbol{B} \boldsymbol{R}_s \boldsymbol{D}_j \boldsymbol{R}^{-1}]\} \end{aligned} \tag{6-136}$$

$$\boldsymbol{D}_i = \frac{\partial \boldsymbol{B}}{\partial v_i} \tag{6-137}$$

式中：$\mathrm{trace}[\cdot]$ 为矩阵 $[\cdot]$ 的迹；$\dfrac{\partial \boldsymbol{R}}{\partial v_i}$为矩阵 $\boldsymbol{R}$ 的偏导数。

6.3.6 计算机仿真实验分析

所提算法适用于非常不规则形状，圆对称的条件是不需要遵守的。但是所提算法的阵列摆放需要满足一些条件。关于阵列的设计分为两种来讨论：第一种，算法有解析解；第二种，算法没有解析解。

（1）算法有解析解。基于图 6.8 与式（6-68）、式（6-69），可以看出距离矢量 $\Delta\boldsymbol{P}_1$ 垂直于 $\Delta\boldsymbol{P}_2$，这是获得解析解的一个条件，另一个条件是 $\Delta\boldsymbol{P}_1$（或 $\Delta\boldsymbol{P}_2$）平行（或垂直于）坐标轴。这样所提算法可以获得解析解。一个球面共形阵列的设计在下面给出。

球面共形阵列的结构如图 6.13 所示，阵元安装在球面共形阵列表面。阵元

1~($m-1$)构成子阵 1；阵元 2~m 构成子阵 2；阵元($m+1$)~($2m-1$)构成子阵 3；阵元($m+2$)~$2m$ 构成子阵 4。阵列中的阵元被分为两个子阵对。子阵 1 和子阵 2 构成第 1 个子阵对；子阵 3 和子阵 4 构成第 2 个子阵对。子阵 1 和子阵 2 之间的距离矢量为 $\Delta \boldsymbol{P}_1$；子阵 3 和子阵 4 之间的距离矢量为 $\Delta \boldsymbol{P}_2$，如图 6.13 和图 6.14 所示，距离矢量 $\Delta \boldsymbol{P}_1$ 垂直于 $\Delta \boldsymbol{P}_2$，同时距离矢量 $\Delta \boldsymbol{P}_1$ 平行于 Y 轴，分别对应两个不同的旋转不变关系。

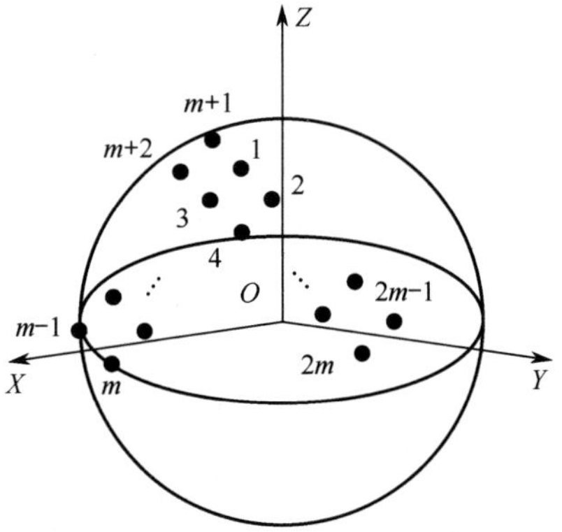

图 6.13　球面共形阵列的结构

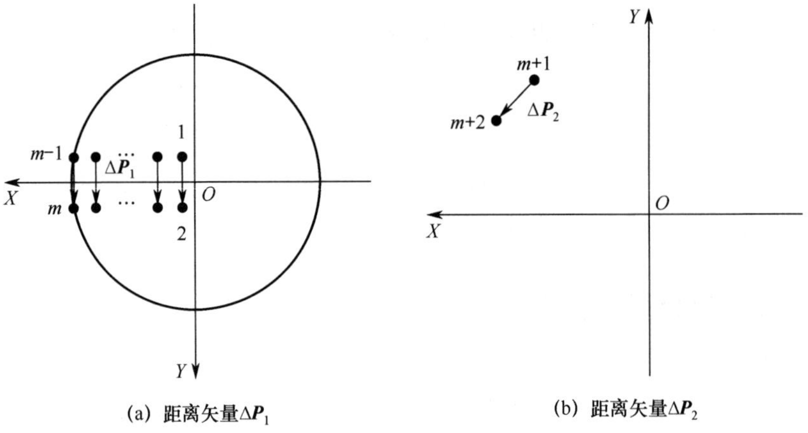

图 6.14　距离矢量示意图

（2）算法没有解析解。在距离矢量 $\Delta \boldsymbol{P}_1$ 不平行于 $\Delta \boldsymbol{P}_2$ 时，算法没有解析解。换句话说，子阵 1 不平行于子阵 2 的时候。根据式（6-127）和式（6-128）可知，所提算法的解析解不存在，因此，可以利用迭代数值逼近方法来获得解析解。对于非常不规则的阵列，如果能找到如上述的两个子阵对，并且距离矢量不互相平行，那么所提算法就可以用来进行 DOA 估计。

在这部分，通过数值仿真来验证所提算法的性能。以柱面共形阵列为例，使用图 6.8 所示的结构来进行仿真。子阵 1 的阵元数假设为 16，即 $m=8$。不失一般性，$k_{1\theta}=0.5$，$k_{1\varphi}=0.5$；$k_{2\theta}=0.3$，$k_{2\varphi}=0.7$。在全局坐标系中，阵元方向图分别为 $g_{i\theta}=\sin(\theta'_j-\varphi'_j)$ 和 $g_{i\varphi}=\cos(\theta'_j-\varphi'_j)$。$\theta'_j$ 和 φ'_j 分别为第 i 个信号在第 j 个局部坐标系的俯仰角和方位角。方向图从全局坐标系到局部坐标系的旋转过程可以在文献［116,146］中找到。进行 500 次蒙特卡罗仿真实验，反映所提算法测向性能的均方根误差的定义为

$$\mathrm{RMSE}=\sqrt{\frac{1}{500}\sum_{t=1}^{500}\left[(\hat{\theta}_{i,t}-\theta)^2+(\hat{\varphi}_{i,t}-\varphi)^2\right]} \tag{6-138}$$

式中：$\hat{\theta}_{i,t}$ 和 $\hat{\varphi}_{i,t}$ 分别为第 i 个信号在第 t 次实验中的方位角和俯仰角的估计值。文献［106］所提的 ESPRIT 算法以及文献［293］提出的 Nest-MUSIC 算法在相同的背景下仿真作为所提算法的比较（ESPRIT 算法利用的是协方差矩阵而不是四阶累积量）。

对接下来的实验来说，COMFAC 算法用来拟合 $m\times m\times 4$ 三维矩阵。在压缩域对 COMFAC 进行初始化和拟合。Tucker3 三维模型在数据压缩的时候使用[197]。

实验 6　不同信噪比条件下成功概率和均方根误差比较

成功实验定义为估计偏差小于 1°的实验。两个窄带远场入射信号的俯仰角和方位角分别为（95°，50°）和（100°，60°），在每次实验中采用 200 个快拍数据。两种算法对入射信号角度估计的成功概率如图 6.15（a）所示。3 种算法对两个入射信号角度估计的均方根误差以及 CRB 如图 6.15（b）所示。从图 6.15（a）中可以看出，当信噪比较低时，所提的 PARAFAC 算法的估计成功概率高于文献中的 ESPRIT 算法。而 Nest-MUSIC 算法的成功概率略高于前两种算法。除此

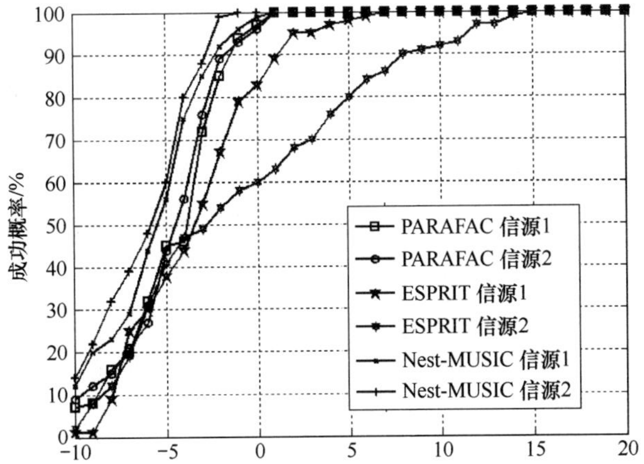

(a) 不同信噪比下的成功概率

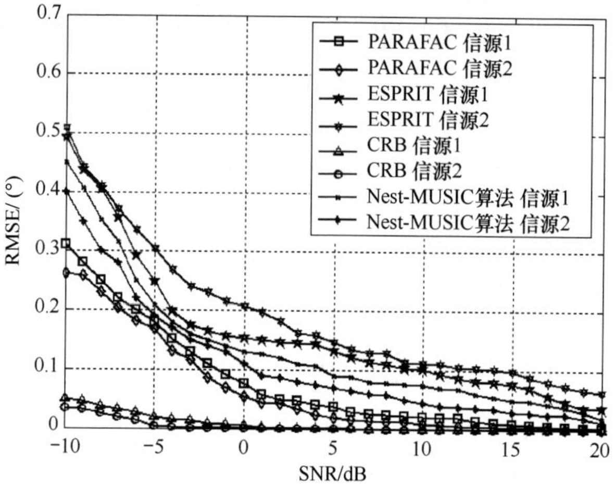

(b) 不同信噪比下的均方根误差

图 6.15　不同信噪比下的估计性能

之外，从图 6.15（b）中可以看出，在信噪比较高时，所提算法的均方根误差比 ESPRIT 以及 Nest-MUSIC 算法要小很多。随着信噪比的增加，所提算法的均方根误差逼近 CRB。所提算法用 4 个协方差矩阵来估计入射信号的 DOA，然而在文献算法中只采用了 2 个协方差矩阵用于 ESPRIT 算法。所提算法比文献算法利用了更多的数据信息，具有更好的测向性能。虽然 Nest-MUSIC 算法具有较好的估计性能，但是空间内插影响了算法的估计精度，倒是 Nest-MUSIC 算法的估计精度不如所提算法。

实验 7　不同快拍数条件下成功概率和均方根误差比较

3 种算法对入射信号角度估计的成功概率如图 6.16（a）所示。3 种算法对两个入射信号角度估计的均方根误差以及 CRB 如图 6.16（b）所示。在图 6.16（a）和图 6.16（b）中，信噪比分别为 0dB 和 10dB，其他仿真条件与实验 6 相同。从图 6.16（a）可以看出，所提算法的估计成功概率高于文献中 ESPRIT 算法。特别是 ESPRIT 算法对信源 2 成功概率的估计相比其他要低很多，而 Nest-MUSIC 算法的估计成功概率比前两种算法略高。如图 6.16（b）所示，在相同快拍数条件下，所提算法的均方根误差相比文献中 ESPRIT 算法以及 Nest-MUSIC 算法要小很多。随着快拍数的增大，均方根误差逼近 CRB。ESPRIT 算法估计信源 2 的均方根误差相比所提算法要大很多，这主要是因为 ESPRIT 算法只利用了阵列的自协方差矩阵。然后所提算法利用了阵列的自协方差和互协方差矩阵，得到了更高的估计精度。Nest-MUSIC 算法由于空间内插损失了一定的估计精度。

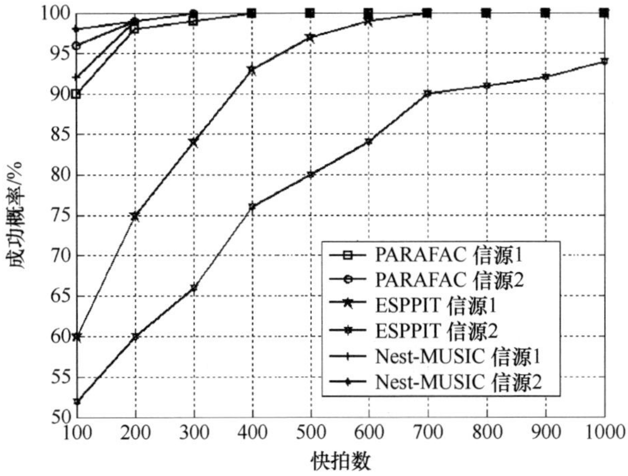

(a) 不同快拍数下的成功概率

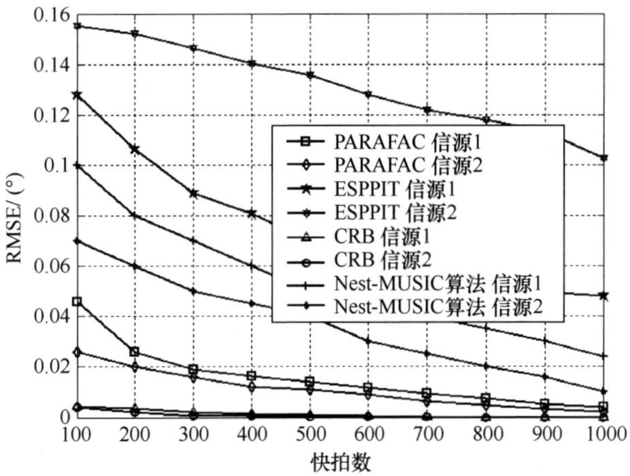

(b) 不同快拍数下的均方根误差

图 6.16 不同快拍数下的估计性能

实验 8 不同信噪比条件下分辨概率比较

当两个入射信号角度间隔较近时（本仿真设置为方位角相同，俯仰角间隔为 6°），图 6.17 给出了不同信噪比条件下所提算法和 ESPRIT 算法以及 Nest-MUSIC 算法分辨概率的比较。其他仿真条件与实验 6 相同。如果 $|\hat{\theta}_1-\theta_1|$ 的值和 $|\hat{\theta}_2-\theta_2|$ 的值小于 $|\theta_1-\theta_2|/2$ 的值，同时 $|\hat{\varphi}_1-\varphi_1|$ 的值和 $|\hat{\varphi}_2-\varphi_2|$ 的值小于 $|\varphi_1-\varphi_2|/2$ 的值，就认为两个入射信号能够正确分辨。$\hat{\theta}_i$ 和 θ_i 分别代表第 i 个入射信号的俯仰角的估计值和真实值；$\hat{\varphi}_i$ 和 φ_i 分别代表第 i 个入射信号的方位角的估计值和真实值。

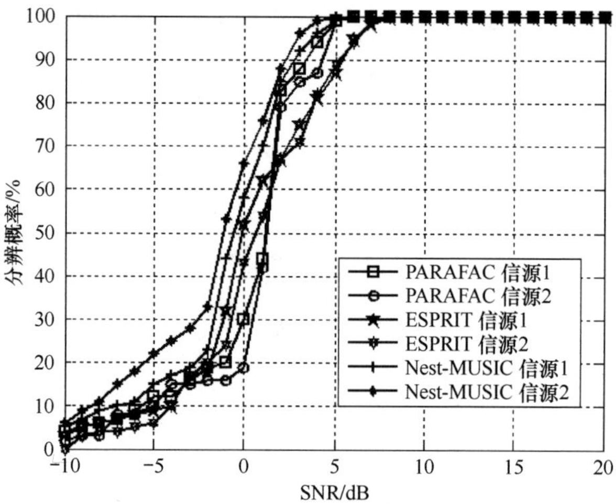

图 6.17　不同信噪比下的分辨概率

从图 6.17 中可以看出，在信噪比较低时（−2~2dB），ESPRIT 算法比本节算法在对两个角度的分辨中表现得更加优越。当信噪比大于 2dB 时，所提算法相比文献算法更加优越。根据式（6-83）和定理 1，要想保证 PARAFAC 模型的唯一性，必须保证 $\boldsymbol{a}(:,i)\neq\boldsymbol{a}(:,j)$。换句话说，两个入射信号之间的间隔不能太近。当信噪比较低的时候，噪声的影响是不可忽略的。所有以上的原因导致在较低信噪比时本节所提算法表现相对较差。但是本节所提算法对入射信号的角度仍然具有较高的估计精度，噪声对其影响较小。相比较于前两种算法，Nest-MUSIC 算法具有更好的角度分辨性能。

实验 9　不同算法运行时间比较

在相同运行环境下，将本文算法与 ESPRIT 以及 Nest-MUSIC 算法的运行时间进行比较。运行环境为 CPU 2.1GHz，2GB RAM，Matlab7.10，Window 7 x86。信噪比 SNR 为 10dB，快拍数 $N=200$，其他条件与仿真条件相同，表 6.2 给出两种算法在分别运行 100 次、200 次和 500 次所需的时间，从表 6.2 中可以看出，相同的运行次数下，本节算法的计算量大于 ESPRIT 算法，与本节的计算复杂度分析相符合。而 Nest-MUSIC 算法需要进行谱峰搜索，计算复杂度最高。

表 6.2　两种算法的运行时间

仿真次数	100	200	500
ESPRIT 算法	1.56s	3.04s	7.05s
本节算法	4.84s	9.43s	22.56s
Nest-MUSIC 算法	17.51s	35.45s	88.25s

6.4 小结

本章首先提出了一种基于柱面阵列的快速波达方向估计算法，利用子阵分割技术结合 PM 算法，实现了基于柱面共形阵列的快速 DOA 估计。所提算法不需要事先知道阵元方向图的任何信息，计算复杂度较低，具有很好的实时性，阵元摆放较为灵活，计算机仿真实验验证本节算法具有较小的运算量，适用于实时处理的场合。随后基于共形阵列，提出了一种具有较高估计精度的二维 DOA 估计算法。由于载体变化的曲率和阵元的多极化特性，传统的 DOA 估计算法不能应用于共形阵列。为了避免参数配对问题，本节在累积量域利用接收数据的协方差矩阵构建 PARAFAC 模型来估计入射信号的 DOA，推导了 PARAFAC 模型的唯一性定理，本节所提算法可以拓展到具有更加一般结构的共形阵列中，例如锥面共形阵列、球面共形阵列等，同时对算法是否具有解析解的条件进行了讨论，最后计算机仿真实验验证了所提算法具有较高的估计精度，噪声对其影响较小。

第 7 章　共形阵列多参数联合估计

7.1　引言

虽然共形阵列在许多领域已经取得了广泛的应用，但是设计和分析这样一个阵列仍然是一个巨大的挑战，这主要是由其阵列结构复杂和阵元方向图从全局坐标系到阵元局部坐标系之间的旋转变换所决定的[107,167]。线阵和平面阵列不具有这一特点，导致许多高精度的算法不能用于共形阵列的参数估计[282]。

最近基于共形阵列高分辨 DOA 估计算法被提了出来[115-117]。文献［117］采用 MUSIC 算法和子阵分割技术被用于 DOA 估计，但是算法计算复杂度太高。之后 MUSIC 算法被 ESPRIT 算法取代，文献［115,116］提出了两种新的 ESPRIT 算法。但是对于共形阵列来说，从目前的参考文献中，还没有关于基于共形阵列的频率和 DOA 联合估计文章的报道。

在本章中提出两种对共形阵列的频率和 DOA 联合估计的算法。在第 4 章已有的快拍数据模型下，对其进行更一般化处理，即入射信号的频率也可以是不同的。在此基础上，首先提出一种基于状态空间矩阵和 PM 算法的频率和 DOA 联合估计算法。入射信号的频率通过构建空间状态矩阵获得；通过合理设计柱面共形阵列的阵元，结合 PM 算法实现极化信息和角度信息之间的去耦合；提出了一种基于阵列内插的频率和角度之间进行配对的新方法；推导了频率和角度联合估计情况下的 CRB。然后，利用延时相关函数结合 PARAFAC 理论，提出了一种频率和 DOA 联合估计算法。延时相关函数可以用来压制噪声的影响。时间和空间的采样都被用来构建空时矩阵。不需要谱峰搜索和参数配对，利用 PARAFAC 理论，实现频率和二维 DOA 的估计。所提算法只需要 4 个位置精确已知的导向阵元，其他阵元可以随意摆放在载体表面，阵元摆放更加灵活，适用于更加一般的阵列形式。

7.2　柱面阵列多参数快速估计方法

7.2.1　阵列设计

1. 柱面载体表面阵元位置摆放

由于载体的“遮挡效应”，所以并不像普通阵列那样，所有阵列阵元都能接收到信号，如图 6.1 所示，本节采用文献［117,118］中的子阵分割技术，利用 3 个子阵实现共形阵列对整个空间区域的覆盖。每个子阵负责 120° 的方位角范围，由于 3 个子阵的阵列设计和参数估计机制是相同的，所以所有的仿真都是针对子阵 1 来进行的。两个圆柱横截面之间的距离以及同一截面相邻阵元之间的距离都与图 6.1 中设置相同，唯一不同的是 λ 为入射信号的最短波长。

2. 共形阵列窄带数学模型

假设系统采样频率为 $f_s = 1/T_s$，T_s 代表采样间隔（$T_s < 1/2f_{\max}$，$f_{\max}$ 定义为入射信号的最高频率）。根据入射信号窄带远场的假设，归一化的入射信号有 $s_i(n+1) = \varphi_i s_i(n)$，$i = 1, 2, \cdots, r$ 为第 i 个入射信号，r 为信源数；$s(n)$ 为入射信号离散采样序列；$\varphi_i = \exp(-j2\pi f_i/f_s)$ 为时移因子，f_i 为第 i 个入射信号的频率。入射信号模型如图 6.1（b）所示。类似式（6-1）中的导向矢量模型，这里与式（6-1）中的不同之处在于多了参数 f_i，本节的导向矢量模型为

$$\boldsymbol{a}(\theta, \varphi, f) = \left[r_1\exp\left(-j2\pi c\frac{\boldsymbol{p}_1 \cdot \boldsymbol{u}}{f}\right), r_2\exp\left(-j2\pi c\frac{\boldsymbol{p}_2 \cdot \boldsymbol{u}}{f}\right), \cdots, r_M\exp\left(-j2\pi c\frac{\boldsymbol{p}_M \cdot \boldsymbol{u}}{f}\right)\right]^{\mathrm{T}} \tag{7-1}$$

$$r_i = (g_{i\theta}^2 + g_{i\varphi}^2)^{\frac{1}{2}}(k_\theta^2 + k_\varphi^2)^{\frac{1}{2}}\cos(\theta_{igk}) = |g_i||p_l|\cos(\theta_{igk}) = \boldsymbol{g}_i \cdot \boldsymbol{p}_l = g_{i\theta}k_\theta + g_{i\varphi}k_\varphi \tag{7-2}$$

$$\boldsymbol{P}_i = \sin(\theta_{oi})\cos(\varphi_{oi})x + \sin(\theta_{oi})\sin(\varphi_{oi})\boldsymbol{y} + \cos(\theta_{oi})z \tag{7-3}$$

式中：θ_{oi} 和 φ_{oi} 分别为第 i 个阵元在全局坐标系中的俯仰角和方位角；其他变量的含义与式（6-1）中的相同。因此，窄带快拍数据模型可以表示为

$$\begin{aligned}\boldsymbol{X}(n) &= \boldsymbol{G} \cdot \boldsymbol{AS}(n) + \boldsymbol{N}(n)\\ &= (\boldsymbol{G}_\theta \cdot \boldsymbol{A}_\theta\boldsymbol{K}_\theta + \boldsymbol{G}_\varphi \cdot \boldsymbol{A}_\varphi\boldsymbol{K}_\varphi)\boldsymbol{S}(n) + \boldsymbol{N}(n) = \boldsymbol{BS}(n) + \boldsymbol{N}(n)\end{aligned} \tag{7-4}$$

$$\boldsymbol{S}(n) = [s_1(n), s_2(n), \cdots, s_r(n)]^{\mathrm{T}} \tag{7-5}$$

$$\boldsymbol{N}(n) = [n_1(n), n_2(n), \cdots, n_r(n)]^T \tag{7-6}$$

$$\boldsymbol{G}_\theta = [\boldsymbol{g}_\theta(\theta_1, \varphi_1, f_1), \boldsymbol{g}_\theta(\theta_2, \varphi_2, f_2), \cdots, \boldsymbol{g}_\theta(\theta_r, \varphi_r, f_r)] \tag{7-7}$$

$$\boldsymbol{G}_\varphi = [\boldsymbol{g}_\varphi(\theta_1, \varphi_1, f_1), \boldsymbol{g}_\varphi(\theta_2, \varphi_2, f_2), \cdots, \boldsymbol{g}_\varphi(\theta_r, \varphi_r, f_r)] \tag{7-8}$$

$$\boldsymbol{A}_\theta = [\boldsymbol{a}_\theta(\theta_1, \varphi_1, f_1), \boldsymbol{a}_\theta(\theta_2, \varphi_2, f_2), \cdots, \boldsymbol{a}_\theta(\theta_r, \varphi_r, f_r)] \tag{7-9}$$

$$\boldsymbol{A}_\varphi = [\boldsymbol{a}_\varphi(\theta_1, \varphi_1, f_1), \boldsymbol{a}_\varphi(\theta_2, \varphi_2, f_2), \cdots, \boldsymbol{a}_\varphi(\theta_r, \varphi_r, f_r)] \tag{7-10}$$

$$\boldsymbol{K}_\theta = \mathrm{diag}(k_{1\theta}, k_{2\theta}, \cdots, k_{r\theta}) \tag{7-11}$$

$$\boldsymbol{K}_\varphi = \mathrm{diag}(k_{1\varphi}, k_{2\varphi}, \cdots, k_{r\varphi}) \tag{7-12}$$

其中入射信号两个相邻时刻可以表示为 $\boldsymbol{S}(n+1) = \boldsymbol{\Phi} \cdot \boldsymbol{S}(n)$，$\boldsymbol{\Phi} = \mathrm{diag}[\varphi_1, \varphi_2, \cdots, \varphi_r]$ 为时移旋转不变矩阵，可以用来获得入射信号的频率信息。其他变量的含义与式（6-3）~式（6-11）中的相同。

共形阵列中的快拍数据模型中的方向图是必须考虑的，然而其通常在阵元的

局部坐标系中定义，因此，需要一个空间旋转变换，将方向图函数变换到全局坐标系。极化参数与信号角度参数相耦合，因此，对于共形阵列的二维 DOA 估计来说，去耦合是必须完成的。入射信号频率与 DOA 之间的配对也是由阵元方向图不同所引起的一个难题。

7.2.2 状态空间频率估计方法

1. 阵列结构和接收数据模型

阵列结构和距离矢量的模型分别如图 6.1 和图 6.2 所示。子阵 1 到子阵 4 接收到的快拍数据分别表示为 $\boldsymbol{X}_1,\boldsymbol{X}_2,\boldsymbol{X}_3$ 和 $\boldsymbol{X}_4$，接收信号的参考点为坐标原点，则各个子阵接收到的数据可以表示为

$$\boldsymbol{X}_1=\boldsymbol{B}\boldsymbol{S}+\boldsymbol{N}_1 \tag{7-13}$$

$$\boldsymbol{X}_2=\boldsymbol{B}\boldsymbol{\Psi}_1\boldsymbol{S}+\boldsymbol{N}_2 \tag{7-14}$$

$$\boldsymbol{X}_3=\boldsymbol{B}\boldsymbol{\Psi}_2\boldsymbol{S}+\boldsymbol{N}_3 \tag{7-15}$$

$$\boldsymbol{X}_4=\boldsymbol{B}\boldsymbol{\Psi}_3\boldsymbol{S}+\boldsymbol{N}_4 \tag{7-16}$$

式中：$\boldsymbol{\Psi}_1$、$\boldsymbol{\Psi}_2$ 和 $\boldsymbol{\Psi}_3$ 分别代表 3 个不同子阵对之间的旋转不变关系，即

$$\boldsymbol{\Psi}_1=\mathrm{diag}[\exp(-\mathrm{j}\omega_{11}),\ \exp(-\mathrm{j}\omega_{12}),\ \cdots,\ \exp(-\mathrm{j}\omega_{1r})] \tag{7-17}$$

$$\boldsymbol{\Psi}_2=\mathrm{diag}\left[\frac{h_3(\theta_1,\ \varphi_1,\ f_1)}{h_1(\theta_1,\ \varphi_1,\ f_1)}\exp(-\mathrm{j}\omega_{21}),\ \frac{h_3(\theta_2,\ \varphi_2,\ f_2)}{h_1(\theta_2,\ \varphi_2,\ f_2)}\exp(-\mathrm{j}\omega_{22})\right.$$
$$\left.,\ \cdots,\ \frac{h_3(\theta_r,\ \varphi_r,\ f_r)}{h_1(\theta_r,\ \varphi_r,\ f_r)}\exp(-\mathrm{j}\omega_{2r})\right] \tag{7-18}$$

$$\boldsymbol{\Psi}_3=\mathrm{diag}\left[\frac{h_4(\theta_1,\ \varphi_1,\ f_1)}{h_1(\theta_1,\ \varphi_1,\ f_1)}\exp(-\mathrm{j}\omega_{31}),\ \frac{h_4(\theta_2,\ \varphi_2,\ f_2)}{h_1(\theta_2,\ \varphi_2,\ f_2)}\exp(-\mathrm{j}\omega_{32})\right.$$
$$\left.,\ \cdots,\ \frac{h_4(\theta_r,\ \varphi_r,\ f_r)}{h_1(\theta_r,\ \varphi_r,\ f_r)}\exp(-\mathrm{j}\omega_{3r})\right] \tag{7-19}$$

对应的 3 个不同的波程差分别为

$$\omega_{1i}=(2\pi f_i/\mathrm{c})d_1\boldsymbol{\Delta P}_1\cdot\boldsymbol{u}_i=(2\pi d_1 f_i/\mathrm{c})[\sin(\theta_{\Delta P_1})\cos(\varphi_{\Delta P_1})\sin(\theta_i)\cos(\varphi_i)+$$
$$\sin(\theta_{\Delta P_1})\sin(\varphi_{\Delta P_1})\sin(\theta_i)\sin(\varphi_i)+\cos(\theta_{\Delta P_1})\cos(\theta_i)] \tag{7-20}$$

$$\omega_{2i}=(2\pi f_i/\mathrm{c})d_2\boldsymbol{\Delta P}_2\cdot\boldsymbol{u}_i=(2\pi d_2 f_i/\mathrm{c})[\sin(\theta_{\Delta P_2})\cos(\varphi_{\Delta P_2})\sin(\theta_i)\cos(\varphi_i)+$$
$$\sin(\theta_{\Delta P_2})\sin(\varphi_{\Delta P_2})\sin(\theta_i)\sin(\varphi_i)+\cos(\theta_{\Delta P_2})\cos(\theta_i)] \tag{7-21}$$

$$\omega_{3i}=(2\pi f_i/\mathrm{c})d_3\boldsymbol{\Delta P}_3\cdot\boldsymbol{u}_i=(2\pi d_3 f_i/\mathrm{c})[\sin(\theta_{\Delta P_3})\cos(\varphi_{\Delta P_3})\sin(\theta_i)\cos(\varphi_i)+$$
$$\sin(\theta_{\Delta P_3})\sin(\varphi_{\Delta P_3})\sin(\theta_i)\sin(\varphi_i)+\cos(\theta_{\Delta P_3})\cos(\theta_i)] \tag{7-22}$$

式中：在全局坐标系下，距离矢量 $\Delta \boldsymbol{P}_i(i=1,2,3)$ 的俯仰角和方位角分别用 $\theta_{\Delta \boldsymbol{P}_i}$ 和 $\varphi_{\Delta \boldsymbol{P}_i}$ 表示。重构接收数据矩阵表示为

$$\boldsymbol{X}_{4(m+1)\times r}=[\boldsymbol{X}_1^{\mathrm{T}},\ \boldsymbol{X}_2^{\mathrm{T}},\ \boldsymbol{X}_3^{\mathrm{T}},\ \boldsymbol{X}_4^{\mathrm{T}}]^{\mathrm{T}} \tag{7-23}$$

2. 基于状态空间的频率估计

在时间观察窗中，对 $L+1$ 个点进行采样。从 $\boldsymbol{S}(n+1)=\boldsymbol{\Phi}\boldsymbol{S}(n)$ 中，可得

$$\boldsymbol{X}(k)=\boldsymbol{B}\boldsymbol{S}(k)+\boldsymbol{N}(k)=\boldsymbol{B}\boldsymbol{\Phi}\boldsymbol{S}(k-1)+\boldsymbol{N}(k)=\boldsymbol{B}\boldsymbol{\Phi}^k\boldsymbol{S}(k)+\boldsymbol{N}(k) \tag{7-24}$$

利用不同的时间观察窗的采样数据，构建 $4Nm\times(L-N+1)$ 维矩阵：

$$\boldsymbol{X}_N=\begin{bmatrix}\boldsymbol{X}(1) & \boldsymbol{X}(2) & \cdots & \boldsymbol{X}(L-N+1)\\ \boldsymbol{X}(2) & \boldsymbol{X}(3) & \cdots & \boldsymbol{X}(L-N+2)\\ \vdots & \vdots & & \vdots\\ \boldsymbol{X}(N) & \boldsymbol{X}(N+1) & \cdots & \boldsymbol{X}(L+1)\end{bmatrix} \tag{7-25}$$

当 $N\ll f_s$ 时，将式（7-24）代入式（7-25），可以写成另一种形式：

$$\begin{aligned}\boldsymbol{X}_N&=\begin{bmatrix}\boldsymbol{B}\boldsymbol{\Phi}\boldsymbol{S}(1) & \boldsymbol{B}\boldsymbol{\Phi}\boldsymbol{S}(2) & \cdots & \boldsymbol{B}\boldsymbol{\Phi}\boldsymbol{S}(L-N+1)\\ \boldsymbol{B}\boldsymbol{\Phi}\boldsymbol{S}(2) & \boldsymbol{B}\boldsymbol{\Phi}^2\boldsymbol{S}(3) & \cdots & \boldsymbol{B}\boldsymbol{\Phi}^2\boldsymbol{S}(L-N+2)\\ \vdots & \vdots & & \vdots\\ \boldsymbol{B}\boldsymbol{\Phi}^N\boldsymbol{S}(N) & \boldsymbol{B}\boldsymbol{\Phi}^N\boldsymbol{S}(N+1) & \cdots & \boldsymbol{B}\boldsymbol{\Phi}^N\boldsymbol{S}(L+1)\end{bmatrix}+\boldsymbol{N}_N\\ &=\begin{bmatrix}\boldsymbol{B}\boldsymbol{\Phi}\\ \boldsymbol{B}\boldsymbol{\Phi}^2\\ \vdots\\ \boldsymbol{B}\boldsymbol{\Phi}^N\end{bmatrix}\begin{bmatrix}\boldsymbol{\Phi}\boldsymbol{s}(1) & \boldsymbol{\Phi}^2\boldsymbol{s}(2) & \cdots & \boldsymbol{\Phi}^N\boldsymbol{s}(L-N+1)\end{bmatrix}+\boldsymbol{N}_N\\ &=(\boldsymbol{B}\otimes\boldsymbol{K})(\boldsymbol{K}^{\mathrm{T}}\odot\boldsymbol{s})+\boldsymbol{N}_N=\boldsymbol{B}_N\boldsymbol{K}_s+\boldsymbol{N}_N\end{aligned} \tag{7-26}$$

式中：$\boldsymbol{K}=[\boldsymbol{\Phi},\ \boldsymbol{\Phi}^2,\ \cdots,\ \boldsymbol{\Phi}^N]^{\mathrm{T}}$；$\boldsymbol{s}=[s_1,\ s_2,\ \cdots,\ s_r]^{\mathrm{T}}$。$\otimes$ 为左克罗内克积；$\odot$ 为哈达玛（Hadamard）积。从式（7-26）和式（7-4）中可以看出，它们具有相似的表达式，阵列流形矩阵 $\boldsymbol{B}$ 仅仅被 $\boldsymbol{B}_N$ 所代替。

对 $\boldsymbol{X}_N$ 的协方差矩阵进行特征分解，可以表示为

$$\boldsymbol{R}_{X_N}=\sum_{k=1}^{4N(m+1)}\sigma_k^2\boldsymbol{u}_k\boldsymbol{u}_k^{\mathrm{H}} \tag{7-27}$$

式中：r 个特征值对应 r 个特征向量。$\boldsymbol{u}_1,\boldsymbol{u}_2,\cdots,\boldsymbol{u}_r$ 和 $\boldsymbol{B}_N$ 张成相同的空间。

$$\mathrm{span}([\boldsymbol{u}_1,\ \boldsymbol{u}_2,\ \cdots,\ \boldsymbol{u}_r)\simeq\mathrm{span}(\boldsymbol{B}_N) \tag{7-28}$$

通过估计得到的信号子空间为

$$\hat{\boldsymbol{U}}=[\boldsymbol{u}_1,\ \boldsymbol{u}_2,\ \cdots,\ \boldsymbol{u}_r] \tag{7-29}$$

因此存在一个 $r\times r$ 维的未知矩阵 $\boldsymbol{T}$，那么变换矩阵 $\boldsymbol{B}_T$ 和 $\boldsymbol{\Phi}_T$ 可以表示为

$$\begin{aligned}\hat{\boldsymbol{B}}_T&=\hat{\boldsymbol{B}}\boldsymbol{T}=(\hat{\boldsymbol{U}})_{1:1}\\ \hat{\boldsymbol{\Phi}}_T&=\boldsymbol{T}^{-1}\boldsymbol{\Phi}\boldsymbol{T}=(\hat{\boldsymbol{U}})^{\dagger}_{1:4(m+1)-1}(\hat{\boldsymbol{U}})_{2:4(m+1)}\end{aligned} \tag{7-30}$$

式中：$(\cdot)^{\dagger}$ 为矩阵的伪逆；$(\hat{\boldsymbol{U}})_{k:l}$ 为矩阵的第 k 个子阵（子阵为 $4(m+1)\times r$ 维）到第 l 个子阵。矩阵 $\boldsymbol{\Phi}_T$ 和 $\boldsymbol{\Phi}$ 具有相同的特征值，矩阵 $\boldsymbol{\Phi}_T$ 的特征分解可以表示为

$$\boldsymbol{\Phi}_T = \boldsymbol{E}\boldsymbol{\Lambda}\boldsymbol{E}^{-1} \tag{7-31}$$

可见，$\boldsymbol{\Phi}_T$ 的特征值对应 $\boldsymbol{\Phi}$ 的特征值，因此入射信号的频率可以表示为

$$f_i = [\text{angle}(\varphi_i)\times f_s]/2\pi,\ i = 1,\ 2,\ \cdots,\ r \tag{7-32}$$

由于矩阵 $\boldsymbol{E}$ 可以对角化矩阵 $\boldsymbol{\Phi}_T$，因此，矩阵 $\boldsymbol{E}$ 提供了关于变换矩阵 $\boldsymbol{T}^{-1}$ 的估计，所以根据式（7-30）可得

$$\hat{\boldsymbol{B}} = \hat{\boldsymbol{B}}_T\boldsymbol{E} \tag{7-33}$$

7.2.3 基于 PM 的 DOA 估计方法

在导向矢量列满秩的情况下，矩阵 $\boldsymbol{B}$ 中有 r 行线性独立，所以其他行可以由这 r 行进行线性表示。不妨假设矩阵前 r 行线性独立，这样可以将阵列流形矩阵进行分块：

$$\boldsymbol{B} = [\boldsymbol{B}_1^{\mathrm{T}}\quad \boldsymbol{B}_2^{\mathrm{T}}]^{\mathrm{T}} \tag{7-34}$$

式中：矩阵 $\boldsymbol{B}_1$ 为 $r\times r$ 维矩阵；$\boldsymbol{B}_2$ 为 $(m+1-r)\times r$ 维矩阵。

传播算子 $\boldsymbol{V}$ 定义为

$$\boldsymbol{V}^{\mathrm{H}}\boldsymbol{B}_1 = \boldsymbol{B}_2 \tag{7-35}$$

构建 $4(m+1)\times r$ 维矩阵，分别对应 3 个不同的旋转不变关系矩阵：

$$C_{4(m+1)\times r} = [\boldsymbol{B}^{\mathrm{T}}\quad (\boldsymbol{B}\boldsymbol{\Psi}_1)^{\mathrm{T}}\quad (\boldsymbol{B}\boldsymbol{\Psi}_2)^{\mathrm{T}}\quad (\boldsymbol{B}\boldsymbol{\Psi}_3)^{\mathrm{T}}]^{\mathrm{T}} \tag{7-36}$$

其中，

$$\boldsymbol{C}_1 = [\boldsymbol{B}_2^{\mathrm{T}}\quad (\boldsymbol{B}_1\boldsymbol{\Psi}_1)^{\mathrm{T}}\quad (\boldsymbol{B}_2\boldsymbol{\Psi}_1)^{\mathrm{T}}\quad (\boldsymbol{B}_1\boldsymbol{\Psi}_2)^{\mathrm{T}}\quad (\boldsymbol{B}_2\boldsymbol{\Psi}_2)^{\mathrm{T}}\quad (\boldsymbol{B}_1\boldsymbol{\Psi}_3)^{\mathrm{T}}\quad (\boldsymbol{B}_2\boldsymbol{\Psi}_3)^{\mathrm{T}}]^{\mathrm{T}} \tag{7-37}$$

式中：$\boldsymbol{C}_1 = \overline{\boldsymbol{V}}^{\mathrm{H}}\boldsymbol{B}_1$；$\overline{\boldsymbol{V}}$ 为传播算子，它的维数为 $r\times[4(m+1)-r]$。将式（7-33）中的矩阵 $\hat{\boldsymbol{B}}$ 分为两部分：

$$\hat{\boldsymbol{B}} = \left[\hat{\boldsymbol{B}}_1^{\mathrm{T}}\quad \hat{\boldsymbol{B}}_2^{\mathrm{T}}\right]^{\mathrm{T}} \tag{7-38}$$

式中：$\hat{\boldsymbol{B}}_1$ 为 $r\times r$ 矩阵；$\hat{\boldsymbol{B}}_2$ 为 $[4(m+1)-r]\times r$ 维矩阵。传播算子 $\overline{\boldsymbol{V}}$ 可以表示为

$$\overline{\boldsymbol{V}} = (\hat{\boldsymbol{B}}_2\hat{\boldsymbol{B}}_1^{-1})^{\mathrm{H}} \tag{7-39}$$

将矩阵 $\hat{\boldsymbol{B}}$ 分成 7 个块矩阵，与矩阵 $\boldsymbol{C}_1$ 的 7 块矩阵相对应，矩阵 $\overline{\boldsymbol{V}}$ 的右伪逆矩阵可以表示为

$$\overline{\boldsymbol{V}}^{\#} = (\overline{\boldsymbol{V}}^{\mathrm{H}}\overline{\boldsymbol{V}})^{-1}\overline{\boldsymbol{V}}^{\mathrm{H}} \tag{7-40}$$

将式（7-40）和式（7-37）联立，可得

$$\overline{\boldsymbol{V}}_1^{\#}\overline{\boldsymbol{V}}_3\boldsymbol{B}_1 = \boldsymbol{B}_1\boldsymbol{\Psi}_1 \tag{7-41}$$

$$\overline{\boldsymbol{V}}_1^{\#}\overline{\boldsymbol{V}}_5\boldsymbol{B}_1 = \boldsymbol{B}_1\boldsymbol{\Psi}_2 \tag{7-42}$$

$$\overline{\boldsymbol{V}}_1^{\#}\overline{\boldsymbol{V}}_7\boldsymbol{B}_1 = \boldsymbol{B}_1\boldsymbol{\Psi}_3 \tag{7-43}$$

接下来的角度估计与方位角和俯仰角之间的配对与 6.2.2 节基本类似，这里不再重复。

1. 基于阵列内插的频率–角度配对方法

采用二维空间内插的方法实现频率与角度信息的配对，二维空间内插需要对 θ 和 φ 两个方向同时进行插值，这里要考虑频率不同对插值的影响，所以实际这里使用的是三维的内插变换。即先对频率 f 进行插值，预先估计频率 f 的量级（kHz，MHz，GHz）然后以 $\frac{1}{1000}f$ 的量级对 f 进行插值。这里假设频率 f 范围是 $(f_a \sim f_b)$，量级是 GHz，这里每隔 1MHz 进行一次插值。在频率 $f_a \sim f_b$ 之间进行二维空间内插，即

$$\begin{cases} [\Phi_a, \Theta_a] = [(\varphi, \theta)_{a1}, (\varphi, \theta)_{a2}, \cdots, (\varphi, \theta)_{aK}] \\ \qquad\vdots \\ [\Phi_j, \Theta_j] = [(\varphi, \theta)_{j1}, (\varphi, \theta)_{j2}, \cdots, (\varphi, \theta)_{jK}] \\ \qquad\vdots \\ [\Phi_b, \Theta_b] = [(\varphi, \theta)_{b1}, (\varphi, \theta)_{b2}, \cdots, (\varphi, \theta)_{bK}] \end{cases} \tag{7-44}$$

式中：$K = K_1 \times K_2$，K_1 为沿着 φ 方向的插值点数，K_2 为沿着 θ 方向的插值点数。这里以频率 f_a 为例，真实阵列流形经过插值后变为

$$\boldsymbol{G}_a \cdot \boldsymbol{A}_a = [\boldsymbol{g}(\varphi, \theta)_{a1}\boldsymbol{a}(\varphi, \theta)_{a1}, \boldsymbol{g}(\varphi, \theta)_{a2}\boldsymbol{a}(\varphi, \theta)_{a2}, \cdots, \boldsymbol{g}(\varphi, \theta)_{aK}\boldsymbol{a}(\varphi, \theta)_{aK}] \in \mathbb{C}^{MN\times K} \tag{7-45}$$

式中：MN 为阵元总数，同理，虚拟阵列的阵列流形 $\overline{\boldsymbol{A}_a}$ 经过插值后变为

$$\overline{\boldsymbol{A}_a} = \left[\bar{\boldsymbol{a}}(\varphi, \theta)_{a1}, \bar{\boldsymbol{a}}(\varphi, \theta)_{a2}, \cdots, \bar{\boldsymbol{a}}(\varphi, \theta)_{aK}\right] \in \mathbb{C}^{MN\times K} \tag{7-46}$$

二维变换矩阵 $\boldsymbol{B}_a$ 可由使下式最小的解得到：

$$\boldsymbol{\tau} = \frac{\| \overline{\boldsymbol{A}_a} - \boldsymbol{B}_a^{\mathrm{H}}(\boldsymbol{G}_a \cdot \boldsymbol{A}_a) \|_F}{\| \boldsymbol{G}_a \cdot \boldsymbol{A}_a \|_F} \tag{7-47}$$

$\boldsymbol{A}_a$ 在阵元位置确定后精确已知，然后利用 $\overline{\boldsymbol{A}_a} = \boldsymbol{B}_a^{\mathrm{H}}(\boldsymbol{G}_a \cdot \boldsymbol{A}_a)$，可以求解出 $\boldsymbol{G}_a$，

同理，可以求解出其他频率处的方向图矩阵。虚拟变换虽然运算量大，但这是离线的预处理过程可预先计算好并存储在系统中。在估计出角度和频率之后，在存储的系统中找到频率和角度所对应的方向图。

这里利用已经估计出来的 $\hat{\boldsymbol{B}}$，提取它的前 $\hat{\boldsymbol{B}}_1$，然后利用已经估计出来的频率和 DOA 重新构造 $\hat{\boldsymbol{A}}_1$，同时，在存储系统中找到对应的方向图矩阵 $\boldsymbol{g}_1$，如果成功配对则有 $\hat{\boldsymbol{B}}_1 = \boldsymbol{g}_1 \cdot \hat{\boldsymbol{A}}_1$。所以，可以用下式对频率和 DOA 进行配对：

$$\min \| \hat{\boldsymbol{B}}_1 - \boldsymbol{g}_1 \cdot \hat{\boldsymbol{A}}_1 \|_F,\ \theta_i,\ \varphi_i f_i (i = 1,\ 2,\ \cdots,\ r) \tag{7-48}$$

式中：min ‖·‖ 为矩阵 Frobenius 范数

2. 算法步骤

下面给出柱面共形阵列天线盲极化的频率和 DOA 估计联合算法的步骤：

步骤 1 对于式（7-27），利用有限长的采样数据求得协方差矩阵 $\boldsymbol{R}_{X_N}$ 的估计值 $\hat{\boldsymbol{R}}_{X_N}$；

步骤 2 对 $\hat{\boldsymbol{R}}_{X_N}$ 进行特征分解，得到对应的信号子空间 $\hat{\boldsymbol{U}}_s$；

步骤 3 根据式（7-32）求得入射信号的频率估计 $\hat{f}_i$；

步骤 4 利用式（7-39）求得传播算子 $\overline{\boldsymbol{V}}$，把 $\overline{\boldsymbol{V}}$ 进行分块处理，共分成 $\overline{\boldsymbol{V}}_1$ 到 $\overline{\boldsymbol{V}}_7$ 七个与矩阵 $\boldsymbol{C}_1$ 中对应相等的矩阵；

步骤 5 在已知辐射源频率 $\hat{f}_i$ 的情况下，通过式（7-49）和式（7-50）可以完成 DOA 的估计；

步骤 6 最后通过式（7-48）完成频率和 DOA 的配对，完成 DOA 和频率的联合估计。

7.2.4 计算复杂度分析

简便起见，这里只对在计算中占较大部分的运算操作进行分析。在构造子空间的过程中 PM 算法所需的计算量为 $O(r^2M) + O(r^3) + O(r \times (4m - r)M)$，然后是 3 次 $r \times r$ 维的特征分解，因此利用 PM 算法进行 DOA 估计总的计算量约为 $O(4r^3) + O(3Mr^2) + O(4rmM)$，这里，快拍数用 M 来表示。对频率估计的计算量主要集中在对一个 $4Nm \times 4Nm$ 矩阵的特征分解，需要的计算量约为 $O(16N^2Lm^2) + O(64N^3m^3)$ 复数乘法，因此本节算法总得计算量约为 $O(16N^2Lm^2) + O(64N^3m^3)$，其中，$N$ 为时间平滑参数。文献［294］中的 MWC-MUSIC 算法对频率估计的计算量主要集中在对一个 $4Nm \times 4Nm$ 矩阵的特征分解，需要的计算量约为 $O(16N^2Lm^2) + O(64N^3m^3)$ 复数乘法，假设二维谱峰搜索的网格点分别为 J_1 和 J_2，谱峰搜索的计算复杂度为 $J_1J_2(2m+1)(2m-r)$，通常 J_1 和 J_2 远大于 m。因此 MWC-MUSIC 算法总的计算复杂度约为 $O(4J_1J_2m^2)$，远大于本节算法的计算复杂度。

7.2.5 克拉美罗界

对任何估计量来说，设置一个估计量的下界已经被证实是非常有用的。在比较不同无偏估计量的过程中，它提供了一个比较标准。此外，它指出找到一个方差小于这个下界的估计量是不可能的。这样一个下界就是 CRB[199]。推导过程与文献［121］推导过程类似。

假设一个 $P\times1$ 维的确定性信号矢量 $\boldsymbol{s}(k;\boldsymbol{u})$，其中的未知参数为

$$\boldsymbol{u} = [u_1 \quad u_2 \quad \cdots \quad u_p] \tag{7-49}$$

含有加性噪声的观测向量表示为

$$\boldsymbol{x}(k) = \boldsymbol{s}(k;\ \boldsymbol{u}) + \boldsymbol{n}(k) = \begin{bmatrix} \boldsymbol{s}_1(k;\ \boldsymbol{u}) \\ \boldsymbol{s}_2(k;\ \boldsymbol{u}) \\ \cdots \\ \boldsymbol{s}_p(k;\ \boldsymbol{u}) \end{bmatrix} + \boldsymbol{n}(k) \in \mathbb{C}^p \tag{7-50}$$

式中：$\boldsymbol{n}(k)$ 为 $P\times1$ 噪声向量，假设 $\boldsymbol{n}(k)$ 为高斯白噪声，方差为 σ^2。收集观测向量 $\boldsymbol{x}(k)$ 的 M 次时间采样，观测信号的似然函数可以写为

$$L(\boldsymbol{x};\ \boldsymbol{u}) = -\frac{MP}{2}\ln(2\pi\sigma^2) - \frac{1}{2\sigma^2}\sum_{k=1}^{M}[\boldsymbol{x}(k) - \boldsymbol{s}(k;\ \boldsymbol{u})]^{\mathrm{H}}[\boldsymbol{x}(k) - \boldsymbol{s}(k;\ \boldsymbol{u})] \tag{7-51}$$

信号向量 $\boldsymbol{s}(k;\ \boldsymbol{u})$ 对变量 $\boldsymbol{u}$ 的偏导数定义为 $\boldsymbol{D}_k(\boldsymbol{u})$，即

$$\boldsymbol{D}_k(\boldsymbol{u}) = \left[\frac{\partial \boldsymbol{s}(k;\ \boldsymbol{u})}{\partial u_1} \quad \frac{\partial \boldsymbol{s}(k;\ \boldsymbol{u})}{\partial u_2} \quad \cdots \quad \frac{\partial \boldsymbol{s}(k;\ \boldsymbol{u})}{\partial u_q}\right] \tag{7-52}$$

FIM 可以表示为

$$\boldsymbol{I}(\boldsymbol{u}) = \frac{1}{\sigma^2}\mathrm{Re}\left(\sum_{k=1}^{M}\boldsymbol{D}_k^{\mathrm{H}}(\boldsymbol{u})\boldsymbol{D}_k(\boldsymbol{u})\right) \tag{7-53}$$

因此，第 i 个参数 u_i 的 CRB 可以通过求取 FIM 的逆矩阵得到：

$$\mathrm{CRB}(u_i) = [\boldsymbol{I}^{-1}(u)]_{ii} \tag{7-54}$$

为了简化推导过程，假设信源相关矩阵已知，则协方差矩阵 $\boldsymbol{R}$ 中包含 $5m$ 个未知参数，即 m 个频率参数，$2m$ 个角度参数，$2m$ 个极化参数。由于估计时实现了极化参数的去耦合，所以待估计参数只有 $3m$ 个，可用矢量表示为

$$\boldsymbol{p} = [f_1,\ \theta_1,\ \varphi_1,\quad f_2,\ \theta_2,\ \varphi_2,\quad \cdots,\quad f_{3r},\ \theta_{3r},\ \varphi_{3r}] \tag{7-55}$$

式（7-24）中的接收数据模型可以简化为

$$\boldsymbol{x}(k) = \boldsymbol{B}(\theta,\ \varphi)\boldsymbol{\Phi}^k + \boldsymbol{n}(k) \tag{7-56}$$

未知的 $3r\times1$ 个参量可以表示成向量的形式

$$\boldsymbol{u} = [\boldsymbol{f} \quad \boldsymbol{\theta} \quad \boldsymbol{\varphi}]^{\mathrm{T}} \tag{7-57}$$

定义

$$\begin{cases}\boldsymbol{D}(\theta)=\left[\dfrac{\partial \boldsymbol{b}_1(\theta_1,\ \varphi_1)}{\partial\theta_1}\quad \dfrac{\partial \boldsymbol{b}_2(\theta_2,\ \varphi_2)}{\partial\theta_2}\quad \cdots\quad \dfrac{\partial \boldsymbol{b}_r(\theta_r,\ \varphi_r)}{\partial\theta_r}\right]\\ \boldsymbol{\Phi}^k=\mathrm{diag}\{\varphi^k\}\end{cases}\tag{7-58}$$

计算信号向量 $\boldsymbol{s}(k;\ \boldsymbol{u})$ 对每一个参数的偏导数，可以得到下式：

$$\begin{cases}\dfrac{\partial \boldsymbol{s}(k;\ \boldsymbol{u})}{\partial\boldsymbol{\theta}}=\boldsymbol{D}_\theta\boldsymbol{\Phi}^k=:\ \boldsymbol{D}_k(\boldsymbol{\theta})\\ \dfrac{\partial \boldsymbol{s}(k;\ \boldsymbol{u})}{\partial\boldsymbol{\varphi}}=\boldsymbol{D}_\varphi\boldsymbol{\Phi}^k=:\ \boldsymbol{D}_k(\boldsymbol{\varphi})\\ \dfrac{\partial \boldsymbol{s}(k;\ \boldsymbol{u})}{\partial f}=k\boldsymbol{B}\boldsymbol{\Phi}^{k-1}=:\ \boldsymbol{D}_k(\boldsymbol{f})\end{cases}\tag{7-59}$$

矩阵 $\boldsymbol{I}_k(\boldsymbol{u})$ 可以定义为

$$\boldsymbol{I}_k(\boldsymbol{u})=\frac{1}{\sigma^2}\mathrm{Re}\begin{bmatrix}\boldsymbol{D}(\boldsymbol{\theta})^{\mathrm{H}}\\ \boldsymbol{D}(\boldsymbol{\varphi})^{\mathrm{H}}\\ \boldsymbol{D}(\boldsymbol{f})^{\mathrm{H}}\end{bmatrix}\begin{bmatrix}\boldsymbol{D}(\boldsymbol{\theta})^{\mathrm{H}}\\ \boldsymbol{D}(\boldsymbol{\varphi})^{\mathrm{H}}\\ \boldsymbol{D}(\boldsymbol{f})^{\mathrm{H}}\end{bmatrix}^{\mathrm{H}}\tag{7-60}$$

因此 FIM 可以表示为

$$\boldsymbol{I}(\boldsymbol{u})=\sum_{k=1}^{M}\boldsymbol{I}_k(\boldsymbol{u})=\frac{1}{\sigma^2}\mathrm{Re}\begin{bmatrix}\boldsymbol{\Delta} & \boldsymbol{P}^{\mathrm{H}} & \boldsymbol{Q}^{\mathrm{H}}\\ \boldsymbol{P} & \boldsymbol{\Lambda} & \boldsymbol{R}^{\mathrm{H}}\\ \boldsymbol{Q} & \boldsymbol{R} & \boldsymbol{\Gamma}\end{bmatrix}\tag{7-61}$$

式中；M 为时间采样数，式（7-61）中各个块矩阵分别为

$$\boldsymbol{\Delta}=\sum_{k=1}^{M}\boldsymbol{\Phi}^{-k}\boldsymbol{D}_\theta^{\mathrm{H}}\boldsymbol{D}_\theta\boldsymbol{\Phi}^k\quad \boldsymbol{\Lambda}=\sum_{k=1}^{M}\boldsymbol{\Phi}^{-k}\boldsymbol{D}_\varphi^{\mathrm{H}}\boldsymbol{D}_\varphi\boldsymbol{\Phi}^k\quad \boldsymbol{\Gamma}=\sum_{k=1}^{M}k^2\boldsymbol{\Phi}^{1-k}\boldsymbol{B}^{\mathrm{H}}\boldsymbol{B}\boldsymbol{\Phi}^{k-1}\tag{7-62a}$$

$$\boldsymbol{P}=\sum_{k=1}^{M}\boldsymbol{\Phi}^{-k}\boldsymbol{D}_\varphi^{\mathrm{H}}\boldsymbol{D}_\theta\boldsymbol{\Phi}^k\quad \boldsymbol{Q}=\sum_{k=1}^{M}k\boldsymbol{\Phi}^{1-k}\boldsymbol{B}^{\mathrm{H}}\boldsymbol{D}_\theta\boldsymbol{\Phi}^k\quad \boldsymbol{R}=\sum_{k=1}^{M}k\boldsymbol{\Phi}^{1-k}\boldsymbol{B}^{\mathrm{H}}\boldsymbol{B}_\varphi\boldsymbol{\Phi}^k\tag{7-62b}$$

7.2.6 计算机仿真实验分析

为验证本节方法的有效性，在本节对算法进行蒙特卡罗仿真，与文献［294］中的 MWC-MUSIC 算法进行性能比较。其中，成功实验定义为：估计偏差小于 2°的试验为成功实验。成功概率的定义为：成功试验次数与试验次数的比值。仿真条件为：阵列结构如图 6.1 所示，快拍数 $N=500$，信噪比范围为 2~30dB。两个窄带入射信号频率 f 和波达方向（θ，φ）分别为（1GHz，100°，60°）和（2GHz，95°，50°）。采样率 $f_s=5\mathrm{GHz}$，子阵 1 的阵元个数为 25，即 $m=8$。极化参数分别取 $k_{1\theta}=0.5$，$k_{1\varphi}=0.5$；$k_{2\theta}=0.3$，$k_{2\varphi}=0.7$。单元方向图表达式为 $g_{i\theta}=\sin(\theta_j'-$

φ_j')，$g_{i\varphi}=\cos(\theta_j'-\varphi_j')$，其中 θ_j' 和 φ_j' 分别为在阵元 i 的局部坐标系中第 j 个入射信号的方位角和俯仰角。

实验 1　时间平滑参 N 变化时对率估计精度影响

对频率估计的计算量主要集中在对一个 $4Nm\times 4Nm$ 矩阵的特征分解，需要的计算量约为 $O(16N^2Lm^2)+O(64N^3m^3)$ 复数乘法，这就意味着 N 值不能太大，否则会极大增加算法的计算复杂度。从图 7.1 中可以得出 N 值越大，估计性能越好的结论。阵列流形的扩展依赖于时延，增加时间平滑会增大时间的孔径，对频率的估计精度会得到提高，DOA 的估计性能随着频率估计精度的提高而提高。一般情况下，观察窗的长度是固定的，采样间隔依赖于系统的采样频率，所以总的时间采样数是固定的。N 过大，会导致 $\boldsymbol{X}_N$ 的列减少 $\boldsymbol{X}_N$（列数为 $L-N+1$）。采样协方差矩阵 $\hat{\boldsymbol{R}}_{X_N}$ 是协方差矩阵 $\boldsymbol{R}$ 的一个渐进无偏估计，减少 $\boldsymbol{X}_N$ 的列数会导致矩阵 $\hat{\boldsymbol{R}}_{X_N}$ 和 $\boldsymbol{R}$ 之间较大的估计误差，影响信号与噪声子空间准确估计，所以为了提高系统的稳定性，N 的值不能取得过大，L 和 N 的取值也影响算法的计算量，所以应该在计算复杂度和估计精度之间折中考虑 N 的取值。

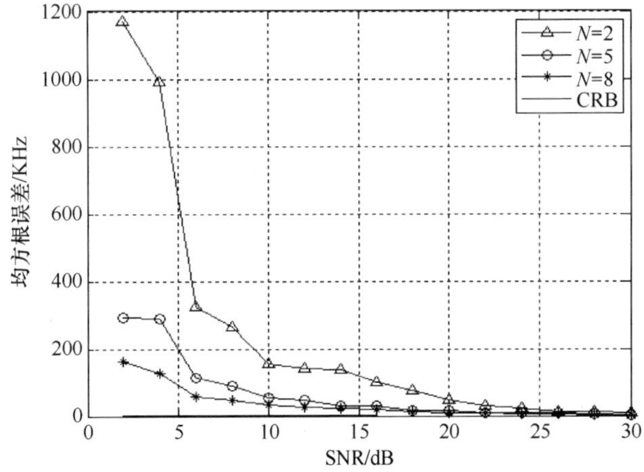

图 7.1　不同信噪比下的频率估计均方根误差

实验 2　不同信噪比条件下均方根误差比较

为了保证算法的实时处理能力，减少时间平滑参数 N 对两个入射信号角度估计的影响，本节时间平滑参数在本次仿真中取 $N=5$。如图 7.2 所示，在信噪比大于 7dB 时，均方根误差几乎小于 0.1°，所提算法对入射信号的角度估计较为精确。俯仰角和方位角估计均方根误差的不同主要是由于两个不同方向的辐射方向图引起的。随着信噪比的增加，入射信号角度估计的均方根误差逐渐逼近 CRB。由于 MWC-MUSIC 算法没有对共形阵列的阵列流型进行精确建模，所以估计误差相对较大。

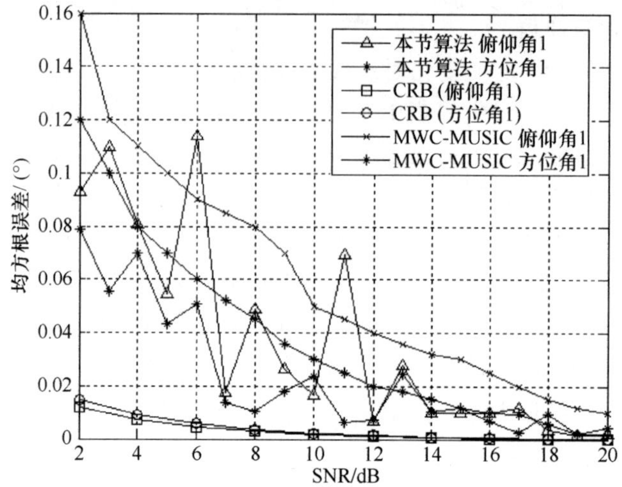

(a) 不同信噪比下的均方根误差比较（100°, 60°）

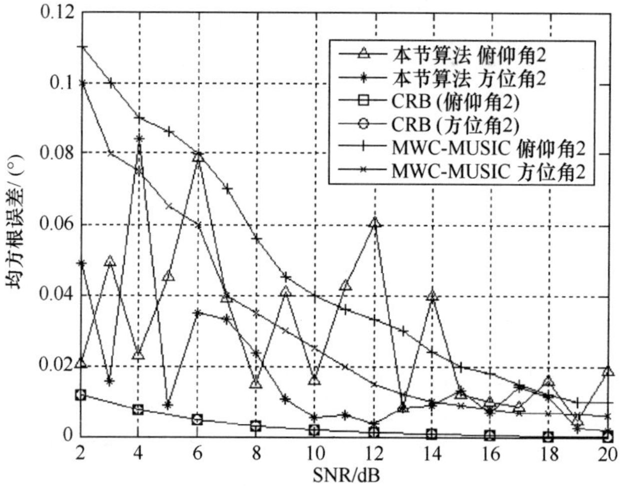

(b) 不同信噪比下的均方根误差比较（95°, 55°）

图 7.2　不同信噪比下的均方根误差比较

实验 3　不同快拍数条件下估计成功概率比较

从图 7.3（a）中可以看出，除了均方根误差之外，估计的成功概率也随着信噪比的提高而增加。当信噪比大于 5dB 时，在快拍数为 200 时，成功概率达到 100%。从图 7.3（b）中可以看出，当信噪比大于 0dB 时，在快拍数为 1000 时，成功概率达到 100%。因此，增大快拍数可以像提高信噪比一样提高算法的测向性能。MWC-MUSIC 算法的估计成功概率略低于本节算法，主要是由阵列模型不精确所导致。

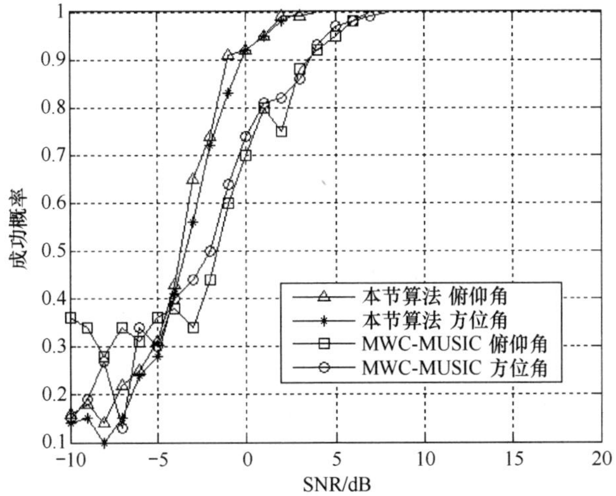

(a) 快拍数为200时估计成功概率

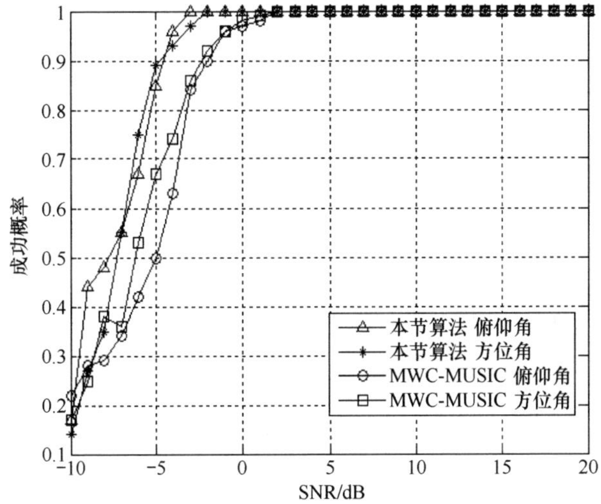

(b) 快拍数为1000时估计成功概率

图 7.3 不同信噪比下的估计成功概率比较

实验 4 不同算法运行时间比较

在相同运行环境下，将本节算法与 MWC-MUSIC 算法的运行时间进行比较。运行环境为 CPU 2.1GHz、2GB RAM、Matlab7.10、Window 7 x86。信噪比 SNR 为 10dB，时间平滑参数为 5，快拍数为 200，其他条件与仿真条件相同，表 7.1 给出两种算法在分别运行 100 次、200 次和 500 次所需的时间，从表 7.1 中可以看出，相同的运行次数下，Nest-MUSIC 算法需要进行谱峰搜索，计算复杂度最高。

表 7.1　两种算法的运行时间

仿真次数	本节算法	MWC-MUSIC 算法
100	19.38	87.58
200	37.83	176.65
500	90.56	436.76

7.3　空时矩阵的多参数联合估计方法

7.3.1　阵列设计

共形在任意形状载体表面的曲面天线阵列如图 2.3 所示。假设在载体表面有 M 个阵元，每个阵元的坐标为 $(x_m,\ y_m,\ z_m)$，$m=1,\ 2,\ \cdots,\ M$。选择位置精确已知的 4 个导向阵元 $\boldsymbol{p}_1$、$\boldsymbol{p}_2$、$\boldsymbol{p}_3$ 和 $\boldsymbol{p}_4$，假设 $\boldsymbol{p}_1$ 为参考阵元，$\boldsymbol{p}_m$ 代表在载体表面的第 M 个阵元的位置向量。$\boldsymbol{e}_x$、$\boldsymbol{e}_y$ 和 $\boldsymbol{e}_z$ 分别代表 X 轴、Y 轴和 Z 轴的单位向量。$\boldsymbol{p}_m$ 可以表示为

$$\boldsymbol{p}_m = x_m\boldsymbol{e}_x + y_m\boldsymbol{e}_y + z_m\boldsymbol{e}_z \tag{7-63}$$

考虑 K 个窄带远场信号入射到如图 2.3 所示的共形阵列。第 k 个入射信号的俯仰角和方位角定义为 $(\theta_k,\ \varphi_k)$，$k=1,2,\cdots,K$。因此阵元输出的一般表达式为

$$x_m(t) = \sum_{k=1}^{K} s_k(t) g_m \exp\left(-\mathrm{j}\frac{2\pi f_k}{\mathrm{c}}\boldsymbol{p}_m \cdot \boldsymbol{u}_k\right) \tag{7-64}$$

式中：$s_k(t)$ 为第 k 个入射信号；g_m 为定义在第 m 个局部坐标系的单元方向图；f_k 为第 k 个入射信号的频率；$\boldsymbol{u}_k$ 为入射信号 $s_k(t)$ 的方向矢量，可以表示为

$$\boldsymbol{u}_k = \sin(\theta_k)\cos(\varphi_k)\boldsymbol{e}_x + \sin(\theta_k)\cos(\varphi_k)\boldsymbol{e}_y + \cos(\theta_k)\boldsymbol{e}_z \tag{7-65}$$

对阵列输出信号进行时域采样，采样延迟线的数目为 L。第 m 个阵元的第 l 个延迟线可以表示为

$$x_m(t-l\tau) = \sum_{k=1}^{K} s_k(t) g_m \exp[-\mathrm{j}\omega_k(\tau_{mk}+l\tau)] + n_m(t-l\tau) \quad 0 \leqslant l \leqslant L-1 \tag{7-66}$$

式中：τ_{mk} 为当第 m 个阵元接收第 k 个信号时，第 m 个阵元 $\boldsymbol{p}_m$ 与参考阵元 $\boldsymbol{p}_1$ 之间的时延；τ 为采样的时间间隔；n_m 为具有零均值方差为 σ^2 的加性高斯白噪声。$\omega_k = 2\pi f_k$，$\tau_{mk} = (\boldsymbol{p}_m \cdot \boldsymbol{u}_k)/c$。

同一个信号同时入射到全局坐标系和局部坐标系的情况如图 2.3 所示。全局坐标系是以阵元 $\boldsymbol{p}_1$ 的位置为原点建立的，局部坐标系是以其他不同于阵元 $\boldsymbol{p}_1$ 的阵元 $\boldsymbol{p}_m$ 为原点建立的。可见，同一个入射信号的方位角和俯仰角在全局坐标系和局部坐标系中是不同的。方向图函数 $g_m(\theta_m,\ \varphi_m)$ 是在每个阵元的局部坐标系

定义的，这里可以利用欧拉旋转变换实现从全局坐标系到局部坐标系的参数分量转换[145]。

由于金属载体“阴影效应”的影响，并不是所有的阵元都能接收到信号。本节采用子阵分割技术[108]，整个阵列可以分为几个部分，每个部分采用相同的参数估计机制。

7.3.2 共形阵列 PARAFAC 方法

1. 空时矩阵的构建

构建共形阵列中第 m 个阵元和第 n 个阵元之间的延时相关函数为

$$\begin{aligned}\boldsymbol{R}_{x_m x_n} &= E[x_m(t)x_n^*(t-\tau)] \\ &= \sum_{k=1}^{K} E[s_k(t)s_k^*(t-\tau)] \times \exp[-\mathrm{j}\omega_k(\tau_{mk}-\tau_{nk}-\tau)] + E[n_m(t)n_n^*(t-\tau)] \\ &= \sum_{k=1}^{K} \boldsymbol{R}_{s_k s_k}(\tau) g_m g_n \exp[-\mathrm{j}\omega_k(\tau_{mk}-\tau_{nk})] \times \exp[\mathrm{j}\omega_k \tau] + \boldsymbol{R}_{n_m n_n}(\tau), \quad \tau > 0\end{aligned} \tag{7-67}$$

式中：$\boldsymbol{R}_{s_k s_k}(\tau) = E[s_m(t)s_n^*(t-\tau)]$，为 $s_k(t)$ 的延时相关函数；$\boldsymbol{R}_{n_m n_n}(\tau) = E[n_m(t)n_n^*(t-\tau)]$，为第 m 个阵元和第 n 个阵元之间噪声的互相关函数。

在入射信号是窄带远场的情况下，入射信号的带宽为 $\boldsymbol{B}$，阵元接收数据的延时相关处理在相对较长的时间内完成，因此 $\boldsymbol{R}_{s_k s_k}(\tau)=E[s_m(t)s_n^*(t-\tau)]\neq 0$。在更一般的情况下，当 $\tau \ll 1/B$ 时，在时间间隔 τ 内，高斯白噪声是不相关的。同时，信号的包络变化可以忽略，因此，可以在压制噪声的同时不破坏信号。

$$\boldsymbol{R}_{n_m n_n}(\tau) = E[n_m(t)n_n^*(t-\tau)] = \sigma^2\delta(\tau)\delta(m-n) = 0 \tag{7-68}$$

构建 $x_1(t-\tau)$ 和每个阵元接收数据之间的延时相关函数。根据式（7-66），可得

$$\begin{aligned}\boldsymbol{R}_{x_m x_1}(\tau) &= E[x_m(t)x_1^*(t-\tau)] \\ &= \sum_{k=1}^{K} \boldsymbol{R}_{s_k s_k}(\tau) g_m g_1 \exp[-\mathrm{j}\omega_k(\tau_{mk}-\tau_{1k})] \times \exp(\mathrm{j}\omega_k\tau), \quad 1 \leqslant m \leqslant M\end{aligned} \tag{7-69}$$

类似地，构建 $x_2(t-\tau)$、$x_3(t-\tau)$、$x_4(t-\tau)$、$x_1(t)$ 分别与每个阵元接收数据之间的延时相关函数：

$$\begin{aligned}\boldsymbol{R}_{x_m x_2}(\tau) &= E[x_m(t)x_2^*(t-\tau)] \\ &= \sum_{k=1}^{K} \boldsymbol{R}_{s_k s_k}(\tau) g_m g_1 \exp[-\mathrm{j}\omega_k(\tau_{mk}-\tau_{2k})] \times \frac{g_2}{g_1}\exp(\mathrm{j}\omega_k\tau), \quad 1 \leqslant m \leqslant M\end{aligned} \tag{7-70a}$$

$$\boldsymbol{R}_{x_m x_3}(\tau) = E[x_m(t)x_3^*(t-\tau)] = \sum_{k=1}^{K}\boldsymbol{R}_{s_k s_k}(\tau)g_m g_1 \exp[-\mathrm{j}\omega_k(\tau_{mk}-\tau_{3k})] \times \frac{g_3}{g_1}\exp(\mathrm{j}\omega_k\tau),\ 1 \leqslant m \leqslant M \tag{7-70b}$$

$$\boldsymbol{R}_{x_m x_4}(\tau) = E[x_m(t)x_4^*(t-\tau)] = \sum_{k=1}^{K}\boldsymbol{R}_{s_k s_k}(\tau)g_m g_1 \exp[-\mathrm{j}\omega_k(\tau_{mk}-\tau_{4k})] \times \frac{g_4}{g_1}\exp(\mathrm{j}\omega_k\tau),\ 1 \leqslant m \leqslant M \tag{7-70c}$$

$$\boldsymbol{R}_{x_m x_1}(\tau) = E[x_m(t)x_1^*(t)] = \sum_{k=1}^{K}\boldsymbol{R}_{s_k s_k}(0)g_m g_1 \exp[-\mathrm{j}\omega_k(\tau_{mk}-\tau_{1k})] + \sigma^2\boldsymbol{I},\ 1 \leqslant m \leqslant M \tag{7-70d}$$

构建如下空时矩阵，扩展上述延时相关函数，分别对应式（7-67）、式（7-69）、式（7-70a）、式（7-70b）、式（7-70c）、式（7-70d）：

$$\boldsymbol{R}_S(\tau) = [\boldsymbol{R}_{s_1 s_1}(\tau),\ \boldsymbol{R}_{s_2 s_2}(\tau),\ \cdots,\ \boldsymbol{R}_{s_k s_k}(\tau)]^{\mathrm{T}} \tag{7-71a}$$

$$\boldsymbol{R}_f(\tau) = [\boldsymbol{R}_{x_1 x_1}(\tau),\ \boldsymbol{R}_{x_2 x_1}(\tau),\ \cdots,\ \boldsymbol{R}_{x_m x_1}(\tau)]^{\mathrm{T}} \tag{7-71b}$$

$$\boldsymbol{R}_1(\tau) = [\boldsymbol{R}_{x_1 x_2}(\tau),\ \boldsymbol{R}_{x_2 x_2}(\tau),\ \cdots,\ \boldsymbol{R}_{x_m x_2}(\tau)]^{\mathrm{T}} \tag{7-71c}$$

$$\boldsymbol{R}_2(\tau) = [\boldsymbol{R}_{x_1 x_3}(\tau),\ \boldsymbol{R}_{x_2 x_3}(\tau),\ \cdots,\ \boldsymbol{R}_{x_m x_3}(\tau)]^{\mathrm{T}} \tag{7-71d}$$

$$\boldsymbol{R}_3(\tau) = [\boldsymbol{R}_{x_1 x_4}(\tau),\ \boldsymbol{R}_{x_2 x_4}(\tau),\ \cdots,\ \boldsymbol{R}_{x_m x_4}(\tau)]^{\mathrm{T}} \tag{7-71e}$$

$$\boldsymbol{R}(0) = [\boldsymbol{R}_{x_1 x_1}(0),\ \boldsymbol{R}_{x_2 x_1}(0),\ \cdots,\ \boldsymbol{R}_{x_m x_1}(0)]^{\mathrm{T}} \tag{7-71f}$$

矩阵 $\boldsymbol{A}$ 是阵列流形矩阵，$\boldsymbol{a}$ 是导向矢量，分别写为

$$\boldsymbol{A} = [\boldsymbol{a}_1(\omega_1),\ \boldsymbol{a}_2(\omega_2),\ \cdots,\ \boldsymbol{a}_K(\omega_K)] \tag{7-72}$$

$$\boldsymbol{a}_k(\omega_k) = \left[g_1\exp\left(-\mathrm{j}\frac{\omega_k}{\mathrm{c}}\boldsymbol{p}_1\cdot\boldsymbol{u}_k\right),\ g_2\exp\left(-\mathrm{j}\frac{\omega_k}{\mathrm{c}}\boldsymbol{p}_2\cdot\boldsymbol{u}_k\right),\ \cdots,\ g_M\exp\left(-\mathrm{j}\frac{\omega_k}{\mathrm{c}}\boldsymbol{p}_M\cdot\boldsymbol{u}_k\right)\right]^{\mathrm{T}} \tag{7-73}$$

根据阵元延时相关矩阵与信号延时相关矩阵之间的关系，$\boldsymbol{R}_f(\tau)$、$\boldsymbol{R}_1(\tau)$、$\boldsymbol{R}_2(\tau)$、$\boldsymbol{R}_3(\tau)$、$\boldsymbol{R}_0(\tau)$ 可以写为

$$\boldsymbol{R}_f(\tau) = \boldsymbol{A}\boldsymbol{\Phi}_f\boldsymbol{R}_S(\tau) \tag{7-74a}$$

$$\boldsymbol{R}_1(\tau) = \boldsymbol{A}\boldsymbol{\Phi}_1\boldsymbol{\Phi}_f\boldsymbol{R}_S(\tau) \tag{7-74b}$$

$$\boldsymbol{R}_2(\tau) = \boldsymbol{A}\boldsymbol{\Phi}_2\boldsymbol{\Phi}_f\boldsymbol{R}_S(\tau) \tag{7-74c}$$

$$\boldsymbol{R}_3(\tau) = \boldsymbol{A}\boldsymbol{\Phi}_3\boldsymbol{\Phi}_f\boldsymbol{R}_S(\tau) \tag{7-74d}$$

$$\boldsymbol{R}(0) = \boldsymbol{A}\boldsymbol{R}_S(0) \tag{7-74e}$$

式中：频率、阵元之间的旋转不变关系可以分别写为

$$\boldsymbol{\Phi}_f = \mathrm{diag}[\exp(\mathrm{j}\omega_1\tau), \exp(\mathrm{j}\omega_2\tau), \cdots, \exp(\mathrm{j}\omega_K\tau)]^{\mathrm{T}} \tag{7-75a}$$

$$\boldsymbol{\Phi}_1 = \mathrm{diag}\left[\frac{g_2}{g_1}\exp\left(\mathrm{j}\frac{\omega_1}{c}(\boldsymbol{p}_2 - \boldsymbol{p}_1)\cdot\boldsymbol{u}_1\right), \frac{g_2}{g_1}\exp\left(\mathrm{j}\frac{\omega_2}{c}(\boldsymbol{p}_2 - \boldsymbol{p}_1)\cdot\boldsymbol{u}_2\right),\right.$$
$$\left.\cdots, \frac{g_2}{g_1}\exp\left(\mathrm{j}\frac{\omega_K}{c}(\boldsymbol{p}_2 - \boldsymbol{p}_1)\cdot\boldsymbol{u}_K\right)\right]^{\mathrm{T}} \tag{7-75b}$$

$$\boldsymbol{\Phi}_2 = \mathrm{diag}\left[\frac{g_3}{g_1}\exp\left(\mathrm{j}\frac{\omega_1}{c}(\boldsymbol{p}_3 - \boldsymbol{p}_1)\cdot\boldsymbol{u}_1\right), \frac{g_3}{g_1}\exp\left(\mathrm{j}\frac{\omega_2}{c}(\boldsymbol{p}_3 - \boldsymbol{p}_1)\cdot\boldsymbol{u}_2\right),\right.$$
$$\left.\cdots, \frac{g_3}{g_1}\exp(\mathrm{j}\frac{\omega_K}{c}(\boldsymbol{p}_3 - \boldsymbol{p}_1)\cdot\boldsymbol{u}_K)\right]^{\mathrm{T}} \tag{7-75c}$$

$$\boldsymbol{\Phi}_3 = \mathrm{diag}\left[\frac{g_4}{g_1}\exp\left(\mathrm{j}\frac{\omega_1}{c}(\boldsymbol{p}_4 - \boldsymbol{p}_1)\cdot\boldsymbol{u}_1\right), \frac{g_4}{g_1}\exp\left(\mathrm{j}\frac{\omega_2}{c}\boldsymbol{p}_4 - \boldsymbol{p}_1)\cdot\boldsymbol{u}_2\right),\right.$$
$$\left.\cdots, \frac{g_4}{g_1}\exp\left(\mathrm{j}\frac{\omega_K}{c}(\boldsymbol{p}_4 - \boldsymbol{p}_1)\cdot\boldsymbol{u}_K\right)\right]^{\mathrm{T}} \tag{7-75d}$$

简化式（7-75a）~式（7-75d）中的表达式，角频率相关参数可以记为

$$\eta_{fk} = \omega_k\tau = 2\pi f_k\tau \tag{7-76a}$$

$$\eta_{1k} = \frac{\omega_k}{c}(\boldsymbol{p}_2 - \boldsymbol{p}_1)\cdot\boldsymbol{u}_i \tag{7-76b}$$

$$\eta_{2k} = \frac{\omega_k}{c}(\boldsymbol{p}_3 - \boldsymbol{p}_1)\cdot\boldsymbol{u}_i \tag{7-76c}$$

$$\eta_{3k} = \frac{\omega_k}{c}(\boldsymbol{p}_4 - \boldsymbol{p}_1)\cdot\boldsymbol{u}_i \tag{7-76d}$$

入射信号为窄带信号，因此有 $\boldsymbol{R}_{s_k s_k}(n\tau)=\boldsymbol{R}_{s_k s_k}((n-1)\tau)$，式（7-74e）可以写为

$$\boldsymbol{R}(\tau) = \boldsymbol{A}\boldsymbol{R}_S(\tau) \tag{7-77}$$

式（7-74）具有相似的形式，$\boldsymbol{R}_f(\tau)$、$\boldsymbol{R}_1(\tau)$、$\boldsymbol{R}_2(\tau)$、$\boldsymbol{R}_3(\tau)$ 和 $\boldsymbol{R}(0)$ 以相同的采样时延 τ_s 进行 N（$N > K$）次采样，$\tau_s = T_s, 2T_s, \cdots, NT_s$。$T_s$ 是采样的时间间隔，它小于入射信号最高频率的倒数，因此不会发生混叠效应。利用式（6-74）构建伪快拍数据矩阵，分别对应式（7-74a）~式（7-74e）：

$$\boldsymbol{R}_f = [\boldsymbol{R}(T_s), \boldsymbol{R}(2T_s), \cdots, \boldsymbol{R}(NT_s)] \tag{7-78a}$$

$$\boldsymbol{R}_1 = [\boldsymbol{R}_1(T_s), \boldsymbol{R}_1(2T_s), \cdots, \boldsymbol{R}_1(NT_s)] \tag{7-78b}$$

$$\boldsymbol{R}_2 = [\boldsymbol{R}_2(T_s), \boldsymbol{R}_2(2T_s), \cdots, \boldsymbol{R}_2(NT_s)] \tag{7-78c}$$

$$\boldsymbol{R}_3 = [\boldsymbol{R}_3(T_s), \boldsymbol{R}_3(2T_s), \cdots, \boldsymbol{R}_3(NT_s)] \tag{7-78d}$$

$$\boldsymbol{R} = [\boldsymbol{R}_f(T_s), \boldsymbol{R}_f(2T_s), \cdots, \boldsymbol{R}_f(NT_s)] \tag{7-78e}$$

式（7-78）可以写为

$$\boldsymbol{R}_f = \boldsymbol{A}\boldsymbol{\Phi}_f\boldsymbol{R}_S, \quad \boldsymbol{R}_1 = \boldsymbol{A}\boldsymbol{\Phi}_1\boldsymbol{\Phi}_f\boldsymbol{R}_S \tag{7-79}$$

$$\boldsymbol{R}_2 = \boldsymbol{A}\boldsymbol{\Phi}_2\boldsymbol{\Phi}_f\boldsymbol{R}_S, \quad \boldsymbol{R}_3 = \boldsymbol{A}\boldsymbol{\Phi}_3\boldsymbol{\Phi}_f\boldsymbol{R}_S, \quad \boldsymbol{R} = \boldsymbol{A}\boldsymbol{R}_S \tag{7-80}$$

式中

$$\boldsymbol{R}_S = [\boldsymbol{R}_S(T_s), \boldsymbol{R}_S(2T_s), \cdots, \boldsymbol{R}_S(NT_s)] \tag{7-81}$$

2. PARAFAC 模型的建立与求解

构建共形阵列 $M \times M \times 5$ 维三维矩阵（PARAFAC 模型），将式（7-79）和式（7-80）中的矩阵堆砌成三维张量

$$\tilde{\boldsymbol{R}} = \begin{vmatrix} \boldsymbol{R}(:,:,1) \\ \boldsymbol{R}(:,:,2) \\ \boldsymbol{R}(:,:,3) \\ \boldsymbol{R}(:,:,4) \\ \boldsymbol{R}(:,:,5) \end{vmatrix} = \begin{vmatrix} \boldsymbol{R}_f \\ \boldsymbol{R}_1 \\ \boldsymbol{R}_2 \\ \boldsymbol{R}_3 \\ \boldsymbol{R} \end{vmatrix} = \begin{vmatrix} \boldsymbol{A}\boldsymbol{\Phi}_f\boldsymbol{R}_S \\ \boldsymbol{A}\boldsymbol{\Phi}_1\boldsymbol{\Phi}_f\boldsymbol{R}_S \\ \boldsymbol{A}\boldsymbol{\Phi}_2\boldsymbol{\Phi}_f\boldsymbol{R}_S \\ \boldsymbol{A}\boldsymbol{\Phi}_3\boldsymbol{\Phi}_f\boldsymbol{R}_S \\ \boldsymbol{A}\boldsymbol{R}_S \end{vmatrix} + \tilde{\boldsymbol{Q}} \tag{7-82}$$

式中：$\tilde{\boldsymbol{Q}}$ 为实际中观测到的噪声矩阵。

根据 Khatri-Rao 积[149] 的定义，三维张量可以延三个不同的方向进行切片，因此式（7-82）可以写为

$$\boldsymbol{R} = (\boldsymbol{D} \odot \boldsymbol{A})\boldsymbol{R}_S + \tilde{\boldsymbol{Q}} \tag{7-83a}$$

$$\boldsymbol{R}_X = (\boldsymbol{R}_S^{\mathrm{T}} \odot \mathrm{D})\boldsymbol{A}^{\mathrm{T}} + \tilde{\boldsymbol{Q}}_X \tag{7-83b}$$

$$\boldsymbol{R}_Y = (\boldsymbol{A} \odot \boldsymbol{R}_S^{\mathrm{T}})\boldsymbol{A}^{\mathrm{T}} + \tilde{\boldsymbol{Q}}_Y \tag{7-83c}$$

式中

$$\boldsymbol{D} = \begin{vmatrix} \Lambda^{-1}(\boldsymbol{\Phi}_f) \\ \Lambda^{-1}(\boldsymbol{\Phi}_1\boldsymbol{\Phi}_f) \\ \Lambda^{-1}(\boldsymbol{\Phi}_2\boldsymbol{\Phi}_f) \\ \Lambda^{-1}(\boldsymbol{\Phi}_3\boldsymbol{\Phi}_f) \\ \Lambda^{-1}(1) \end{vmatrix} \tag{7-84}$$

式中：$\Lambda^{-1}(\boldsymbol{\Phi}_f)$ 为利用对角矩阵 $\boldsymbol{\Phi}_f$ 的对角元素构建的行向量。根据 7.3.3 节中介绍的 TALS 算法，利用 COMFAC 对矩阵 $\boldsymbol{D}$ 进行估计。

3. 联合参数估计

根据估计得到的矩阵 $\boldsymbol{D}$，ω_{fk} 的估计值可以表示为

$$\omega_{ki} = \mathrm{angle}\left|\frac{\boldsymbol{D}_{1k}}{\boldsymbol{D}_{5k}}\right| \tag{7-85}$$

因为阵元响应 g_1、g_2、g_3 和 g_4 为实数，可以通过将特征值 $\boldsymbol{\omega}_{ki}$ 平方来消除 g_1、g_2、g_3 和 g_4 正负不一致引起式（7-75b）~（7-75d）的相位模糊[114]，因此：

$$\omega_{1k} = -\frac{1}{2}\text{angle}\left(\left[\frac{g_2(\theta_k, \varphi_k)}{g_1(\theta_k, \varphi_k)}\exp(-\text{j}\omega_{1k})\right]^2\right)$$

$$= -\frac{1}{2}\text{angle}(\exp(-\text{j}2\omega_{1k})) = -\frac{1}{2}\text{angle}\left(\left[\frac{\boldsymbol{D}_{2k}}{\boldsymbol{D}_{1k}}\right]^2\right) \tag{7-86}$$

类似地，有：

$$\omega_{2k} = -\frac{1}{2}\text{angle}\left(\left[\frac{\boldsymbol{D}_{3k}}{\boldsymbol{D}_{1k}}\right]^2\right),\ \omega_{3k} = -\frac{1}{2}\text{angle}\left(\left[\frac{\boldsymbol{D}_{4k}}{\boldsymbol{D}_{1k}}\right]^2\right) \tag{7-87}$$

将式（7-76a）代入式（7-85）中，第 k 个入射信号的频率可以表示为

$$f_k = \frac{1}{2\pi\tau}\text{angle}\left|\frac{\boldsymbol{D}_{1k}}{\boldsymbol{D}_{5k}}\right| \tag{7-88}$$

假设 $\gamma_{1k} = \sin(\theta_k)\cos(\varphi_k)$，$\gamma_{2k} = \sin(\theta_k)\sin(\varphi_k)$，$\gamma_{3k} = \cos(\theta_k)$，对式（7-76b）、式（7-76c）、式（7-76d）和式（7-86）、式（7-87）、式（7-88）同时进行求解：

$$\frac{c}{2\pi f_k}\begin{bmatrix}\dfrac{\omega_{1k}}{d_1}\\ \dfrac{\omega_{2k}}{d_2}\\ \dfrac{\omega_{3k}}{d_3}\end{bmatrix} = \begin{bmatrix}x_2 - x_1 & y_2 - y_1 & z_2 - z_1\\ x_3 - x_1 & y_3 - y_1 & z_3 - z_1\\ x_4 - x_1 & y_4 - y_1 & y_4 - y_1\end{bmatrix}\begin{bmatrix}\gamma_{1k}\\ \gamma_{2k}\\ \gamma_{3k}\end{bmatrix} \tag{7-89}$$

方程组的解可以表示为

$$\begin{bmatrix}\gamma_{1k}\\ \gamma_{2k}\\ \gamma_{3k}\end{bmatrix} = \frac{c}{2\pi f_k}\begin{bmatrix}x_2 - x_1 & y_2 - y_1 & z_2 - z_1\\ x_3 - x_1 & y_3 - y_1 & z_3 - z_1\\ x_4 - x_1 & y_4 - y_1 & y_4 - y_1\end{bmatrix}^{-1}\begin{bmatrix}\dfrac{\omega_{1k}}{d_1}\\ \dfrac{\omega_{2k}}{d_2}\\ \dfrac{\omega_{3k}}{d_3}\end{bmatrix} \tag{7-90}$$

式（7-90）的求解过程与 4. 2. 3 节后部类似，这里不再赘述。

为了保证参数估计的唯一性，下面的条件必须得到满足：

$$\begin{cases}\|\boldsymbol{p}_2 - \boldsymbol{p}_1\| \leqslant \text{c}/(2\max(f_i)) = \min(\lambda_k)/2\\ \|\boldsymbol{p}_3 - \boldsymbol{p}_1\| \leqslant \text{c}/(2\max(f_i)) = \min(\lambda_k)/2\\ \|\boldsymbol{p}_4 - \boldsymbol{p}_1\| \leqslant \text{c}/(2\max(f_i)) = \min(\lambda_k)/2\end{cases} \tag{7-91}$$

根据 2. 3. 4 节定理 1，矩阵 $\boldsymbol{A}$、$\boldsymbol{R}_S$ 和 $\boldsymbol{D}$ 具有相同的列置换矩阵，即阵列流形矩阵 $\boldsymbol{A}$ 的第 i 列对应矩阵 $\boldsymbol{D}$ 的第 i 列。因此方位角和俯仰角可以互相自动配对。

4. 算法步骤

基于 PARAFAC 模型和 TALS 算法，频率—二维 DOA 联合估计最终得以完

成，算法步骤总结如下：

步骤 1　选择四个导向阵元，并且阵元的位置精确已知；

步骤 2　计算四个导向阵元与共形阵列所有阵元之间的延时相关函数；

步骤 3　根据式（7-67），分别计算矩阵 $\boldsymbol{R}_f(\tau)$、$\boldsymbol{R}_2(\tau)$、$\boldsymbol{R}_3(\tau)$ 和 $\boldsymbol{R}(0)$；

步骤 4　根据式（7-78），计算伪快拍数据矩阵，$\boldsymbol{R}_f(\tau)$、$\boldsymbol{R}_1(\tau)$、$\boldsymbol{R}_2(\tau)$、$\boldsymbol{R}_3(\tau)$ 和 $\boldsymbol{R}(0)$ 分别为在时延 τ_s 时的采样；

步骤 5　根据式（7-82）构建 PARFAC 模型；

步骤 6　利用 TALS 算法估计矩阵 $\boldsymbol{D}$；

步骤 7　利用矩阵 $\boldsymbol{D}$ 的估计值，根据式（7-85）~式（7-87），计算 ω_{fk}、ω_{1k}、ω_{2k} 和 ω_{3k}；

步骤 8　根据式（7-88）和式（7-90），得到频率和二维 DOA 的联合估计。

7.3.3　计算复杂度分析

为了简便起见，只对所提算法计算协方差矩阵和 TALS 算法过程中涉及的复数乘法进行分析。如上所述，N、r 和 m 分别代表快拍数、信源数和阵元数。在本节中利用 COMFAC 算法拟合一个 $m \times m \times 5$ 为的三维矩阵。每次迭代的计算复杂度约为 $O(r^3) + O(4m^2r)$。对于后面部分的仿真来说，所提算法只需要两次迭代。因此，所提算法总的计算量约为 $O[K(r^3 + 4m^2r)]$，K 为迭代次数。文献［294］中的 MWC-MUSIC 算法，对频率估计的计算量主要集中在对一个 $4Nm \times 4Nm$ 矩阵的特征分解，需要的计算量约为 $O(16N^2Lm^2) + O(64N^3Lm^3)$ 复数乘法，假设二维谱峰搜索的网格点分别为 J_1 和 J_2，谱峰搜索的计算复杂度为 $J_1J_2(2m + 1)(2m - r)$，通常 J_1 和 J_2 远大于 m。因此 MWC-MUSIC 算法总的计算复杂度约为 $O(4J_1J_2m^2)$，远大于本节算法的计算复杂度。

7.3.4　计算机仿真实验分析

这部分主要集中在通过几组计算机仿真实验与文献［294］中的 MWC-MUSIC 算法进行比较验证所提算法的性能。在所有的仿真实验中，都进行 200 次蒙特卡罗实验。均方根误差表达式为

$$\mathrm{RMSE} = \sqrt{\frac{1}{200}\sum_{\eta=1}^{200}\left[(\hat{\theta}_{k,\eta} - \theta)^2 + (\hat{\varphi}_{k,\eta} - \varphi)^2\right]} \tag{7-92}$$

式中：$\hat{\theta}_{k,\eta}$ 和 $\hat{\varphi}_{k,\eta}$ 分别为第 k 个入射信号在第 η 次实验中俯仰角和方位角的估计值。

为了简化全局坐标系到局部坐标系转换的复杂性，在仿真中，阵列结构采用柱面共形阵列，如图 7.4 所示。入射信号的最高频率为 $f_{\max} = 2\text{GHz}$，$\lambda_{\min} = c/f_{\max}$。在同一个横截面的两个阵元之间的间距为 $\lambda_{\min}/4$，两个横截面之间的距离为

$\lambda_{min}/4$，圆柱半径为 $5\lambda_{min}$，其中 λ_{min} 为入射信号的最短波长。参考阵元 $\boldsymbol{p}_1$ 的位置坐标为 $\boldsymbol{p}_1=(0, 5\lambda_{min}, 0)$。

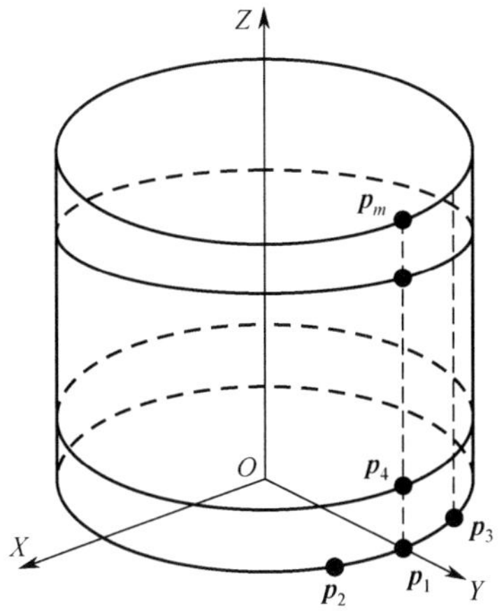

图 7.4　柱面共形阵列天线结构

快拍数 $N=200$，伪快拍数为 100，信噪比范围为 2~30dB；采样频率 $f_s = 1/T_s =$ 5GHz。入射信号方位角 θ 和俯仰角 φ 以及频率分别为（100°，60°，1GHz）和（95°，50°，2GHz）。阵元数为 10，包括 4 个导向阵元和 6 个辅助阵元，在仿真中的阵元方向图用的是最低阶的圆贴片模型，如式（7-76a）所示。

实验 5　不同信噪比条件下测向性能比较

从图 7.5 中可以看出，随着信噪比的增加，频率和角度估计的均方根误差逐渐减小，估计角度的成功概率逐渐增大。从图 7.5（a）中可以看出，所提算法对两个入射信号的频率估计比较相近。从图 7.5（b）中可以看出，对方位角估

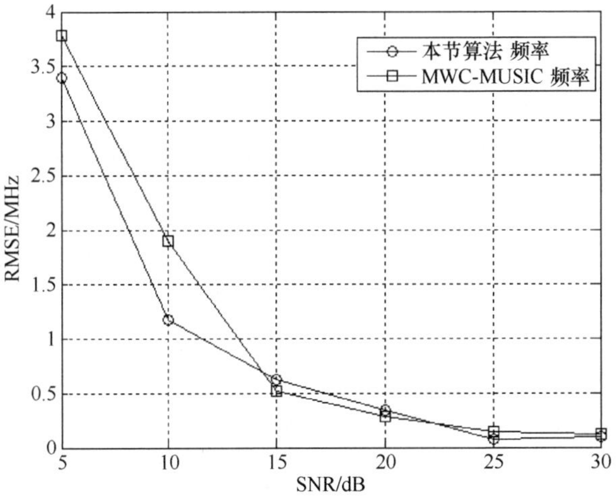

(a) 不同信噪比下频率估计的均方根误差

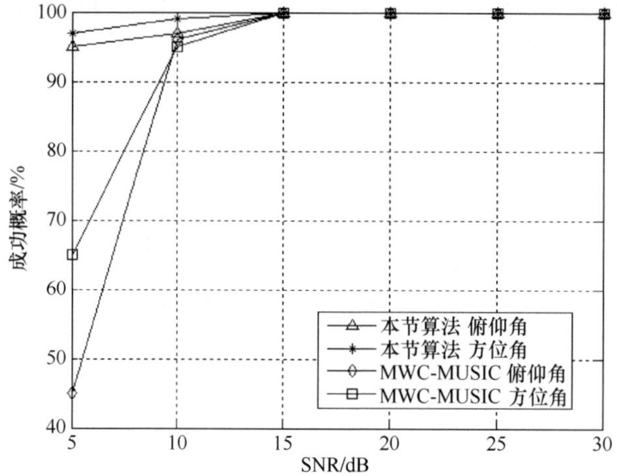

(b) 不同信噪比下角度估计的成功概率

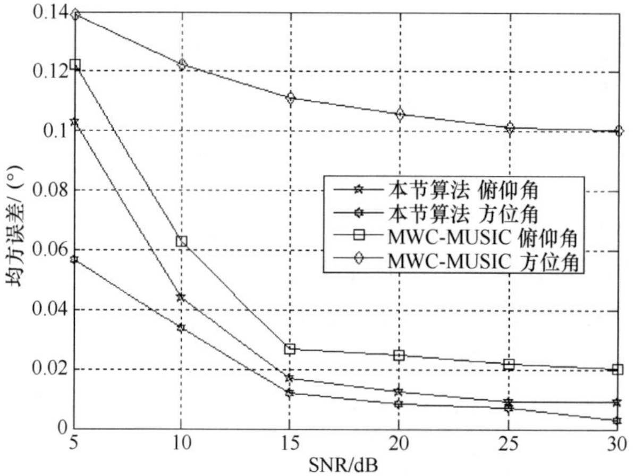

(c) 不同信噪比下角度估计的均方根误差

图 7.5 不同信噪比条件下测向性能计较

计的成功概率略低于俯仰角，在信噪比达到 15dB 的时候，角度估计的成功概率几乎达到 100%。从图 7.5（c）中可以看出，当信噪比大于 5dB 的时候，入射角度的均方根误差小于 0.16°，方位角估计的均方根误差略大于俯仰角，频率和俯仰角的估计结果用来估计方位角，这样就可以解释图 7.5（c）中出现的现象，这是因为频率和俯仰角在本身估计的过程中就存在估计误差。相比于本节算法，由于 MWC-MUSIC 算法无法精确描述阵列流型，导致其估计性能不如本节算法。

实验 6　不同快拍数条件下测向性能比较

图 7.6 给出了不同快拍数条件下，频率和角度估计的均方根误差以及角度估计成功概率的比较图。本实验中信噪比为 10dB，其他仿真条件与实验 4 相

同。从图 7.5 中可以看出，随着快拍数的增加，频率和角度估计的均方根误差逐渐减小；估计角度的成功概率逐渐增大。从图 7.6（a）中可以看出，当快拍数大于 500 时，频率估计的均方根误差小于 1MHz，这意味着 3 个数量级的减小。从图 7.6（b）和图 7.6（c）中可以看出，方位角估计的成功概率小于俯仰角估计的成功概率，方位角估计的均方根误差大于俯仰角估计的均方根误差。这主要是由于频率和俯仰角的估计误差影响了所提算法对方位角的估计性能。由于 MWC-MUSIC 算法无法精确描述阵列流型，导致其估计性能不如本节算法。

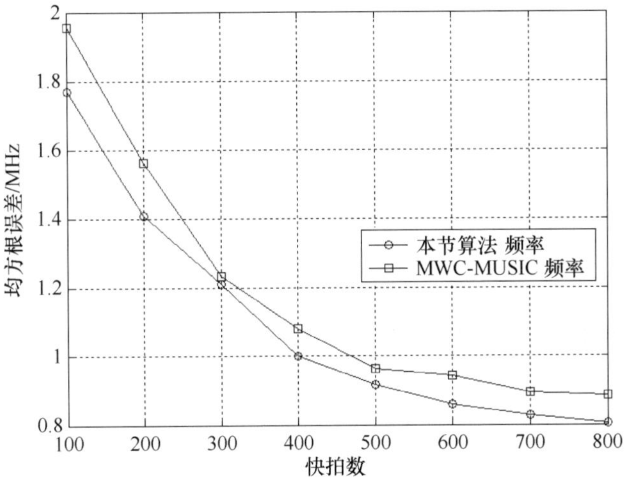

(a) 不同快拍数下频率估计的均方根误差

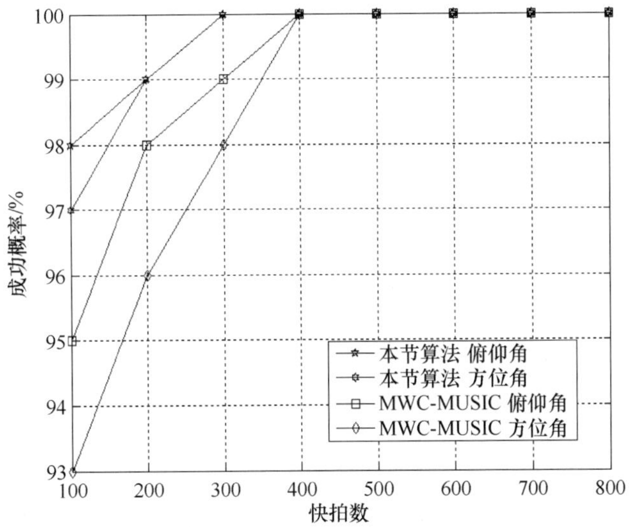

(b) 不同快拍数下角度估计的成功概率

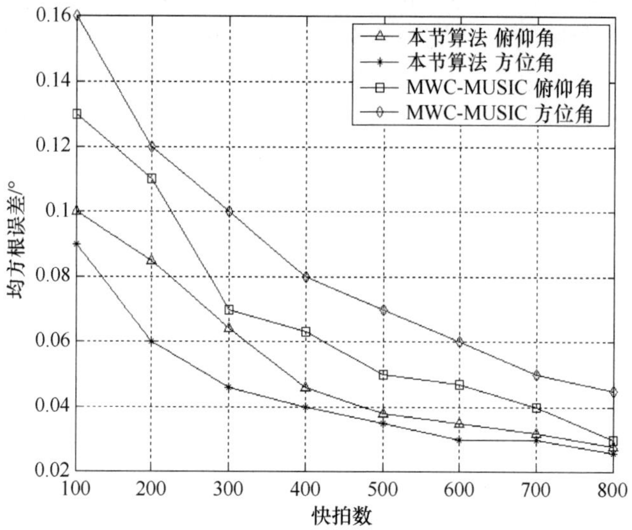

(c) 不同快拍数下角度估计的均方根误差

图 7.6 不同快拍数条件下测向性能计较

实验 7 不同算法运行时间比较

在相同运行环境下，将本节算法与 MWC-MUSIC 算法的运行时间进行比较。运行环境为 CPU 2.1GHz，2GB RAM，Matlab7.10，Window 7 x86。信噪比 SNR 为 10dB，时间平滑参数为 5，快拍数为 200，其他条件与仿真条件相同，表 7.2 给出两种算法在分别运行 100 次、200 次和 500 次所需的时间，从表 7.2 中可以看出，相同的运行次数下，MWC-MUSIC 算法需要进行谱峰搜索，计算复杂度最高。

表 7.2 两种算法的运行时间

测向算法 \ 仿真次数	100	200	500
本节算法	23.26s	45.39s	108.67s
MWC-MUSIC 算法	87.88s	177.94s	434.78s

7.4 小结

本章在深入共形天线阵列流形的基础上，首先提出了一种基于共形阵列的频率与 DOA 联合估计的测向算法，先用状态空间算法估计出信源的频率，然后结合 PM 算法估计出信源的二维 DOA，最后通过阵列内插的方法实现频率与 DOA

的配对。然后通过时间和空间的采样构建空时矩阵，提出了一种频率和二维 DOA 联合估计的算法。PARAFAC 理论用来进行参数估计，只需要 4 个位置精确已知的导向阵元，其他阵元可以安装在共形阵列表面的任意位置。所提算法通过较小的改动可以直接拓展到对二维 DOA 的估计中，可见所提算法在共形阵列的参数估计领域具有很好的应用前景。

结　论

空间谱估计技术是阵列信号处理领域一个重要的研究方向，因其在信号波达方向估计方面所具有的高精度、超分辨性能而引起了广大专家学者的关注。经过国内外学者的研究，空间谱估计技术得到了迅速的发展，相关的理论研究已经相当深入，但是在实际系统应用中还有许多问题亟待解决。

基于共形天线的多参数估计技术是阵列信号处理领域新型的研究方向，因为共形天线构成的阵列可以与载体共形，它具有许多传统阵列天线所不具有的优良特性，但是无论在阵列的拓扑结构或者是阵元特性方面都与传统的线阵和面阵大不相同，所以在对共形阵列导向矢量进行精确建模的基础上，提出适用于共形天线的多参数估计算法就显得尤为重要。

本书围绕基于共形阵列的波达方向估计以及多参数联合估计算法进行深入研究，以提高参数估计精度、角度分辨力、实时处理能力等。主要研究内容包括：

（1）研究了基于共形天线的立体基线测向算法，并对其测向误差进行理论分析；

（2）研究了非零延时相关函数，并在不同阵列摆放形式下研究了基于非零延时相关函数的波达方向估计方法，研究了非均匀噪声背景下的空间谱估计方法；

（3）分析了非圆信号的特性，研究了非圆信号的波达方向估计方法；

（4）提高共形阵列 DOA 估计实时性和估计精度的方法，提出了一种基于传播算子的快速 DOA 估计算法和一种基于平行因子分析的高精度 DOA 估计算法；

（5）研究频率和 DOA 联合估计方法，提出了一种基于空时状态矩阵和一种基于平行因子分析的联合估计算法。

传统的空间谱估计算法都基于规则阵列，并且阵元方向图指向性一致，如果直接应用到共形阵列，参数估计性能会大大下降。本书工作不是简单地将传统的空间谱估计算法移植到共形阵列，而是建立精确的共形阵列接收数据模型，通过合理地设计阵列形式，实现基于共形阵列的多参数估计。本书中所提算法从模型建立到算法设计都与传统方法不同，具有较强的创新性。

在国防军事建设上，近年来各种先进的飞行器，例如飞机、导弹、巡航导弹等，为了获得更高的武器性能，也要求将它们所携载的雷达改成共形雷达（目前，根据美国、俄罗斯等国家关于复合制导下被动雷达导引头天线的研究方向来看，小型化、低剖面、超宽带、共形天线已经成为发展趋势。尤其是美国，已经装备的先进哈姆和正在开展的第五代空空导弹已成为重点发展对象，其所配备的宽带被动雷达导引就采用超宽带共形阵列天线形式。

本书所设计的算法适用于共形阵列，该阵列可与飞机与导弹的表面共形，可减小隐身飞机与导弹的雷达反射截面积以及空气阻力，提升隐身飞机以及导弹导引头的制导性能，可以为现有型号装备以及未来的隐身战机以及新型武器提供技术储备。同时由于共形阵列良好的空气动力学性能，共形阵列也可布置在未来汽车以及高铁表面，可见共形阵列在民事方面也有广阔的应用前景。例如共形天线技术已经被用在汽车后窗，以取代以前汽车后部的鞭状天线（在日本，已经有人将天线设计到使用者的衣服上作为移动通信的天线终端，国内也已经有科研机构将移动通信的天线共形设计到了使用者的腰带上）。可以展望，在不久的将来，弹载超宽带共形天线技术不仅在弹载领域具有重要作用，而且在移动通信领域同样具有更广阔的应用前景。

下面对共形阵列参数估计未来的研究方向进行探讨，主要分为 3 个主要研究方向。

（1）单元方向图修正技术[295]

天线共形安装设计后，受其他模式制导设备中的金属材料影响，共形天线的端射性能受到严重干扰，方向图产生大角度偏移，甚至开裂，不利于被动模式导引头的正常工作。针对共形安装环境对超宽带共形天线方向性图产生的反射、叠加效应，研究特定边界条件下的天线方向图性能，并对方向图进行修正，实现方向图的全空间覆盖。

（2）高精度共形阵列参数估计

现有基于共形阵列的参数估计算法都是基于传统的子空间参数估计算法，参数估计性能受信噪比，快拍数、多径效应影响严重。随着压缩感知以及稀疏表示技术的发展，已有利用压缩感知以及稀疏表示技术实现传统空间谱估计的算法，该类算法可以有效克服上述因素的影响，具有较好的参数估计性能。由于共形阵列接收数据模型复杂，研究如何将现有的先进技术应用到共形阵列，进一度提升共形阵列的参数估计性能。

（3）共形阵列校正技术

共形阵列通常安装在载体表面，与载体共形。在天线安装完之后，需要对天线进行相应的校正才能进行使用。在超宽频带共形天线中（频率覆盖范围为 2~18GHz），天线的等效相位中心的具体位置在后续参数估计中具有重要影响。共形天线使用最多的是机载共形天线，一般情况下，一架飞机上安装的天线数目在 20~70 个不等，所以天线之间的互耦效应需要考虑。同时共形阵列在安装过程中一定存在安装误差，须有有效的方法对其校正。因此，共形阵列另一个重要研究方向就是如何对阵列的安装误差、互耦影响、等效相位中心等进行有效的校正。

参考文献

[1] 王跃鹏，同武勤．现代雷达电子对抗技术［J］．现代防御技术，2005，33（2）：53-60.

[2] Josefsson L，Persson P. Conformal array antenna theory and design［M］. New York：John wiley & sons，2006.

[3] 许群，王云香，刘少斌，等．飞行器共形天线技术综述［J］．现代雷达，2015，37（9）：50-54.

[4] 齐飞林，刘峥，刘俊，等．制导武器共形天线阵列的配置方式［J］．系统工程与电子技术，2010，32（2）：269-274.

[5] Gomez-tornero J L. Analysis and design of conformal tapered leaky-wave antennas［J］. IEEE Antennas and Wireless Propagation Letters，2011，10：1068-1071.

[6] Crawley B R，Baum T C，Nicholson K J，et al. Depth perception in wideband coherent Doppler tomography using the dual-layer peak matching technique［J］. IEEE Transactions on Microwave Theory and Techniques，2020，68（5）：1954-1963.

[7] Jiang Z，Zhang L，Zhang Y，et al. A compact triple-band antenna with a notched ultra-wideband and its MIMO array［J］. IEEE Transactions on Antennas and Propagation，2018，66（12）：7021-7031.

[8] Leone G，Munno F，Pierri R. Inverse source on conformal conic geometries［J］. IEEE Transactions on Antennas and Propagation，2020，69（3）：1596-1609.

[9] Karimzadeh R，Hakkak M，Haddadi A，et al. Conformal array pattern synthesis using the weighted alternating reverse projection method considering mutual coupling and embedded-element pattern effects［J］. IET Microwaves，Antennas & Propagation，2012，6（6）：621-626.

[10] Wu T，Cui X，Zhang P，et al. Element phase centre and orientation compensation in conformal arrays during continuous deformations based on spherical mode expansion［J］. IET Microwaves，Antennas & Propagation，2020，14（14）：1817-1824.

[11] Boeringer D W，Werner D H，Machuga D W. A simultaneous parameter adaptation scheme for genetic algorithms with application to phased array synthesis［J］. IEEE Transactions on Antennas and Propagation，2005，53（1）：356-371.

[12] Wang Y，Zhang Y，Tian Z，et al. Super-resolution channel estimation for arbitrary arrays in hybrid millimeter-wave massive MIMO systems［J］. IEEE Journal of Selected Topics in Signal Processing，2019，13（5）：947-960.

[13] Zhang X，Chen C，Li J，et al. Blind DOA and polarization estimation for polarization-sensitive array using dimension reduction MUSIC［J］. Multidimensional Systems and Signal Processing，2014，25（1）：67-82.

[14] Wang H，Wan L，Dong M，et al. Assistant vehicle localization based on three collaborative base stations via SBL-based robust DOA estimation［J］. IEEE Internet of Things Journal，2019，6（3）：5766-5777.

[15] Awarkeh N，Cousin J C，Muller M，et al. Improvement of the angle of arrival measurement accuracy for indoor UWB localization［J］. Journal of Sensors，2020，2020：1-8.

[16] Kawase S. Radio interferometer for geosynchronous-satellite direction finding［J］. IEEE Trans. on Aerospace and Electronic Systems，2007，43（2）：443-449.

[17] 张敏，郭福成，李腾，等．旋转长基线干涉仪测向方法及性能分析［J］．电子学报，2013，41（12）：2422-2429.

[18] Guo M，Zhang Y D，Chen T. DOA estimation using compressed sparse array［J］. IEEE Transactions on Signal Processing，2018，66（15）：4133-4146.

[19] 宋朱刚，陆安南．双通道多普勒测向机研究［J］．电子科技大学学报，2006，35（4）：478-480.
[20] 邢怀玺，吴华，陈游．LMS 预处理的相位差机载单站无源定位方法［J］．空军工程大学学报（自然科学版），2019，20（6）：9-14.
[21] 张春杰，李智东．非均匀圆阵天线模型解模糊误差研究［J］．系统工程与电子技术，2012，34（8）：1525-1529.
[22] 张亮，徐振海，熊子源，等．基于圆阵干涉仪的被动导引头宽带测向方法［J］．系统工程与电子技术，2012，34（3）：462-466.
[23] 宋才水，顾尔顺．无模糊长基线干涉仪测角的设计［J］．现代防御技术，2006，34（2）：52-54.
[24] 辛金龙，廖桂生，杨志伟．宽频程电侦阵列设计与二维 DOA 估计方法［J］．系统工程与电子技术，2019，41（3）：465-470.
[25] 辛金龙，廖桂生，杨志伟，等．基于旋转干涉仪圆阵化的多目标参数估计新算法［J］．电子与信息学报，2018，40（2）：486-492.
[26] 毛虎，杨建波，刘鹏．干涉仪测向技术现状与发展研究［J］．电子信息对抗技术，2010，25（6）：1-6.
[27] 刘鲁涛，司锡才．开环旋转相位干涉仪 DOA 算法分析［J］．解放军理工大学学报：自然科学版，2011，12（5）：419-424.
[28] 司伟建，程伟．旋转干涉仪解模糊方法研究及实现［J］．弹箭与制导学报，2010，30（3）：199-202.
[29] Zheng Z，Fu M，Wang W Q，et al. Localization of mixed near-field and far-field sources using symmetric double-nested arrays［J］. IEEE Transactions on Antennas and Propagation，2019，67（11）：7059-7070.
[30] Wang M，Gao F，Jin S，et al. An overview of enhanced massive MIMO with array signal processing techniques［J］. IEEE Journal of Selected Topics in Signal Processing，2019，13（5）：886-901.
[31] Wax M，Ziskind I. Detection of the number of coherent signals by the MDL principle［J］. IEEE Transactions on Acoustics，Speech and Signal Processing，1989，37（8）：1190-1196.
[32] Molaei A M，Zakeri B，Andargoli S M H. Components separation algorithm for localization and classification of mixed near-field and far-field sources in multipath propagation［J］. IEEE Transactions on Signal Processing，2019，68：404-419.
[33] Fishler E，Poor H V. Estimation of the number of sources in unbalanced arrays via information theoretic criteria［J］. IEEE Transactions on Signal Processing，2005，53（9）：3543-3553.
[34] Chen P，Chen Z，Cao Z，et al. A new atomic norm for DOA estimation with gain-phase errors［J］. IEEE Transactions on Signal Processing，2020，68：4293-4306.
[35] Zhou Y，Xu D，Tu W，et al. Spatial information and angular resolution of sensor Array［J］. Signal Processing，2020，174：107635.
[36] Xie Y，Xie K，Xie S. Source number estimation and effective channel order determination based on higher-order tensors［J］. Circuits，Systems，and Signal Processing，2019，38（11）：5393-5408.
[37] Castanheira D，Gameiro A. Low complexity and high-resolution line spectral estimation using cyclic minimization［J］. IEEE Transactions on Signal Processing，2019，67（24）：6285-6300.
[38] Stoica P，Cedervall M. Detection tests for array processing in unknown correlated noise fields［J］. IEEE Transactions on Signal Processing，1997，49（5）：2351-2362.
[39] Eguizabal A，Lameiro C，Ramírez D，et al. Source enumeration in the presence of colored noise［J］. IEEE Signal Processing Letters，2019，26（3）：475-479.
[40] Wu Y H，Tam K W. Estimation of the number of signals in the presence of unknown correlated sensor noise［J］. IEEE Transactions on Signal Processing，1992，40（5）：1053-1061.
[41] Yang Y，Gao F，Qian C，et al. Model-aided deep neural network for source number detection［J］. IEEE

Signal Processing Letters, 2019, 27: 91-95.

[42] 牟建超，高梅国，江长勇．基于修正 Hung-Turner 投影的快速信源数检测算法［J］．电子与信息学报，2010，32（2）：350-354.

[43] 牟建超，高梅国，江长勇．基于前后向协方差矩阵投影的信源数估计算法［J］．系统工程与电子技术，2010，31（10）：2036-2040.

[44] 刘赞，陈西宏，刘进，等．基于模糊 C 类均值聚类的信源数估计方法［J］．系统工程与电子技术，2019，41（2）：244-248.

[45] Huang L, Long T, Mao E, et al. MMSE-based MDL method for accurate source number estimation [J]. IEEE Signal Processing Letters, 2009, 16 (9): 798-801.

[46] Wu T, Zhang X, Li Y, et al. On spatial smoothing for DOA estimation of 2D coherently distributed sources with double parallel linear arrays [J]. Electronics, 2019, 8 (3): 354.

[47] Kritchman S, Nadler B. Non-parametric detection of the number of signals: hypothesis testing and random matrix theory [J]. IEEE Transactions on Signal Processing, 2009, 57 (10): 3930-3941.

[48] Ahmed T, Zhang X, Hassan W U. A higher-order propagator method for 2D-DOA estimation in massive MIMO systems [J]. IEEE Communications Letters, 2019, 24 (3): 543-547.

[49] Zhen J Q, Si X C, Liu L T. Method for determining number of coherent signals in the presence of colored noise [J]. Journal of Systems Engineering and Electronics, 2010, 21 (1): 27-30.

[50] Weiss A, Yeredor A. Blind determination of the number of sources using distance correlation [J]. IEEE Signal Processing Letters, 2019, 26 (6): 828-832.

[51] Ai X, Gan L. Robust adaptive beamforming with subspace projection and covariance matrix reconstruction [J]. IEEE Access, 2019, 7: 102149-102159.

[52] Johnson D H, Dudgeon D E. Array signal processing: concepts and techniques [M]. New York: Simon & Schuster, 1992.

[53] Van trees H L. Detection, estimation, and modulation theory, optimum array processing [M]. New York: John Wiley & Sons, 2004.

[54] Naidu P S. Sensor array signal processing [M]. Florida: CRC press, 2000.

[55] Liu W, Weiss S. Wideband beamforming: concepts and techniques [M]. New York: John Wiley & Sons, 2010.

[56] 王永良．空间谱估计理论与算法［M］．北京：清华大学出版社，2004.

[57] Zheng Z, Wang W Q, Kong Y, et al. MISC array: a new sparse array design achieving increased degrees of freedom and reduced mutual coupling effect [J]. IEEE Transactions on Signal Processing, 2019, 67 (7): 1728-1741.

[58] Li J, Stoica P. Robust adaptive beamforming [M]. New York: Wiley Online Library, 2006.

[59] Liu F, Masouros C, Petropulu A, et al. Joint radar and communication design: applications, state-of-the-art, and the road ahead [J]. IEEE Transactions on Communications, 2020, 68 (6): 3834-3862.

[60] Schmidt R O. Multiple emitter location and signal parameter estimation [J]. IEEE Transactions on Antennas and Propagation, 1986, 34 (3): 276-280.

[61] Molaei A M, Zakeri B, Andargoli S M H. Components separation algorithm for localization and classification of mixed near-field and far-field sources in multipath propagation [J]. IEEE Transactions on Signal Processing, 2019, 68: 404-419.

[62] Suryaprakash R T, Nadakuditi R R. The performance of MUSIC in white noise with limited samples and missing data [C]. Cincinnati: 2014 IEEE Radar Conference, 2014: 940-944.

[63] Li Q, Su T, Wu K. Accurate DOA estimation for large-scale uniform circular array using a single snapshot

[J]. IEEE Communications Letters, 2019, 23 (2): 302-305.

[64] Huang L, Wu Y, So H-C, etal. Multidimensional sinusoidal frequency estimation using subspace and projection separation approaches [J]. IEEE Transactions on Signal Processing, 2012, 60 (10): 5536-5543.

[65] Zuo W, Xin J, Ohmori H, et al. Subspace-based algorithms for localization and tracking of multiple near-field sources [J]. IEEE Journal of Selected Topics in Signal Processing, 2019, 13 (1): 156-171.

[66] Roy R, Kailath T. ESPRIT-estimation of signal parameters via rotational invariance techniques [J]. IEEE Transactions on Acoustics, Speech and Signal Processing, 1989, 37 (7): 984-995.

[67] Chen T, Han X, Yu Y. A sub-nyquist sampling digital receiver system based on array compression [J]. Progress In Electromagnetics Research, 2020, 88: 21-28.

[68] Liu Z, Ruan X, He J. Efficient 2-D DOA estimation for coherent sources with a sparse acoustic vector-sensor array [J]. Multidimensional Systems and Signal Processing, 2013, 24 (1): 105-120.

[69] Panda R K, Mohapatra A, Srivastava S C. Online dstimation of system inertia in a power network utilizing synchrophasor measurements [J]. IEEE Transactions on Power Systems, 2019, 35 (4): 3122-3132.

[70] Steinwandt J, Roemer F, Haardt M, etal. R-dimensional ESPRIT-type algorithms for strictly second-order non-circular sources and their performance analysis [J]. IEEE Transactions on Signal Processing, 2014, 62 (18): 4824-4838.

[71] Roemer F, Haardt M, Del Galdo G. Analytical performance assessment of multi-dimensional matrix-and tensor-based ESPRIT-type algorithms [J]. IEEE Trans. on Signal Processing, 2014, 62 (10): 2611-2625.

[72] Meller M, Stawiarski K. Robustified estimators of radar elevation angle using a specular multipath model [J]. IEEE Transactions on Aerospace and Electronic Systems, 2019, 56 (2): 1623-1636.

[73] Viberg M, Ottersten B. Sensor array processing based on subspace fitting [J]. IEEE Transactions on Signal Processing, 1991, 39 (5): 1110-1121.

[74] Zuo W, Xin J, Liu W, et al. Localization of near-field sources based on linear prediction and oblique projection operator [J]. IEEE Transactions on Signal Processing, 2018, 67 (2): 415-430.

[75] Mallat S. A wavelet tour of signal processing [M]. Massachusetts: Academic press, 1999.

[76] Leinonen M, Codreanu M, Giannakis G. Compressed sensing with applications in wireless networks [J]. Foundations and Trends in Signal Processing, 2019, 13 (1-2): 1-283.

[77] Albreem M A, Juntti M, Shahabuddin S. Massive MIMO detection techniques: a survey [J]. IEEE Communications Surveys & Tutorials, 2019, 21 (4): 3109-3132.

[78] Baraniuk R G. More is less: signal processing and the data deluge [J]. Science, 2011, 331 (6018): 717-719.

[79] Ravishankar S, Ye J C, Fessler J A. Image reconstruction: from sparsity to data-adaptive methods and machine learning [J]. Proceedings of the IEEE, 2019, 108 (1): 86-109.

[80] Ma J, Liu X Y, Shou Z, et al. Deep tensor admm-net for snapshot compressive imaging [C]. Seoul: Proceedings of the IEEE International Conference on Computer Vision. 2019: 10223-10232.

[81] Bilik I. Spatial compressive sensing for direction-of-arrival estimation of multiple sources using dynamic sensor arrays [J]. IEEE Transactions on Aerospace and Electronic Systems, 2011, 47 (3): 1754-1769.

[82] Northardt E T, Bilik I, Abramovich Y I. Spatial compressive sensing for direction-of-arrival estimation with bias mitigation via expected likelihood [J]. IEEE Transactions on Signal Processing, 2013, 61 (5): 1183-1195.

[83] Nguyen N H, Doğançay K, Tran H T, et al. Parameter-refined OMP for compressive radar imaging of rotating targets [J]. IEEE Transactions on Aerospace and Electronic Systems, 2019, 55 (6): 3561-3577.

[84] Famoriji O J, Zhang Z, Fadamiro A, et al. Planar array diagnostic tool for millimeter-wave wireless communication Ssystems [J]. Electronics, 2018, 7 (12): 383.
[85] Hannak G, Perelli A, Goertz N, et al. Performance analysis of approximate message passing for distributed compressed sensing [J]. IEEE Journal of Selected Topics in Signal Processing, 2018, 12 (5): 857-870.
[86] Carlin M, Rocca P, Oliveri G, et al. Directions-of-arrival estimation through Bayesian compressive sensing strategies [J]. IEEE Transactions on Antennas and Propagation, 2013, 61 (7): 3828-3838.
[87] Han Y, Rao B D, Lee J. Massive uncoordinated access with massive MIMO: a dictionary learning approach [J]. IEEE Transactions on Wireless Communications, 2019, 19 (2): 1320-1332.
[88] Malioutov D, Çetin M, Willsky A S. A sparse signal reconstruction perspective for source localization with sensor arrays [J]. IEEE Transactions on Signal Processing, 2005, 53 (8): 3010-3022.
[89] Fang Y, Zhu S, Gao Y, et al. DOA estimation for coherent signals with improved sparse representation in the presence of unknown spatially correlated Gaussian noise [J]. IEEE Transactions on Vehicular Technology, 2020.
[90] Stoica P, Babu P. SPICE and LIKES: Two hyperparameter-free methods for sparse-parameter estimation [J]. Signal Processing, 2012, 92 (7): 1580-1590.
[91] Zhang Y, Mao D, Zhang Q, et al. Airborne forward-looking radar super-resolution imaging using iterative adaptive approach [J]. IEEE Journal of Selected Topics in Applied Earth Observations and Remote Sensing, 2019, 12 (7): 2044-2054.
[92] Stoica P, Babu P, Li J. SPICE: a sparse covariance-based estimation method for array processing [J]. IEEE Transactions on Signal Processing, 2011, 59 (2): 629-638.
[93] Cui W, Shen Q, Liu W, et al. Low complexity DOA estimation for wideband off-grid sources based on re-focused compressive sensing with dynamic dictionary [J]. IEEE Journal of Selected Topics in Signal Processing, 2019, 13 (5): 918-930.
[94] Zhang X, He Z, Zhang X, et al. DOA and phase error estimation for a partly calibrated array with arbitrary geometry [J]. IEEE Transactions on Aerospace and Electronic Systems, 2019, 56 (1): 497-511.
[95] Liu Z M, Huang Z T, Zhou Y Y. Direction-of-arrival estimation of wideband signals via covariance matrix sparse representation [J]. IEEE Transactions on Signal Processing, 2011, 59 (9): 4256-4270.
[96] Shi S, Li Y, Yang D, et al. Sparse representation based direction-of-arrival estimation using circular acoustic vector sensor arrays [J]. Digital Signal Processing, 2020, 99: 102675.
[97] Liu Z M, Huang Z T, Zhou Y Y. An efficient maximum likelihood method for direction-of-arrival estimation via sparse bayesian learning [J]. IEEE Transactions on Wireless Communications, 2012, 11 (10): 1-11.
[98] Mao C X, Vital D, Werner D H, et al. Dual-polarized embroidered textile armband antenna array with omnidirectional radiation for on-/off-body wearable applications [J]. IEEE Transactions on Antennas and Propagation, 2019, 68 (4): 2575-2584.
[99] Boeringer D W, Werner D H, Machuga D W. A simultaneous parameter adaptation scheme for genetic algorithms with application to phased array synthesis [J]. IEEE Transactions on Antennas and Propagation, 2005, 53 (1): 356-371.
[100] Zhang Y, Wan Q, Huang A M. Localization of narrow band sources in the presence of mutual coupling via sparse solution finding [J]. Progress In Electromagnetics Research, 2008, 86: 243-257.
[101] Erkan O, Akıncı M N, Şimşek S. Bandgap analysis of 2D photonic crystals with auxiliary functions of generalized scattering matrix (AFGSM) method [J]. AEU-International Journal of Electronics and Communications, 2018, 95: 287-296.
[102] Comisso M, Vescovo R. Fast co-polar and cross-polar 3D pattern synthesis with dynamic range ratio reduc-

tion for conformal antenna arrays [J]. IEEE Transactions on Antennas and Propagation, 2013, 61 (2): 614-626.

[103] Livanos N A, Hammal S, Nikolopoulos C D, et al. Design and interdisciplinary simulations of a hand-held device for internal-body temperature sensing using microwave radiometry [J]. IEEE Sensors Journal, 2018, 18 (6): 2421-2433.

[104] Zhang Y, Mao J. An overview of the development of antenna-in-package technology for highly integrated wireless devices [J]. Proceedings of the IEEE, 2019, 107 (11): 2265-2280.

[105] Zou L, Lasenby J, He Z. Beamforming with distortionless co-polarisation for conformal arrays based on geometric algebra [J]. IET radar, sonar & navigation, 2011, 5 (8): 842-853.

[106] Ma J, Qi Y, Zhang Z, et al. The simulation study of the influence of the conformal array vector curvature on the direction-finding precision of the PD source [C] // Athens: 2018 IEEE International Conference on High Voltage Engineering and Application (ICHVE), 2018: 1-4.

[107] Vaezi S S, Nikmehr S, Pourziad A. Nano-antenna synthesis for end-fire and pencil-beam far-field radiation patterns using vector spherical wave functions [J]. IET Microwaves, Antennas & Propagation, 2020, 14 (14): 1808-1816.

[108] Milligan T. More applications of Euler rotation angles [J]. IEEE Antennas and Propagation Magazine, 1999, 41 (4): 78-83.

[109] Priyadarshini S J, Hemanth D J. Investigation and reduction methods of specific absorption rate for biomedical applications: a survey [J]. International Journal of RF and Microwave Computer - Aided Engineering, 2018, 28 (3): e21211.

[110] Jiang X, Xie M, Wei J, et al. 3D-MIMO beamforming realised by AQPSO algorithm for cylindrical conformal phased array [J]. IET Microwaves, Antennas & Propagation, 2019, 13 (15): 2701-2705.

[111] Li W T, Hei Y Q, Shi X W. Pattern synthesis of conformal arrays by a modified particle swarm optimization [J]. Progress In Electromagnetics Research, 2011, 117: 237-252.

[112] Ji Z, Zhu X. Application of DBF in 77GHz automotive millimeter-wave Radar [C]. Hong Kong: IOP Conference Series: Materials Science and Engineering. IOP Publishing, 2019, 490 (7): 072066.

[113] Becht P, Deckers E, Claeys C, et al. Loose bolt detection in a complex assembly using a vibro-acoustic sensor array [J]. Mechanical Systems and Signal Processing, 2019, 130: 433-451.

[114] Si W, Wan L, Liu L, et al. Fast estimation of frequency and 2-D DOAs for cylindrical conformal array antenna using state-space and propagator method [J]. Progress In Electromagnetics Research, 2013, 137: 51-71.

[115] Zou L, Lasenby J, He Z. Direction and polarisation estimation using polarised cylindrical conformal arrays [J]. IET signal processing, 2012, 6 (5): 395-403.

[116] Sharifi M, Rezaei P. Near optimal conformal antenna array structure for direction-of-arrival estimation [J]. International Journal of RF and Microwave Computer-Aided Engineering, 2019, 29 (12): e21978.

[117] Yang P, Yang F, Nie Z P. DOA estimation with sub-array divided technique and interporlated esprit algorithm on a cylindrical conformal array antenna [J]. Progress In Electromagnetics Research, 2010, 103: 201-216.

[118] Gao X, Li P, Hao X, et al. A novel DOA estimation algorithm using directional antennas in cylindrical conformal arrays [J]. Defence Technology, 2021, 17 (3): 1042-1051.

[119] 贺顺，杨志伟，欧阳缮，等. 迭代自适应收缩加权融合的波束形成方法 [J]. Journal of Signal Processing, 2015, 31 (7): 757-762.

[120] 周义建，王布宏，齐子森，等. 柱面共形阵列天线 WSF 算法 DOA 估计性能分析 [J]. 空军工程大

学学报：自然科学版，2008，9（4）：74-78.
[121] 侯青松，郭英，王布宏，等．共形阵列天线振动条件下稳健的DOA估计及位置误差校正［J］．信号处理，2010，26（11）：1756-1760.
[122] 齐子森，郭英，王布宏，等．共形阵列天线MUSIC算法性能分析［J］．电子与信息学报，2008，30（11）：2674-2677.
[123] 齐子森，郭英，姬伟峰，等．锥面共形阵列天线盲极化DOA估计算法［J］．电子学报，2009（9）：1919-1925.
[124] 齐子森，郭英，王布宏，等．基于ESPRIT算法的柱面共形阵列天线DOA估计［J］．系统工程与电子技术，2011，33（8）：1727-1731.
[125] 齐子森，郭英，王布宏，等．锥面共形阵列天线相干信源盲极化DOA估计算法［J］．系统工程与电子技术，2011，33（6）：1226-1230.
[126] 齐子森，郭英，王布宏，等．柱面共形阵列天线盲极化波达方向估计算法［J］．电波科学学报，2011，26（2）：245-252.
[127] 杨鹏，杨峰，聂在平，等．基于圆柱共形阵的快速来波方向估计［J］．电波科学学报，2012，27（1）：61-65.
[128] 杨鹏，杨峰，聂在平，等．基于共形天线阵的免搜索来波方向估计算法研究［J］．电波科学学报，2012，27（2）：241-245.
[129] 杨永建，王晟达，马健，等．基于MUSIC算法的圆柱共形阵DOA估计［J］．空军工程大学学报：自然科学版，2012，13（5）：66-70.
[130] 张学敬，杨志伟，廖桂生．半球共形阵列的两种虚拟变换方式性能对比［J］．西安电子科技大学学报，2014，41（3）：33-40.
[131] 张状和，韩东，刘德亮．基于迭代自适应方法的柱面共形阵2D DOA估计［J］．现代电子技术，2020，43（11）：6-9.
[132] 张佳佳，王建刚，李静．互耦情况下柱面共形阵的波达方向估计［J］．空军预警学院学报，2020，34（2）：79-87.
[133] 张状和，韩东，刘德亮．基于协方差稀疏迭代的柱面共形阵2-D DOA估计［J］．兵器装备工程学报，2020，41（1）：117-121.
[134] 张羚，郭英，邹峰，齐子森．锥面共形阵列非圆信号2D-DOA估计［J］．系统工程与电子技术，2018，40（5）：989-996.
[135] Fu M, Zheng Z, Wang W Q, et al. Two-dimensional direction-of-arrival estimation for cylindrical nested conformal arrays [J]. Signal Processing, 2021, 179: 107838.
[136] Lemma A N, Van Der Veen A J, Deprettere E F. Analysis of joint angle-frequency estimation using ESPRIT [J]. IEEE Transactions on Signal Processing, 2003, 51 (5): 1264-1283.
[137] 邓昌建，蒋世奇，蔚泽峰，等．球形麦克风阵列时频故障信号定位算法研究［J］．电子测量与仪器学报，2017，31（2）：309-314.
[138] 姜智楠．球形相控阵天线的优化设计技术研究［D］．北京：中国航天科技集团公司第一研究院，2017.
[139] 丁丹丹．基于球形阵的封闭空间噪声源定位［D］．哈尔滨：哈尔滨工程大学，2017.
[140] 张揽月，丁丹丹，杨德森，等．阵元随机均匀分布球面阵列联合噪声源定位方法［J］．物理学报，2016，66（1）：14303-014303.
[141] Li Y, Samant P, Wang S, et al. 3-D X-ray-induced acoustic computed tomography with a spherical array: a simulation study on bone imaging [J]. IEEE Transactions on Ultrasonics, Ferroelectrics, and Frequency Control, 2020, 67 (8): 1613-1619.

[142] Landschoot C R, Xiang N. Model-based Bayesian direction of arrival analysis for sound sources using a spherical microphone array [J]. The Journal of the Acoustical Society of America, 2019, 146 (6): 4936-4946.

[143] Fahim A, Samarasinghe P N, Abhayapala T D. PSD estimation and source separation in a noisy reverberant environment using a spherical microphone array [J]. IEEE/ACM Transactions on Audio, Speech, and Language Processing, 2018, 26 (9): 1594-1607.

[144] Famoriji O J, Ogundepo O Y, Qi X. An intelligent deep learning-based direction-of-arrival estimation scheme using spherical antenna array with unknown mutual coupling [J]. IEEE Access, 2020, 8: 179259-179271.

[145] Chen Z, Zhu G, Wang S, et al. M3: multipath assisted Wi-Fi localization with a single access point [J]. IEEE Transactions on Mobile Computing, 2019, 20 (2): 588-602.

[146] Kumar A A, Chandra M G, Manjunath S, et al. Field agnostic sub-nyquist spectrum reconstruction and source localization [J]. IEEE Sensors Journal, 2020, 21 (8): 9731-9741.

[147] Liu F, Zhang Z, Du R, et al. Frequency-angle spectrum hole detection with taylor expansion based focusing transformation [J]. IEEE Transactions on Mobile Computing, 2019, 19 (10): 2330-2343.

[148] Errasti-Alcala B, Fernandez-Recio R. Meta-heuristic approach for single-snapshot 2D-DOA and frequency estimation: array topologies and performance analysis [Wireless Corner] [J]. IEEE Antennas and Propagation Magazine, 2013, 55 (1): 222-238.

[149] Xu L, Wu R, Zhang X, et al. Joint two-dimensional DOA and frequency estimation for L-shaped array via compressed sensing PARAFAC method [J]. IEEE Access, 2018, 6: 37204-37213.

[150] 黄家才，石要武．近场源 DOA 距离和极化参数联合估计新算法 [J]．电波科学学报，2008，22 (6): 1002-1007.

[151] Lin C H, Fang W H, Yang W S, et al. SPS-ESPRIT for joint DOA and polarization estimation with a COLD array [C]. Honolulu: 2007 IEEE Antennas and Propagation Society International Symposium, 2007: 1136-1139.

[152] Wong K T, Morris Z N, Kitavi D M, et al. A uniform circular array of isotropic sensors that stochastically dislocate in three dimensions-the hybrid Cramér-Rao bound of direction-of-arrival estimation [J]. The Journal of the Acoustical Society of America, 2019, 146 (1): 150-163.

[153] 文忠，李立萍，陈天麒，等．宽频段高精度信号到达角与极化联合估计算法 [J]．电子学报，2008，36 (3): 463-466.

[154] Zheng G. A novel spatially spread electromagnetic vector sensor for high-accuracy 2-D DOA estimation [J]. Multidimensional Systems and Signal Processing, 2017, 28 (1): 23-48.

[155] Yuan X. Estimating the DOA and the polarization of a polynomial-phase signal using a single polarized vector-sensor [J]. IEEE Transactions on Signal Processing, 2012, 60 (3): 1270-1282.

[156] Huang Y, Xu Y, Shi S, et al. Sparse representation approaches to parameter estimation of completely polarized wideband signals [J]. Signal Processing, 2020, 171: 107521.

[157] Yuan X. Joint DOA and polarization estimation with sparsely distributed and spatially non-collocating dipole/loop triads [J]. 2013, arXiv preprint arXiv: 1308. 0072.

[158] 张树银，郭英，齐子森．柱面共形阵列信源方位与极化状态的联合估计算法 [J]．电波科学学报，2012，26 (6): 1118-1125.

[159] 吴迪，田茂，皮楚，等．共形天线阵列极化分集问题 [J]．太赫兹科学与电子信息学报，2018，16 (3): 445-451.

[160] 刘帅，周洪娟，金铭，等．锥面共形阵列天线的极化-DOA 估计 [J]．系统工程与电子技术，2012，

34 (2): 253-257.
[161] 张树银，郭英，齐子森，等．基于子空间原理的共形阵列多参数联合估计算法［J］．系统工程与电子技术，2012，34 (6): 1146-1152.
[162] 张树银，郭英，齐子森，等．锥面共形阵列相干源 DOA 和极化参数的联合估计算法［J］．宇航学报，2012，33 (7): 956-963.
[163] 齐子森，郭英，王布宏，等．共形阵列天线信源方位与极化状态的联合估计算法［J］．电子学报，2013，40 (12): 2562-2566.
[164] 张树银，郭英，齐子森，等．共形阵列 LFM 信号多参数估计的传播算子算法［J］．西安电子科技大学学报，2013，40 (4): 181-187.
[165] 张树银，郭英，齐子森，等．共形阵列 LFM 信号 DOA 和极化参数的联合估计［J］．应用科学学报，2013，31 (3): 252-258.
[166] 张树银，郭英，霍文俊，等．互耦条件下共形阵列 DOA 和极化参数的联合估计［J］．电路与系统学报，2013，18 (2): 520-525.
[167] Feng H, Liu L, Wen B. 2D-DOA estimation for cylindrical array with mutual coupling [J]. Mathematical Problems in Engineering, 2014, 2014: 1-8.
[168] 刘帅，韩勇，闫锋刚，等．锥面共形阵列极化-DOA 估计的降维 MUSIC 算法［J］．哈尔滨工业大学学报，2017，49 (5): 36-41.
[169] 侯文林，齐志鹏，胡月．互耦条件下柱面共形阵列多参数联合估计［J］．火力与指挥控制，2020，45 (5): 75-81.
[170] Zhang X, Liao G, Yang Z, et al. Effective mutual coupling estimation and calibration for conformal arrays based on pattern perturbation [J]. IET Microwaves, Antennas & Propagation, 2020, 14 (15): 1998-2006.
[171] Zhang X, Liao G, Yang Z, et al. Parameter estimation based on Hough transform for airborne radar with conformal array [J]. Digital Signal Processing, 2020, 107: 102869.
[172] Liu C, Xiang S, Xu L, et al. Polarization and DOA estimation based on dual-polarized conformal array [J]. International Journal of Antennas and Propagation, 2019, 2019: 1-9.
[173] 郑昊莺，鲁洵洵，贺伟炜．弹载超宽带共形天线的现状与发展［J］．制导与引信，2019，40 (2): 49-60.
[174] 郭凤骏．舰艇外形雷达隐身与减振优化设计［D］．上海：上海交通大学，2008.
[175] 郑丽．共形四维阵列天线技术研究［D］．成都：电子科技大学，2012.
[176] 叶杰，刘志慧．机载预警雷达共形阵应用技术分析［J］．现代雷达，2009 (7): 8-11.
[177] Qin G, Amin M G, Zhang Y D. DOA estimation exploiting sparse array motions [J]. IEEE Transactions on Signal Processing, 2019, 67 (11): 3013-3027.
[178] 张海，陈小龙，张涛，等．基于 MUSIC 算法的二次雷达应答信号分离方法［J］．电子与信息学报，2020，42: 1-8.
[179] Wang M, Zhang Z, Nehorai A. Further results on the Cramér-Rao bound for sparse linear arrays [J]. IEEE Transactions on Signal Processing, 2019, 67 (6): 1493-1507.
[180] Lin X, Zhang X, Zhou M. Nested planar array: configuration design, optimal array and DOA estimation [J]. International Journal of Electronics, 2019, 106 (12): 1885-1903.
[181] Ando S. Frequency-domain prony method for autoregressive model identification and sinusoidal parameter estimation [J]. IEEE Transactions on Signal Processing, 2020, 68: 3461-3470.
[182] Schreier P J, Scharf L L. Second-order analysis of improper complex random vector and processes [J]. IEEE Transactions on Signal Processing, 2003, 51 (3): 714-725.

[183] Tong D, Ding Y, Liu Y, et al. A MIMO-NOMA framework with complex-valued power coefficients [J]. IEEE Transactions on Vehicular Technology, 2019, 68 (3): 2244-2259.

[184] Qiang X, Liu Y, Feng Q, et al. Adaptive DOA estimation with low complexity for wideband signals of massive MIMO systems [J]. Signal Processing, 2020, 176: 107702.

[185] 刘剑. 非圆信号波达方向估计算法研究 [D]. 长沙: 国防科学技术大学, 2007.

[186] Wang X, Wan L, Huang M, et al. Low-complexity channel estimation for circular and noncircular signals in virtual MIMO vehicle communication systems [J]. IEEE Transactions on Vehicular Technology, 2020, 69 (4): 3916-3928.

[187] Abeida H, Delmas J P. Statistical performance of MUSIC-like algorithms in resolving noncircular sources [J]. IEEE Transactions on Signal Processing, 2008, 56 (9): 4317-4329.

[188] 王布宏, 郭英, 王永良, 等. 共形天线阵列流形的建模方法 [J]. 电子学报, 2009, 37 (3): 481-484.

[189] Li W T, Cui C, Ye X T, et al. Quasi-time-invariant 3-D focusing beampattern synthesis for conformal frequency diverse array [J]. IEEE Transactions on Antennas and Propagation, 2019, 68 (4): 2684-2697.

[190] Sidiropoulos N D, Bro R, Giannakis G B. Parallel factor analysis in sensor array processing [J]. IEEE Trans. on Signal Processing, 2000, 48 (8): 2377-2388.

[191] Guan Y, Chu D. Numerical computation for orthogonal low-rank approximation of tensors [J]. SIAM Journal on Matrix Analysis and Applications, 2019, 40 (3): 1047-1065.

[192] Lee K K, Ma W K, Fu X, et al. A Khatri-Rao subspace approach to blind identification of mixtures of quasi-stationary sources [J]. Signal Processing, 2013, 93 (12): 3515-3527.

[193] Zhang X, Wang D, Zhou Z, et al. Robust low-rank tensor recovery with rectification and alignment [J]. IEEE Transactions on Pattern Analysis and Machine Intelligence, 2019, 43 (1): 238-255.

[194] Wong K T, Zoltowski M D. Closed-form multi-dimensional multi-invariance ESPRIT [C]. Munich: 1997 IEEE International Conference on Acoustics, Speech, and Signal Processing, 1997, 5: 3489-3492.

[195] Kabiri S, Kornaros E, De Flaviis F. Tightlycoupled array design based on phase center contour for indoor direction findings in harsh environments [J]. IEEE Transactions on Antennas and Propagation, 2019, 68 (4): 2698-2713.

[196] Rottenberg F, Choi T, Luo P, et al. Performance analysis of channel extrapolation in FDD massive MIMO systems [J]. IEEE Transactions on Wireless Communications, 2020, 19 (4): 2728-2741.

[197] Sherman S, Kolda T G. Estimating higher-order moments using symmetric tensor decomposition [J]. SIAM Journal on Matrix Analysis and Applications, 2020, 41 (3): 1369-1387.

[198] Wen F, Shi J, Zhang Z. Joint 2D-DOD, 2D-DOA, and polarization angles estimation for bistatic EMVS-MIMO radar via PARAFAC analysis [J]. IEEE Transactions on Vehicular Technology, 2019, 69 (2): 1626-1638.

[199] 李益民, 王丰华, 黄知涛, 等. 反辐射导引头抗非相干三点源性能分析 [J]. 系统工程与电子技术, 2011, 33 (3): 500-505.

[200] Zhang M. Broadband direction of arrival estimation based on convolutional neural network [J]. IEICE Transactions on Communications, 2020, 103 (3): 148-154.

[201] MacPhie R H, Yoon T H. On using the compound interferometer to obtain the power pattern of a conventional receiving array [J]. IEEE Transactions on Antennas and Propagation, 2009, 57 (10): 3356-3359.

[202] Iqbal M F, Khalid Z, Zahid M, et al. Accuracy improvement in amplitude comparison-based passive direction finding systems by adaptive squint selection [J]. IET Radar, Sonar & Navigation, 2020, 14 (5): 662-668.

[203] Awarkeh N, Cousin J C, Muller M, et al. Improvement of the angle of arrival measurement accuracy for indoor UWB localization [J]. Journal of Sensors, 2020, 2020: 1-8.
[204] Liu L, Yu T. An analysis method for solving ambiguity in direction finding with phase interferometers [J]. Circuits, Systems, and Signal Processing, 2020, 40: 1420-1437.
[205] Wu W, Cooper C C, Goodman N A. Switched-element direction finding [J]. IEEE Transactions on Aerospace and Electronic Systems, 2009, 45 (3): 1209-1217.
[206] 张敏，郭福成，周一宇，等．时变长基线 2 维干涉仪测向方法 [J]．电子与信息学报，2013，35 (12)：2882-2888.
[207] 李淳，廖桂生，李艳斌．改进的相关干涉仪测向处理方法 [J]．西安电子科技大学学报，2006，33 (3)：400-403.
[208] 张春杰，李智东．非均匀圆阵天线模型解模糊误差研究 [J]．系统工程与电子技术，2012，34 (8)：1525-1529.
[209] 王雅婧，罗明．宽带 LFM 信号的压缩感知测向算法 [J]．系统工程与电子技术，2018，40 (12)：2649-2654.
[210] 宋才水，顾尔顺．无模糊长基线干涉仪测角的设计 [J]．现代防御技术，2006，34 (2)：52-54.
[211] 张敏，刘金彦，郭福成．任意平面阵干涉仪二维测向方法 [J]．航天电子对抗，2018，34 (1)：12-16.
[212] 周亚强，皇甫堪．噪扰条件下数字式多基线相位干涉仪解模糊问题 [J]．通信学报，2006，26 (8)：16-21.
[213] 陶琴，潘英锋．反辐射无人机测向技术仿真分析 [J]．空军预警学院学报，2017，31 (1)：36-38.
[214] 曲志昱，司锡才，谢纪岭．相干源诱偏下比相被动雷达导引头测角性能分析 [J]．系统工程与电子技术，2008，30 (5)：824-827.
[215] 王勇军，柯凯．两点源诱偏 ARM 的效能评估模型研究 [J]．舰船电子对抗，2015，38 (1)：98-100.
[216] 王海峰，吴宏宇．被动雷达导引头发展历程及技术综述 [J]．飞航导弹，2013，1 (1)：78-80.
[217] 梁永生，刘俊，朱全江．反辐射武器抗诱饵技术 [J]．电子信息对抗技术，2017，32 (3)：36-41.
[218] 司伟建，万良田．立体基线算法的测向误差研究 [J]．弹箭与制导学报，2012，32 (4)：13-17.
[219] 司伟建，初萍，孙圣和．基于半圆阵的解模糊技术研究 [J]．系统工程与电子技术，2008，30 (11)：2128-2131.
[220] Si W, Wan L, Liu L, etal. Direction-of-arrival estimation for arbitrary array configurations in ultra-wideband [C]. Harbin: IEEE International Conference on Instrumentation and Measurement, Computer, Communication and Control (2012 IMCCC), 2012: 234-237.
[221] 司伟建，初萍．干涉仪测向解模糊方法 [J]．应用科技，2008，34 (9)：54-57.
[222] 时磊．反辐射导弹雷达导引头复杂电磁环境分级方法研究 [J]．舰船电子工程，2019 (8)：180-184.
[223] 曹京胜，王红亮．一种小型、高效反辐射导引头接收方案设计 [J]．电子技术应用，2018，44 (2)：3-5.
[224] 张敏，郭福成，李腾，等．旋转长基线干涉仪测向方法及性能分析 [J]．电子学报，2013，41 (12)：2422-2429.
[225] 刘鲁涛，司锡才．开环旋转相位干涉仪 DOA 算法分析 [J]．解放军理工大学学报：自然科学版，2011，12 (5)：419-424.
[226] 张金秀，陶海红，王渊．一种基于双基线旋转的改进干涉仪定位算法 [J]．北京理工大学学报，2018，38 (3)：320-324.

[227] 任宏光，刘忠．直升机载空地导弹复合制导技术研究［J］．飞航导弹，2018，7：90-94.
[228] 桂新涛．基于均匀圆阵的二维测向算法研究［D］．成都：电子科技大学，2016.
[229] 戴幻尧，申绪涧，乔会东，等．基于极化误差的干涉仪测角性能建模与仿真［J］．计算机仿真，2013，30（10）：237-240.
[230] 龚汉华，刘敏名，许平．一种基于翼形布局的干涉仪测向方法［J］．教练机，2017，（1）：28-30.
[231] Rengarajan S R. Reflectarrays of rectangular microstrip patches for dual-polarization dual-beam radar interferometers［J］. Progress In Electromagnetics Research，2013，133：1-15.
[232] Yao H Y，Chang T H. Experimental and theoretical studies of a broadband superluminality in Fabry-Perot interferometer［J］. Progress in Electromagnetics Research，2012，122：1-13.
[233] Yue Y，Wang J J，Basheer P A M，et al. A Raman spectroscopy based optical fibre system for detecting carbonation profile of cementitious materials［J］. Sensors and Actuators B：Chemical，2018，257：635-649.
[234] Pace P E，Wickersham D，Jenn D C，et al. High-resolution phase sampled interferometry using symmetrical number systems［J］. IEEE Transactions on Antennas and Propagation，2001，49（10）：1411-1423.
[235] Le Z，Jin P，Boyuan M. Analytic and unambiguous phase-based algorithm for 3-D localization of a single source with uniform circular array［J］. Sensors，2018，18（2）：484.
[236] Schmieder L，Mellon D，Saquib M. Interference cancellation and signal direction finding with low complexity［J］. IEEE Transactions on Aerospace and Electronic Systems，2010，46（3）：1052-1063.
[237] Raj A G，Mcclellan J H. Singlesnapshot super-resolution DOA estimation for arbitrary array geometries［J］. IEEE Signal Processing Letters，2019，26（1）：119-123.
[238] Goossens R，Bogaert I，Rogier H. Phase-mode processing for spherical antenna arrays with a finite number of antenna elements and including mutual coupling［J］. IEEE Transactions on Antennas and Propagation，2009，57（12）：3783-3790.
[239] Almasri S A，Pöhlmann R，Doose N，et al. Modeling aspects of planar multi-mode antennas for direction-of-arrival estimation［J］. IEEE Sensors Journal，2019，19（12）：4585-4597.
[240] Zhang X，Zheng W，Chen W，et al. Two-dimensional DOA estimation for generalized coprime planar arrays：a fast-convergence trilinear decomposition approach［J］. Multidimensional Systems and Signal Processing，2019，30（1）：239-256.
[241] Tao H，Xin J，Wang J，et al. Two-dimensional direction estimation for a mixture of noncoherent and coherent signals［J］. IEEE Transactions on Signal Processing，2014，63（2）：318-333.
[242] Yang F，Yang S，Sun L，et al. DOAestimation via sparse signal recovery in 4-D linear antenna arrays with optimized time sequences［J］. IEEE Transactions on Vehicular Technology，2019，69（1）：771-783.
[243] 梁军利，刘丁，张军英．基于ESPRIT方法的近场源参数估计［J］．系统工程与电子技术，2009，31（6）：1299-1302.
[244] Tripathy P，Srivastava S C，Singh S N. A modified TLS-ESPRIT-based method for low-frequency mode identification in power systems utilizing synchrophasor measurements［J］. IEEE Transactions on Power Systems，2011，26（2）：719-727.
[245] Bachl R. The forward-backward averaging technique applied to TLS-ESPRIT processing［J］. IEEE Transactions on Signal Processing，1995，43（11）：2697-2699.
[246] Meng X T，Yan F G，Liu S，et al. Real-valued DOA estimation for non-circular sources via reduced-order polynomial rooting［J］. IEEE Access，2019，7：158892-158903.
[247] Jean-Pierre Delmas. Comments on "Conjugate ESPRIT（C-SPRIT）"［J］. IEEE Transactions on Antennas and Propagation，2007，55（2）：511.

［248］ Sun X Y, Zhou J J, Chen H W. Low complexity direction-of-arrival estimation of coherent noncircular sources ［J］. Multidimensional Systems and Signal Processing, 2016, 27 (1): 159-177.
［249］ Shao X, Chen X, Jia R. A dimension reduction-based joint activity detection and channel estimation algorithm for massive access ［J］. IEEE Transactions on Signal Processing, 2019, 68: 420-435.
［250］ Ferreol A, Larzabal P, Viberg M. Statistical analysis of the MUSIC algorithm in the presence of modeling errors, taking into account the resolution probability ［J］. IEEE Transactions on Signal Processing, 2010, 58 (8): 4156-4166.
［251］ 刁鸣，陈超，杨丽丽．四阶累积量阵列扩展的传播算子测向方法［J］．哈尔滨工程大学学报，2010，31（5）：652-656.
［252］ Liu Y, Wu Q, Zhang Y, et al. Cyclostationarity-based DOA estimation algorithms for coherent signals in impulsive noise environments ［J］. EURASIP Journal on Wireless Communications and Networking, 2019, 2019 (1): 81.
［253］ Liu F G, Diao M. A novel algorithm for DOA estimation ［C］. Shanghai: 2009 2nd International Symposium on Information Science and Engineering 2010: 488-492.
［254］ Hussain A A, Tayem N, Butt M O, et al. FPGA hardware implementation of DOA estimation algorithm employing LU decomposition ［J］. IEEE Access, 2018, 6: 17666-17680.
［255］ Shan Z L, Yum T S P. A conjugate augmented approach to direction-of-arrival estimation ［J］. IEEE Transactions on Signal Processing, 2005, 53 (11): 4104-4109.
［256］ 刘剑，于红旗，黄知涛，等．二阶共轭增强 MUSIC 算法［J］．信号处理，2008，24（3）：411-413.
［257］ 刘剑，于红旗，黄知涛，等．基于二阶预处理的共轭扩展 MUSIC 算法［J］．系统工程与电子技术，2008，30（1）：57-60.
［258］ Ma X, Dong X, Xie Y. An improved spatial differencing method for DOA estimation with the coexistence of uncorrelated and coherent signals ［J］. IEEE Sensors Journal, 2016, 16 (10): 3719-3723.
［259］ Hansen P C, Jensen S H. Prewhitening for rank-deficient noise in subspace methods for noise reduction ［J］. IEEE Transactions on Signal Processing, 2005, 53 (1): 3718-3726.
［260］ 余岩，王宏远，谢雨翔．一种在未知噪声下的快速波达方向估计方法［J］．系统工程与电子技术，2010，32（4）：707-711.
［261］ Li J, He Y, Ma P, et al. Direction of arrival estimation using sparse nested arrays with coprime displacement ［J］. IEEE Sensors Journal, 2020, 21 (4): 5282-5291.
［262］ Chen Y H, Lin Y S. Fourth-order cumulant matrices for DOA estimation ［J］. IEE Proceedings of Radar, Sonar and Navigation, 1994, 141 (3) : 144-148.
［263］ Zuo W, Xin J, Zheng N, et al. Subspace-based near-field source localization in unknown spatially nonuniform noise environment ［J］. IEEE Transactions on Signal Processing, 2020, 68: 4713-4726.
［264］ 刘兆霆，阮谢永，刘中．色噪声背景下基于声矢量阵列孔径扩展的相干目标波达方向估计［J］．兵工学报，2011，32（3）：257-263.
［265］ Gemba K L, Nannuru S, Gerstoft P. Robust ocean acoustic localization with sparse Bayesian learning ［J］. IEEE Journal of Selected Topics in Signal Processing, 2019, 13 (1): 49-60.
［266］ 艾名舜，马红光，刘刚．基于噪声子空间解析形式的快速 DOA 估计算法［J］．电子与信息学报，2010，32（5）：1071-1076.
［267］ Wu W T, Hou C H, Liao G S, et al. Direction-of-arrival estimation in the presence of unknown nonuniform noise fields ［J］. IEEE Journal of Oceanic Engineering, 2006, 31 (2): 504-510.
［268］ Liu A, Yang D, Shi S, et al. Augmented subspace MUSIC method for DOA estimation using acoustic vector sensor array ［J］. IET Radar, Sonar & Navigation, 2019, 13 (6): 969-975.

[269] 陈永倩，肖先赐．基于混沌寻优的 DOA 估计［J］．电子与信息学报，2005，27（3）：388-391.
[270] 邹恩，陈建国，李祥飞．一种改进的变尺度混沌优化算法及其仿真研究［J］．系统仿真学报，2006，18（9）：2426-2428.
[271] Bernard P. Second-order statistics of comple signals [J]. IEEE Transactions on Signal Processing, 1997, 45 (2): 411-420.
[272] Zheng R, Xu X, Ye Z, et al. Sparse Bayesian learning for off-grid DOA estimation with Gaussian mixture priors when both circular and non-circular sources coexist [J]. Signal Processing, 2019, 161: 124-135.
[273] 冯大政，郑春弟，周伟．一种利用信号特点的实值 MUSIC 算法［J］．电波科学学报，2007，22（2）：331-335.
[274] 郑春弟，冯大政，周祎，等．基于非圆信号的实值 ESPRIT 算法［J］．电子与信息学报，2008，30（1）：130-133.
[275] 窦慧晶，高立菁，孙璐，等．基于传播算子的 ESPRIT 极化参数估计算法［J］．北京工业大学学报，2018，44（9）：1193-1200.
[276] 史文涛，黄建国，侯云山．基于非圆信号的 MIMO 阵列方位估计方法［J］．系统工程与电子技术，2010，32（8）：1596-1599.
[277] Cheng Y, Xu H, Ma D, etal. Millimeter-wave shaped-beam substrate integrated conformal array antenna [J]. IEEE Transactions on Antennas and Propagation, 2013, 61 (9): 4558-4566.
[278] ChenG, Zeng X, Jiao S, et al. High accuracy near-field localization algorithm at low SNR using fourth-order cumulant [J]. IEEE Communications Letters, 2019, 24 (3): 553-557.
[279] Zuo W, Xin J, Ohmori H, et al. Subspace-based algorithms for localization and tracking of multiple near-field sources [J]. IEEE Journal of Selected Topics in Signal Processing, 2019, 13 (1): 156-171.
[280] Chen F J, Kwong S, Kok C W. ESPRIT-like two-dimensional DOA estimation for coherent signals [J]. IEEE Transactions on Aerospace and Electronic Systems, 2010, 46 (3): 1477-1484.
[281] Zhuang J, Tan T, Chen D, et al. DOA tracking via signal-subspace projector update [C]. Barcelona: IEEE International Conference on Acoustics, Speech and Signal Processing (ICASSP), 2020: 4905-4909.
[282] Zhang Y, Wang Y, Tian Z, et al. Low-complexity gridless 2D harmonic retrieval via decoupled-ANM covariance reconstruction [C]. Amsterdam: 28th European Signal Processing Conference (EUSIPCO 2020), 2020: 1876-1880.
[283] Richter A, Belloni F, Koivunen V. DoA and polarization estimation using arbitrary polarimetric array configurations [C]. Waltham: IEEE Sensor Array and Multichannel Processing Workshop, 2006: 55-59.
[284] Zhang X, Liao G, Yang Z, et al. Derivative ESPRIT for DOA and polarization estimation for UCA using tangential individually-polarized dipole [J]. Digital Signal Processing, 2020, 96: 102599.
[285] Hyberg P, Jansson M, Ottersten B. Array interpolation and DOA MSE reduction [J]. IEEE Transactions on Signal Processing, 2005, 53 (12): 4464-4471.
[286] Qiao H, Pal P. Guaranteed localization of more sources than sensors with finite snapshots in multiple measurement vector models using difference co-arrays [J]. IEEE Transactions on Signal Processing, 2019, 67 (22): 5715-5729.
[287] Belloni F, Richter A, Koivunen V. DoA estimation via manifold separation for arbitrary array structures [J]. IEEE Transactions on Signal Processing, 2007, 55 (10): 4800-4810.
[288] 董轶，吴云韬，廖桂生．一种二维到达方向估计的 ESPRIT 新方法［J］．西安电子科技大学学报，2003，30（5）：569-573.
[289] Mohammadi S, Ghani A, Sedighy S H. Direction-of-arrival estimation in conformal microstrip patch array antenna [J]. IEEE Transactions on Antennas and Propagation, 2017, 66 (1): 511-515.

[290] Bro R. PARAFAC. Tutorial and applications [J]. Chemometrics and Intelligent Laboratory systems, 1997, 38 (2): 149-171.

[291] Mohlenkamp M J. The dynamics of swamps in the canonical tensor approximation problem [J]. SIAM Journal on Applied Dynamical Systems, 2019, 18 (3): 1293-1333.

[292] Simonacci V, Gallo M. Improving PARAFAC-ALS estimates with a double optimization procedure [J]. Chemometrics and Intelligent Laboratory Systems, 2019, 192: 103822.

[293] Alinezhad P, Seydnejad S R, Abbasi-Moghadam D. DOA estimation in conformal arrays based on the nested array principles [J]. Digital Signal Processing, 2016, 50: 191-202.

[294] Cui C, Wu W, Wang W Q. Carrier frequency and DOA estimation of sub-Nyquist sampling multi-band sensor signals [J]. IEEE Sensors Journal, 2017, 17 (22): 7470-7478.

[295] 郑昊莺，鲁洵洵，贺伟炜. 弹载超宽带共形天线的现状与发展 [J]. 制导与引信，2019 (2): 49-51.

内 容 简 介

本书系统论述了基于任意阵列以及共形阵列的多参数估计技术，全面地介绍了共形阵列多参数估计的概念和意义、国内外发展现状以及关键技术，同时利用实际测向系统接收的数据验证所提算法的有效性。主要内容包括：任意阵列宽频带单目标参数估计技术；任意阵列多目标波达方向估计；非圆信号波达方向估计；共形阵列波达方向估计；共形阵列多参数联合估计；以柱面阵列、锥面阵列以及球面阵列为例，设计基于共形阵列参数估计算法；共形阵列未来的研究方向。

本书主要为高等院校、国防院校和军事院校相关专业本科生、研究生及教师撰写，可作为他们深入钻研的指导资料，亦可供从事共形阵列参数估计研究的科研人员和工程技术人员学习和参考。

This book systematically discusses the multiple parameter estimation technology based on arbitrary configuration array and conformal array. It also fully introduces the concept and significance of multiple parameter estimation based on conformal array, the development status at home and abroad as well as its key technologies. Meanwhile, the data collected from real direction finding systems have been exploited to verify the effectiveness of the methods proposed in this book. The main contents include wideband single target parameter estimation based on arbitrary array; DOA estimation of multiple targets based on arbitrary array; DOA estimation for non-circular signals; DOA estimation based on conformal array; multiple parameter estimation based on conformal array; Taking cylindrical array, cone array and spherical array as examples, the parameter estimation methods based on conformal array are designed; the future research direction of conformal array.

This book is written for undergraduates, postgraduates and teachers in relevant universities. It can be intended as a professional guiding material or in-depth studying material. It can also be used for learning reference for researchers and engineering technicians engaged in the research of parameter estimation based on conformal array.